空天科学与工程系列教材

固体火箭设计方法与实例

Design Methods and Examples of Solid Rocket

张士峰　江振宇　杨华波　编著

国防工业出版社

·北京·

内 容 简 介

全书共6章,从理论与实例相结合的角度出发,介绍了固体火箭设计的一般流程与方法。第1章介绍了固体火箭的发展现状,包括典型的固体运载火箭、探空火箭和火箭武器等;第2章系统论述了固体火箭总体设计参数分析方法、弹道设计方法,并给出了气象火箭和飞航式火箭的总体方案设计实例;第3章详细介绍了固体火箭气动外形设计和气动特性工程计算方法,以气动力工程估算软件为例,给出了火箭外形优化设计实例;第4章介绍了固体火箭发动机总体设计方法,并给出了设计实例;第5章介绍了固体火箭控制系统设计基本原理和飞航式火箭控制系统设计实例;第6章介绍了固体火箭结构设计方法和小型试验火箭结构设计实例。

本书可作为导弹工程、飞行器设计与工程等专业本科生相关课程的参考教材,也可供从事固体火箭设计和生产工作的技术人员参阅。

图书在版编目(CIP)数据

固体火箭设计方法与实例 / 张士峰,江振宇,杨华波编著.—北京:国防工业出版社,2022.4
ISBN 978 – 7 – 118 – 12386 – 9

Ⅰ.①固⋯ Ⅱ.①张⋯ ②江⋯ ③杨⋯ Ⅲ.①固体推进剂火箭—设计 Ⅳ.①V475.1

中国版本图书馆 CIP 数据核字(2022)第 040248 号

※

国防工业出版社出版发行

(北京市海淀区紫竹院南路23号 邮政编码100048)
北京富博印刷有限公司印刷
新华书店经售

*

开本787×1092 1/16 印张13¼ 字数302千字
2022年5月第1版第1次印刷 印数1—2000册 定价98.00元

前言

固体火箭因其结构紧凑、使用方便、发射准备时间较短而广泛应用于导弹、火箭武器、探空火箭和运载火箭助推器等。固体火箭设计包含总体设计和分系统设计,其内容涉及学科较多、范围较广。

本书是为导弹工程专业本科生编写的专业课程教材,是空天科学与工程系列教材之一。书中重点介绍了固体火箭设计的一般方法和设计实例。全书共6章。第1章介绍了火箭的分类与组成,以及固体火箭尤其是固体运载火箭、探空火箭和火箭武器等的发展现状;第2章介绍了固体火箭总体设计要求与概念,以及总体设计参数分析方法、弹道设计方法和飞行控制方法,并给出了两类固体火箭的总体参数设计与分析实例;第3章介绍了固体火箭气动设计和气动特性工程计算方法,并介绍了一种气动工程估算软件;第4章介绍了固体火箭发动机总体设计方法及设计实例;第5章介绍了固体火箭控制系统设计的基本原理和设计实例;第6章介绍了固体火箭结构设计方法和小型飞航式火箭结构设计实例。

在本书编写过程中,得到了单位同事的大力支持。除编著者外,张晓今参与了第2章和第4章的编写工作,陈广南参与了第6章的编写工作,胡凡和彭科参与了第3章的编写工作,在此表示感谢。

本书在编写时,参考了一些国内外相关资料,在此对原作者表示衷心感谢。

由于编著者水平有限,书中难免有疏漏和不足之处,敬请广大读者批评指正。

编著者
2021 年 5 月

目 录

第1章　绪　　论

火箭的发展经历了一个漫长的过程。从中国古代原始的火箭开始,历经千年,到今天已发展成为能够把人类送上月球、把科学仪器发射到整个太阳系以及太阳系以外其他天体上的现代火箭[1]。

根据史书记载,中国是最早在军事上使用火药火箭的国家。在公元1世纪时中国人已经按配方制造出了火药,它是由硝酸钾、硫黄、炭等物质组成的可爆炸性混合物,因这些混合物通常是深灰色或黑色的,所以人们也称它为黑火药。人们把火药填进中空的竹筒里,火药点燃后竹筒像一枚火箭一样飞出去(图1.1、图1.2),这是火药在燃烧过程中放出的高温气体引起的作用力—反作用力推进原理在起作用。

图1.1　中国古代火药火箭　　　图1.2　古代多级火箭"火龙出水"

到14世纪,火药火箭技术已经传到了欧洲。在以后的两个世纪里,欧洲的工程师们继续试验各种不同类型的火药火箭,它们在技术上全部属于中国火箭的后代。到20世纪中期,火箭技术已取得了极大进步,固体推进剂火箭成为现代战场上一个不可缺少的组成部分。

1.1　火箭的分类与组成

1. 火箭的分类

火箭是一种以火箭发动机产生推力飞行的无人驾驶飞行器,可在大气层内和大气层外的空间飞行。火箭的分类方式有多种。按所用能源分,火箭可分为化学火箭、核能火箭、电火箭、太阳能火箭、光子火箭等;按有无控制功能分,火箭可分为有控火箭、无控火箭;按组成级数分,火箭可分为单级火箭、多级火箭;按射程分,火箭可分为近程火箭、中程火箭、远程火箭等。当有控火箭携带战斗部时就称为导弹,当无控火箭携带战斗部时就称

1

为火箭弹。

化学火箭按照火箭所使用推进剂的物理状态,可分为固体火箭、液体火箭、固液混合火箭。固体火箭是化学火箭中最简单的火箭种类,这种火箭的技术渊源可一直上溯到中国古代火药火箭。固体火箭因其结构紧凑、使用方便、发射准备时间较短而广泛用于导弹、火箭武器、运载火箭助推器等飞行器。固体火箭的性质由有效载荷确定。如果有效载荷是测量地球空间环境的科学仪器,则称之为探空火箭;如果有效载荷是人造地球卫星或宇宙飞船,则称之为运载火箭;如果它携带战斗部,则称为火箭武器。在众多类型的火箭中,尽管它们的外形和用途不同,其结构和原理大体上是一样的。

2. 固体火箭的组成

固体火箭主要由有效载荷、固体火箭发动机和箭体等组成,如图 1.3 所示。其中,固体火箭发动机为火箭提供飞行动力,它是由固体推进剂、燃烧室、点火器和发动机喷管等部件组成。

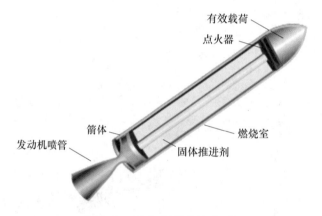

图 1.3　固体火箭基本组成

固体推进剂是含有燃料、氧化剂以及黏合剂的化学混合物或化合物,它们按照一定比例混合,被固化在发动机燃烧室内形成药柱,在燃烧时产生高温高压气体。其重要特征是,这些推进剂由火箭自身携带,不依赖外界氧气燃烧。所以,固体火箭可以在大气外层空间工作。推进剂产生的推力大小和持续时间的长短取决于化合物的燃烧性质和药柱所暴露的燃烧形状。药柱通常设计成端面燃烧形状或内孔燃烧形状,如图 1.4 所示。

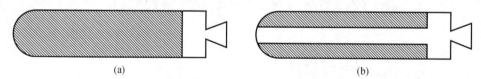

图 1.4　固体推进剂形状
(a)端面燃烧;(b)内孔燃烧。

端面燃烧药柱的长度较长,燃烧面积较小,因此推力虽然比其他形状的药柱小,但推力持续的时间较长。内孔药柱燃烧能产生更大的推力。如果改变孔洞设计的几何形状,那么大型的内孔燃烧推进剂产生的推力也可以通过时间系数来设定,使其适合特定任务所需要的推力。图 1.5 展示了具有某种药柱结构的发动机推力与燃烧时间曲线图。例如,用于发射航天飞机的大型固体火箭助推器,其发动机药柱前横截面有一个十一角星形孔洞。在火箭发射到第65s时,星角被烧掉,推力暂时变小,这正好与航天飞机通过声障的时间一致。此时会出现扰流抖振,而固体火箭助推器推力减小有助于减轻整个飞行器的载荷。

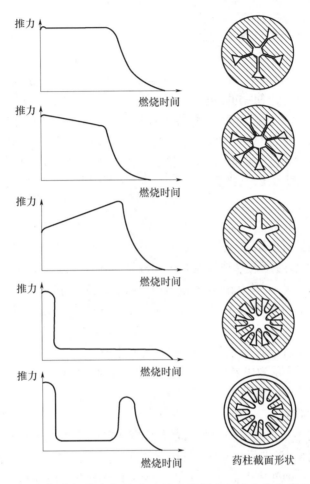

图1.5　固体发动机推力与燃烧时间曲线图(右侧为药柱截面形状)

燃烧室壳体同时也是火箭箭体的一部分,是装载固体推进剂并承受压力和载荷的结构。高性能的火箭要求用尽可能最轻的材料制造壳体。为了保护发动机壳体,在装载推进剂之前,要在壳体内壁加镶隔热材料。隔热层的厚度取决于隔热材料的耐热性质及壳体接触高温、高压燃烧气体的时间长度。固体火箭发动机经常使用的隔热材料是一种添加石棉的橡胶化合物。

推进剂在燃烧过程中,产生的高温、高压燃气通过喷管高速排出。高温燃气在喉部的传热是需要解决的一个问题。对喷管喉部的隔热保护常常由耐高温的材料(用以短时间的工作)或其他烧蚀(有意熔化、侵蚀,把热量带走)衬套组成。大型固体火箭发动机,如发射航天飞机的助推火箭发动机,通常依靠烧蚀材料来保护喷管的喉部;较小的固体火箭发动机,如空空导弹或短程地地导弹发动机,常用高温材料来保护喷管。这些耐高温的材料(可能通过耐热衬套增强性能)足以保护喷管的喉部,因为火箭发动机的燃烧时间相当短(只有几秒钟)。要点燃火箭发动机的推进剂,药柱表面必须充满热燃气。通常点火器本身就是一台火箭发动机,但其体积要小得多。大型固体火箭的点火器可对准其发动机的喷管,带热电阻器或起爆电桥的点火器,首先点燃用于点燃药柱的点火药,再由被点燃的点火药点燃主药柱。

1.2　固体火箭的发展现状

目前,固体火箭主要应用于战略核导弹和战术导弹,还可以用作运载火箭,包括可重复使用的航天飞机和一次使用的运载火箭的捆绑式固体助推器。固体火箭发动机也用于探空火箭和多种上面级运载火箭,如惯性上面级系统。此外,固体火箭的用途非常广泛,可制成各种功能性火箭,如降雨防雹火箭、石油开采火箭、灭火火箭、架线火箭等。本节主要介绍固体火箭应用于运载火箭、探空火箭和火箭武器的情况,应用于导弹的情况可参考各类导弹相关书籍。

1.2.1　固体运载火箭

固体运载火箭随时可以进入发射状态。固体运载火箭可用来将小型航天器运送到近地轨道,可以根据卫星轨道要求选择发射时间和发射地点实施发射任务。

在过去的几十年里,固体运载火箭技术一直受到世界各国重视。国外比较成熟的固体运载火箭已有几十种型号,其中美国有"侦察兵""飞马座""金牛座""米诺陶"等,俄罗斯有"起跑号",欧洲有"织女星",日本有 J – 1、M – 3、"艾普西龙"等,印度有 SLV、ALSV 和 PSLV 等。近些年,我国在固体运载火箭领域也投入了大量精力进行开发,已研制出"开拓"系列、"快舟"系列以及"长征"十一号固体运载火箭等。

下面简要介绍美国的两种小型运载火箭:"飞马座"和"金牛座"。

1. "飞马座"运载火箭

"飞马座"是美国第一种完全由私人企业投资研制的小型商用运载火箭,主要用于将小型卫星送入近地轨道,进行微重力试验、材料试验、通信、定位、地球资源探测或完成其他特殊任务。它是一种外形类似于飞机的小型带翼空射型三级固体运载火箭,采用惯性制导,如图 1.6 所示。由于火箭的绝大部分结构使用了复合材料,因此大大减轻了火箭的质量。

"飞马座"运载火箭由载机运送到高空并从空中发射。它被载机释放后,第一级发动机点火,然后沿一条近似于 S 形的弹道将有效载荷送入轨道。这种发射方式有许多优点:不受地理条件限制,可从不同机场起飞和从地球上任意地点发射,这样不仅能够增加发射窗口时间,还能扩大轨道倾角范围;地面辅助设备少,发射操作简单,具有很大的使用灵活性。用载机从空中发射可提高火箭的运载能力和效能,并使火箭的受力较小,便于采用质量轻的结构与材料,也易于解决靶场安全问题;发动机扩张比大,改善了推进效率;利用翼的升力和 S 形弹道减少了重力损失。

火箭第一级采用奥利昂 50S 型固体火箭发动机,同时第一级上安装着固定式三角翼和垂直及水平尾翼,用来进行姿态控制。第二级采用奥利昂 50 型固体发动机,用硅酮橡胶柔性密封喷管进行推力矢量控制,在动力飞行段它只提供俯仰和偏航控制,滚转控制和惯性飞行段的三轴控制由第三段上的6台氮气推力器提供。第三级采用奥利昂38型发动机,也采用矢量控制进行俯仰和偏航控制,滚转控制和惯性飞行段的三轴控制仍然由第三段上的6台氮气推力器提供。为了增大运载能力和发射同步轨道小卫星,该火箭还可按需求加装肼辅助推进系统,形成四子级。

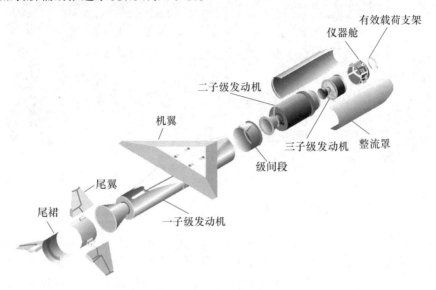

图1.6 "飞马座"运载火箭结构示意图

"飞马座"运载火箭的制导系统由采用GPS修正的惯导系统和自主式自动驾驶仪组成,包括惯性测量装置、GPS接收机、制导计算机、遥测发射机、遥测多路转换器、反作用控制系统推力器、雷达应答机和电源等,整个制导部分被安装到第三级的前部。

"飞马座"运载火箭的主要用途是向低地轨道发射美国国防部、美国国家航空航天局及商业用户的小型有效载荷,运载能力如下。

(1)463km极轨道:200kg(标准型)/279kg(加大型);

(2)463km赤道轨道:288kg(标准型)/382kg(加大型)。

2. "金牛座"运载火箭

"金牛座"运载火箭是由"和平卫士"导弹(MX)第一级和有翼的"飞马座"运载火箭部件组合而成的,它的目的是提供发射快速反应卫星的能力,以增强美国在危急时刻的军用航天能力或补充在战争冲突期间损失掉的卫星。"金牛座"运载火箭只需准备3～8天就能发射小型军用卫星,而发射大型运载火箭和卫星的准备时间需要几个月。该火箭使用了与"飞马座"运载火箭相同的固体火箭发动机和电子设备舱,同时为了降低成本还采用了"飞马座"火箭发射装卸简易的设计方案,并在发射控制航空电子系统时使用了小型的个人计算机式硬件。

标准型"金牛座"运载火箭(图1.7)的第一级采用的是"和平卫士"导弹的第一级。第二级采用的是"飞马座"运载火箭的第一级,它们的推进性能指标相同,不过由于取消了箭翼,为了进行飞行控制,因此"金牛座"运载火箭第二段采用了矢量控制,并进行了其他结构的相应的修改。第三级采用"飞马座"运载火箭的第二级,但对前后裙部和连接环进行了加强。第四级采用了"飞马座"运载火箭的第三级,但与"飞马座"运载火箭不同的是"金牛座"运载火箭的第四级不是承重件,而是一个以其前连接环为固定面的悬臂结构,在其周围安装有电子设备和姿态控制器的环形架,这种结构便于更换使用自旋稳定上面级。

图 1.7 "金牛座"运载火箭与生产车间

为了进行商业发射,轨道科学公司研制了商用型"金牛座"运载火箭,一子级采用卡斯托 120 发动机,二、三、四子级采用标准型"飞马座"运载火箭的一、二、三子级。商用型"金牛座"运载火箭采用两种整流罩,直径分别为 1.6m 和 2.3m。当使用 1.6m 直径的整流罩时,火箭可将质量 1259kg 的有效载荷送入高 400km、倾角 28.5°的近地轨道,将 889kg 的有效载荷送入太阳同步轨道。当使用 2.3m 直径的整流罩时,火箭可将质量 1047kg 的有效载荷送入高 400km、倾角 28.5°的近地轨道,将 695kg 的有效载荷送入太阳同步轨道。在商用型"金牛座"运载火箭的基础上,还可增加一个可选的五子级,形成五级固体运载火箭。

1.2.2 探空火箭

探空火箭是一类用于科学运载的小型火箭,最初主要用于气象和高层大气研究,自20 世纪 50 年代末开始用于科学研究。探空火箭包含 3 个主要组成部分,即由单级或多级固体火箭发动机构成的助推系统、服务系统(包含速率控制、遥测模块、回收系统等)和科学有效载荷。

探空火箭采用亚轨道飞行,这意味着它们不会进入绕地轨道。探空火箭弹道高度从几十千米到几百千米甚至上千千米不等,它是临近空间唯一的实地探测工具,是中高层大气立体剖面探测和微重力科学试验的有效手段和新型有效载荷及其新技术、新器件、新材料的验证平台,目前已广泛应用于中高层大气研究、临近空间环境研究、微重力条件下的材料加工、高空生物学研究、地球资源勘探等诸多领域,具有其他飞行器不可替代的优点和作用。

探空火箭具有结构简单、成本低、研制周期短、发射灵活方便等特点。它不仅可以在高度方向探测大气各层结构、成分和参数,实现中高层大气立体剖面探测,更适用于临时观察短时间出现的如极光、日食、太阳爆发等特殊自然现象和持续观察某些随时间、地点变化的自然现象。而且探空火箭可以提供一个微重力环境,用于一些特殊问题的试验研究,如利用探空火箭提供的微重力环境研究生物制药、生物机体的变化和适应性等。此外,探空火箭还可以为运载火箭、卫星、飞船等飞行器的研制和应用提供必要的环境参数。

1. 美国的探空火箭

1)概述

美国的探空火箭由非军方机构(美国国家航空航天局(NASA)、大专院校、科研机构)使用。探空火箭计划支持 NASA 对地球科学、太阳物理学和天体物理学的研究。近年来他们每年进行约 20 次亚轨道飞行,为研究人员提供了非常难得的机会进行新仪器测试与新传感器设计,以及进行世界一流的科学研究。同时他们还开展针对学生的短周期教育任务,这样有助于 NASA 培养下一代航天科学家,确保未来完成更复杂的空间科学任务[2]。

赞助 NASA 探空火箭研发的组织机构包括政府部门、公司、NASA 其他研究中心、戈达德太空飞行中心以及相关大学等。开展的试验研究类型包括地球空间科学、光学天体物理学、高能天体物理学、太阳系探索、微重力研究以及学生研究等。

NASA 建立了完善的探空火箭型谱(图 1.8),并提供以下功能。

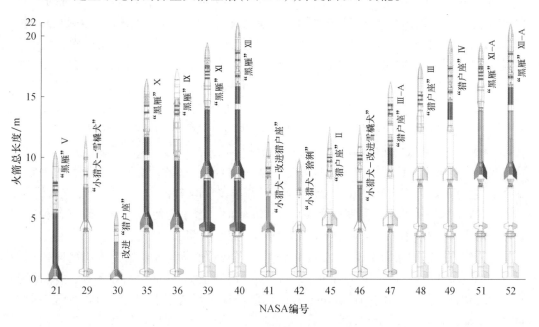

图 1.8　NASA 的探空火箭型谱

(1)独特的科学研究机会。探空火箭携带的科学仪器沿抛物线轨迹进入空间,提供近乎垂直的上升段和下降段,以近似悬停的方式接近其最高点位置。虽然在空间的总时间是短暂的(通常是 5~20min),但对于一个精心设计的研究地球物理现象的科学试验,探空火箭提供的时间和速度都绰绰有余。此外,对于空间的一些重要地区(如低电离层/热层和中间层低于 120km 高度),由于高度较低,卫星难以进行观测,因此探空火箭成为对这些地区进行直接原位测量的唯一平台。微重力试验任务是为载荷进行自由落体运动提供理想的微重力环境。

（2）低成本进入空间。因为科学有效载荷不用进入轨道，探空火箭任务不需要昂贵的助推器或提供长时间的遥测和跟踪，所以任务成本比所要求的大型运载火箭飞行大大减少。此外，有效载荷测试和试验的运行管理都在一个集中场所（如 NASA 沃勒普斯试验场），这也显著节省了操作成本。同时，大批量采购通用性的火箭发动机和零部件，有效提高了火箭组装效率，降低了单发成本。在某些情况下（如几乎所有的天文学、行星、太阳和微重力飞行任务），有效载荷被回收，这意味着试验和子系统的成本分散在许多任务中。

（3）快速开发，短运行周期。火箭和有效载荷可以在很短的时间内开发，有时可在 3 个月内完成设计、生产与组装。这种快速响应使得科学家在他们的试验中可迅速做出反应，研究新的现象（如观察苏梅克－列维彗星撞击木星），并采用最新的、最先进的技术。

（4）验证新的工具和开发新技术。探空火箭可作为一个低成本的测试平台，为新的科学仪器仪表、航天器技术提供亚轨道飞行试验验证。如开发新的姿态控制系统、测试新的探测手段性能、测试新的飞行终止系统性能等。此外，探空火箭进入太空的低成本促进了创新。

（5）教育。除了应用于科学技术研究，探空火箭也为教育和培训提供了宝贵的平台。NASA 认识到，20 世纪参加过"阿波罗"登月、航天飞机等重大航天计划的大量人员计划内退休，势必会导致知识的严重流失。为保持一支世界一流的航天科学家和工程师队伍，维护航天强国地位，美国将目光投向院校，并在包括中学和高校在内的学校教育过程中开展了大量以能力培养为导向的实践项目，培养了学生从事航天技术研究的兴趣，提升了其创新实践能力，完善了航天人才培养体系。例如，一个为期 3 年的探空火箭任务为大学研究生开展博士学位论文研究提供了极好的机会，学生通过该任务，能够经历探空火箭所有阶段的项目——从概念到硬件设计到飞行数据分析，最后发布飞行试验结果。这种亲自动手的方法为学生整体认识太空飞行任务提供了宝贵经验。事实上，依托 NASA 的探空火箭计划，超过 350 个博士已完成学位论文研究，并被授予博士学位。

NASA 的探空火箭飞行高度覆盖 50～1500km 的区域。为使科学家可研究各种地球物理现象，NASA 使用遍布全球的众多发射场发射探空火箭。

关于探空火箭的结构组成，典型的 NASA 探空火箭由载荷和作为助推级的固体火箭发动机组成。其中，载荷系统包括回收系统、姿态控制系统、助推段制导系统、遥测系统、试验舱段和百叶窗等，不同的任务可选择不同的载荷子系统（图 1.9）。回收系统一般在尖拱形头部，内部有降落伞和开伞装置，通常连接一个防水舱段，使得载荷可安全回收或重复使用。姿态控制系统用于载荷在空间进行三轴姿态稳定和控制。助推段制导系统主要用于火箭助推段在大气层内飞行时保证火箭按预定轨迹和姿态飞行，如典型的 S－19 系列助推段制导系统，采用陀螺仪测量火箭俯仰、偏航方向姿态角数据，通过自动驾驶仪和滚转通道解耦，产生控制指令，通过压缩氮气或空气的气动伺服，分别驱动两对正交安装的鸭舵舵面，对火箭进行俯仰和偏航通道姿态稳定，可有效降低火箭助推段弹道散布（图 1.10）。遥测系统负责将火箭飞行数据和试验数据传回地面站。试验舱段包含不同的试验模块。百叶窗主要用于载荷为望远镜时，在空间打开使得望远镜可对准目标观测。

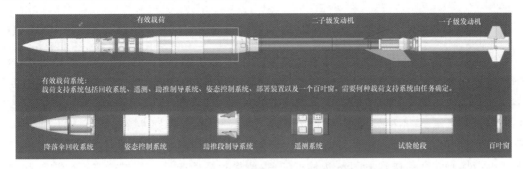

图 1.9　典型探空火箭结构组成

图 1.10　S-19 系列助推制导系统

2）科学研究与技术验证项目

地球空间科学研究一直以来是探空火箭应用的重点领域。例如，在 NASA 实施的 HEX-2 任务的目标是通过发射 4 枚探空火箭，测量大气连续方程中的所有项。在 4 枚探空火箭中，第一枚"黑雁"X 火箭采用了顶点高度为 158km 的近似水平的弹道，这种独特的定制弹道使得火箭可在期望高度飞行较长时间，为特定区域探测和新技术验证提供了独一无二的科学研究机会（图 1.11）。另外 3 枚则采用陡峭的传统弹道式弹道飞行，在 80～180km 高度范围内释放 6 个化学示踪器，以测量阿拉斯加中部北极地区该高度的中性风场。

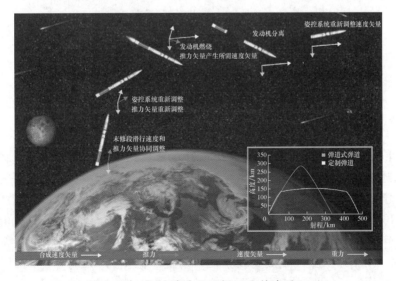

图 1.11　定制弹道用于探测和技术验证

3）教育项目

NASA 的探空火箭教育任务包括三个阶段的项目。

第一阶段是 RockOn! 项目，开展初级的学生探空火箭试验。RockOn! 项目自 2008 年起每年在 NASA 沃勒普斯试验场开展，每年约 80 名大学生和教育工作者用一周的时间完成他们的亚轨道火箭集成和飞行。例如，2012 年度任务包括 14 个标准化的试验，试验基地提供工具箱，它由微处理器、各种传感器、安装硬件和编程软件等组成，试验场工作人员和学生将有效载荷运到沃勒普斯岛与火箭发动机装配、测试。"小猎犬－改进猎户座"探空火箭将有效载荷送到 117km 远地点，获得测量数据后交给学生进行飞行后检查和数据分析。

第二阶段是 RockSat－C 项目，该项目和 RockOn! 项目共享有效载荷空间，但更先进。RockSat－C 试验是由学生在他们的家庭设计和构建的，并带到沃勒普斯试验场以便与有效载荷集成。例如，2017 年度共有 93 名学生参加有效载荷集成和测试，并观摩其在沃勒普斯岛上的有效载荷发射情况。

RockOn! 和 RockSat－C 项目遵循设定的流程（图 1.12）。首先，项目参与者建造他们的试验单元，提供各单元的材料和详细说明并完成单元试验；其次，将 RockOn! 试验单元安装在分层的安装板上，并固定在类似于罐子的容器内，RockSat－C 项目直接将试验单元放在容器内，所有容器与有效载荷舱进行结构集成；然后，有效载荷进行飞行前测试，包括惯量矩测量、振动试验和平衡测试等；最后，采用两级"小猎犬－改进猎户座"探空火箭从沃勒普斯岛发射。

图 1.12　RockOn! 和 RockSat－C 项目流程

第三阶段是最先进的 RockSat－X 项目（图 1.14），提供了探测火箭有效载荷支持系统，如电源、遥测、消旋机构、姿态控制系统和可展开的整流罩，以将试验设备完全暴露在空间环境。学生负责完成试验的设计和建造，并参加沃勒普斯试验场的集成、测试和发布活动（图 1.13）。学生团队可感知空间环境，部署探测器，甚至释放自由飞行的设备。例如，在 2015 年 8 月进行的 RockSat－X（Ⅵ）飞行试验中完成了如下试验内容：箭载热点通信、直接测量太阳紫外光谱（夏威夷大学社区学院）、微重力 3D 打印（弗吉尼亚理工大学）、低重力晶体生长（内布拉斯加大学林肯分校）、航天应用中的柔性电子学评估（西北拿撒勒大学)、微陨石检测和收集(波多黎各大学)、HD 有效载荷视频监视器(科罗拉多大学)等。

图 1.13　RockSat‑X 项目学生与教员团队及其飞行试验

图 1.14　火箭集成与测试

2. 欧洲的探空火箭

1)概述

20 世纪 50 年代,欧洲科学家第一次采用探空火箭进行试验中高层大气、电离层以及太阳和天体物理学研究,并于几年后,建造和发射了第一个小型卫星。欧洲空间科学界很快就认识到使用探空火箭的优点,特别是:①短的开发和周转时间,这非常重要,使学生能在合理的时间跨度内完成研究项目和论文;②与卫星和载人飞行任务相比,其飞行硬件可靠性和安全性要求不太高,试验飞行硬件开发成本较低;③是一个独特的进行原位试验的工具,可达到的高度在气球最大高度(40km)和稳定的卫星近地点轨道高度(200km)之间;④发射时间方面的灵活性,使它们成为理想的瞬态现象如极光现象的观测和研究手段。但与卫星观测时间(年)相比,探空火箭短的观测时间(分钟)是其主要缺点,难以进行长持续时间现象的研究。

20 世纪 60 年代,超过 40 个欧洲空间研究组织围绕探空火箭开展了科学和技术合作,合作涵盖领域包括仪器开发、机械和热试验、发射、联合数据分析及结果发布,许多科研院所或行业新的工具/方法通过探空火箭得到飞行验证,其中包括:①太阳和星敏感器三轴稳定姿态控制系统;②先进的遥测和遥控系统,包括高增益天线、数据中继和图片备份到地面;③电源控制和空调系统;④主动和被动热控系统。

20 世纪 80 年代至 90 年代,研究重心倾向于微重力研究领域,如冶金和凝固、半导体结晶、流体物理、临界点、燃烧、微重力条件下的流体、植物细胞中的重力感知等。

2)微重力试验火箭

在微重力试验方面,欧洲太空局(European Space Agency,ESA)开发了 4 种不同的探空火箭项目,并主要提供给 ESA 和德国航空航天中心(DLR)使用。这 4 个项目分别是 MiniTEXUS、TEXUS、MASER 和 MAXUS,它们的主要性能如表 1.1 所列。

表 1.1 ESA 的探空火箭性能

项目名称	微重力时间/min	试验模块数量	载荷直径/mm	载荷长度/m	载荷质量/kg	旋转频率/Hz
MiniTEXUS	3 ~ 4	1 ~ 2	438	1	100	5
TEXUS	6	4	438	3.4	260	3 ~ 4
MASER	6	4	438	3.4	260	3 ~ 4
MAXUS	12.5	5	640	3.8	480	≤0.5

ESA 的探空火箭都是从瑞典北部基律纳的欧洲探空火箭发射场雅斯兰吉发射的。所有火箭均采用一种陡峭的抛物线弹道,并经历相似的时序动作。图 1.15 显示了 4 种不同的探空火箭与航天飞机及国际空间站飞行高度比较,随着不同任务有效载荷质量的不同,飞行高度会有所变化。在飞行上升段,为使火箭姿态稳定,MiniTEXUS、TEXUS 和 MASER 火箭绕纵轴旋转,旋转频率为 3 ~ 5Hz。当第二子级关机后,启动火箭上的溜溜球系统进行消旋,以减少旋转频率至约 0.1Hz。然后二子级发动机分离,火箭启动压缩氮气姿控系统进行三轴姿态稳定。对于 MAXUS 火箭,它使用非自旋方式,不必使用溜溜球系统消旋,采用氮气姿控系统,用于有效载荷姿态稳定,并在火箭再入前不久起旋。

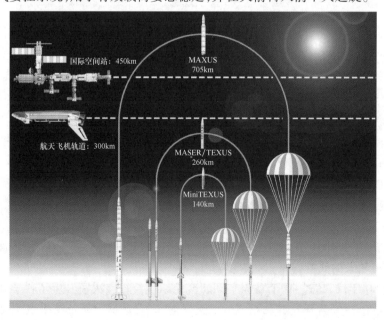

图 1.15 ESA 的探空火箭飞行示意图

微重力试验时间较短的 MiniTEXUS 火箭项目始于 1993 年。MiniTEXUS 是由奈基第一子级和"猎户座"第二子级组成的两级固体火箭(图 1.16),提供大约 3min 的微重力时间。未来,为节省成本,MiniTEXUS 也可能采用巴西的单级固体火箭 VS30 作为助推级。

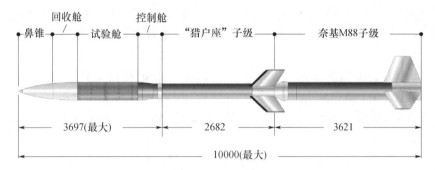

图 1.16　MiniTEXUS 探空火箭示意图
(图中单位:mm)

TEXUS 火箭项目由德国于 1976 年启动,用于技术研究和开发。从第一次飞行试验 TEXUS 6 任务到 TEXUS 40 任务,ESA 共进行了 77 次该项目飞行试验。后来,该项目还采用了由英国宇航公司制造的两级固体火箭"云雀"7 和巴西的两级固体火箭 VSB30 进行试验。

1986 年瑞典开始研发自己的探空火箭——MASER,它被称为材料科学试验火箭,并于 1987 年在欧洲探空火箭发射场雅斯兰吉首次成功发射。从 MASER 6 到 MASER 10 任务,项目采用英国的两级探空火箭"云雀"7,而从 MASER 11 任务起,采用巴西的两级固体火箭 VSB30。

微重力试验持续时间较长的 MAXUS 火箭项目由德国和瑞典联合研发,始于 1990 年。该火箭可以提供 12～13min 的微重力试验时间,其结构如图 1.17 所示。

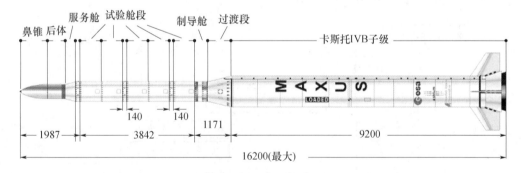

图 1.17　MAXUS 探空火箭
(图中单位:mm)

尽管随着技术的进步,一些研究和验证可通过小型科学卫星和国际空间站完成,但探空火箭试验从来没有过时,它仍然被用来测试新的技术和进行科学研究,并在缩短交付时间和实际执行时间、大量降低成本、培养具有潜力的青年科学家等方面仍然具有显著优势。

3）教育项目——REXUS 火箭项目

欧洲以 ESA 为代表的航天领域研究机构历来重视以探空火箭为对象的学生教育项

目。REXUS 是大学生火箭发射试验的英文缩写,最早的 REXUS 探空火箭项目是在瑞典国家航天局(SNSB)支持下于 1995 年 12 月 4 日成功发射一枚火箭。其后,德国航空航天中心(DLR)和瑞典国家航天局签订了双边协议,于 2007 年正式推出学生探空火箭项目REXUS。项目按计划每年发射两枚火箭,携带约 10 项由学生团队设计和建造的试验。由于瑞典把属于它的有效载荷份额通过与 ESA 合作向欧洲其他国家的学生开放,该项目现在已成为欧洲大学生都可申请参加的探空试验。

REXUS 项目是亚轨道探测火箭发射飞行试验,其目的是提供真正的空间项目经验。该项目利用改进型"猎户座"火箭,采用自旋稳定,可达约 90km 的最大飞行高度。以REXUS 11 为例,其所用的改进型"猎户座"火箭直径 356mm,总质量 541.4kg,发动机燃烧时间 26s,最大加速度 $21m/s^2$,远地点达 81.5km,到达远地点的飞行时间为 152s。虽然只是大学生完成的试验项目,但经过多年的发展和积累,REXUS 项目选用了技术成熟的运载火箭,如图 1.18 所示,已逐渐将重点放在了火箭发射的有效载荷上。

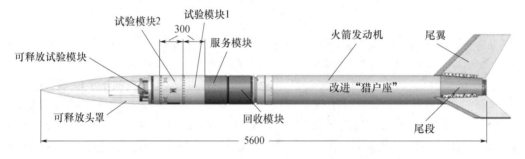

图 1.18　REXUS 火箭构型

(图中单位:mm)

REXUS 系统的组成如图 1.19 所示。

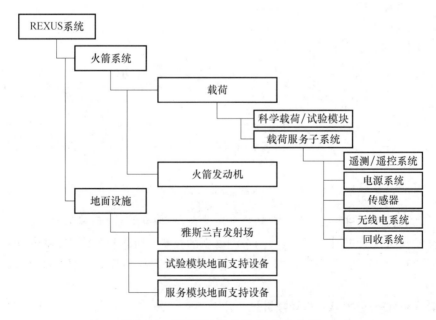

图 1.19　REXUS 系统的组成示意图

REXUS 系统的组件定义如下。

（1）REXUS 火箭：用于完成飞行试验的完整火箭。

（2）发射场设施：用于火箭飞行期间测量和控制火箭的设备，以及遥测接收设备。

（3）地面支持设备：REXUS 火箭的地面支持系统和设备。

（4）地面电子支持设备：用于在测试和飞行期间控制各模块并与之通信的设备。

（5）火箭发动机：用于为 REXUS 火箭提供动力。

（6）载荷：包括试验模块和子系统。

（7）子系统：用于火箭飞行控制、回收和遥测所需的所有系统。

（8）科学载荷：指试验中的所有试验模块。

（9）试验模块：指试验设备及其外部结构。

REXUS 项目得到了专业部门强有力的支持和协调。瑞典国家航天局和德国航空航天中心不仅提供 REXUS 项目的经费，还和 ESA、瑞典太空公司等一起为学生团队在整个项目上，尤其在试验项目评选、零部件检测、地面试验和发射等关键步骤中提供技术支持。

在科学研究方面，REXUS 项目试验内容广泛，涉及地球大气、地球磁场、材料科学、流体物理、辐射物理和天体物理等多个研究领域；在技术验证方面，REXUS 项目涉及空气动力学、通信、控制系统、试验系统、导航、推进系统、再入系统、微重力技术等多个方面。此外，火箭发射试验本身还需要考虑安全性、发射场地和时间等诸多因素。没有专业的机构专门进行组织和协调，仅靠学生课余时间来进行探空试验几乎是不可能完成任务，而且学生也没有可持续的发展能力。因此，瑞典太空公司和德国航空航天中心共同组建了专门的专业发射组织，让有经验的工作人员全职负责统筹和协调 REXUS 项目。

例如，在 REXUS 11 项目所进行的试验中，德国亚琛工业大学的学生在他们的探空火箭的先进隔离试验中致力于改进高空火箭的微重力研究。飞行中的火箭会发生振动，这些振动通过火箭系统传递给试验设备，进而影响到所有的试验，运动脉冲会影响最优化的失重效果。为了减少这种振动的转移，年轻的科学家开发出了一种低成本的平台，让试验仓在火箭飞行的微重力阶段自由悬浮，这样能够平均抑制 90% 的阻尼振动。

德累斯顿工业大学的学生团队用龙格图像研究微重力下的毛细作用试验（CaRu），试验内容是在飞行的微重力阶段，在一个压力箱中将液体置于吸水性强的纸上，测试液体如何扩散，观察其与在重力作用下的行为有什么区别，以及反应是否会以更快的速度进行。CaRu 试验通过高清晰度摄像机记录并回答这些问题。

此外，无论是爱尔兰都柏林理工学院的新型伸缩臂式验证试验，还是瑞士联邦理工学院的地球重力梯度传感器都展示了新技术。洛桑联邦理工学院的学生还通过传感器的试验来确定火箭在太空中的方向，这些传感器将来可以用在卫星上。斯德哥尔摩瑞典皇家理工学院在瑞典北部用火箭进行独立的大气探测的试验则更进了一步，可以在火箭之外收集数据。他们将两个配备了独立降落伞的测量仪器在飞行过程中释放，以收集空气中的细颗粒物。

从这些试验的技术水平和科学内涵来看，REXUS 项目已经超出了一般意义上的学生试验范畴，而更多地具有了科研的属性。而且，有效载荷的试验仅仅是 REXUS 项目的一部分。虽然选用了成熟的探空火箭，整个飞行项目仍细分成多个部分，如项目管理、有效载荷、机械设计、电气设计、遥测和遥控系统、电气接地支持设备等。每个项目除了发射和特定的测试,基本的工作全由学生团队完成。

REXUS 项目吸引了学生的广泛参与(图 1.20)。每年的 9 月、10 月接受申请,符合条件的在校大学生均可参与申请。这个过程中学生们可在试验总体框架内自由发挥,以尽可能充分地利用探空火箭,其中不乏很多新奇的创新点。经过德国航空航天中心等专业机构的专家评审和帮助改进后的项目申请,往往可在保留其创新性的同时,兼顾成本效益和可行性。尽管有基础和专业优势的大学会占有一定的优势,但从实践来看,项目兼顾了学生参与的公平和广泛性,把真正对航空航天感兴趣的学生纳入项目之中,既引入了竞争,又扩大了欧洲培养航空航天后备人才的范围。除了试验成果和培养出一批又一批具有实际航天试验经验的人才以外,研究过程中不断的经验积累也是项目重要的成果之一。

图 1.20 REXUS 火箭舱段装配及参加发射的学生团队

REXUS 项目在发起后的十余年中,共开展了 147 个试验,涉及来自欧洲各地 1200 多名学生(大部分来自德国和瑞典)。试验研究涉及不同的科学领域,如大气研究、辐射物理、部署系统、控制系统、通信、流体物理等。REXUS 项目历年部分典型试验内容安排如下[3]:

(1)REXUS 24(发布日期 2018 年 3 月)。

AQUASONIC 黑盒(内存闪存设备开发),由德国不来梅应用技术大学完成。

MORE(火箭试验光电子学测量),由法国国立高等航天航空学院完成。

PIOneERS(弹出式可回收系统测量等离子体阻抗),由英国伯明翰大学完成。

ROACH(带壳机器人在轨分析),由德国斯图加特大学完成。

WOLF(用于自由旋转落体单元的摆动控制系统),由瑞典皇家理工学院完成。

(2)REXUS 20(发布日期 2016 年 3 月)。

UB – FIRE(点火安全研究试验),由德国不来梅大学完成。

CEMIOS(失重对细胞影响生理研究),由卢塞恩应用科学大学和瑞士伯尔尼大学完成。

BOILUS(微重力条件下超声波手段进行沸腾管理),由西班牙加泰罗尼亚理工大学完成。

PATHOS(通过观察地平线获取位置矢量),由德国马克西米利安大学完成。

(3)REXUS 17(发布日期 2015 年 3 月)。

REM – RED(探空火箭试验测量宇宙辐射),由匈牙利布达佩斯大学完成。

SCRAP(等离子体中雷达波对气溶胶的散射),由瑞典皇家理工学院完成。

WUSAT – SOLSPEC(基于 CubeSat 卫星的转换光谱测量),由英国沃里克大学完成。

(4)REXUS 16(发布日期 2014 年 5 月 28 日)。

HORACE(HORIZON 采集实验),由德国朱利叶斯 – 马克西米利安大学完成。

MOXA(大气上层的臭氧和氧气测量),由德国德累斯顿技术大学完成。

LOW – GRAVITY(微重力下激光焊接输出),由罗马尼亚布加勒斯特大学和英国杜伦大学完成。

CWIS(索雷效应下化学波测量),由意大利那不勒斯大学和比利时布鲁塞尔自由大学完成。

(5)REXUS 15(发布日期 2014 年 5 月 29 日)。

FOVS(光纤振动传感实验),由德国慕尼黑工业大学完成。

MEDUSA(采用主动下降等离子探针在 D 区等离子测量),由德国罗斯托克大学完成。

StrathSat – R2(基于立方体卫星的可展开充气结构研究),由英国思克莱德大学完成。

ISAAC(上层大气的红外光谱分析),由瑞典皇家理工学院完成。

(6)REXUS 13(发布日期 2013 年 5 月 9 日)。

CERESS(兼容和可扩展的 REXUS 总线),由德国慕尼黑工业大学完成。

MUSCAT(大气温度的多球表征),由瑞典皇家理工学院完成。

StrathSat – R(基于立方体卫星的可展开充气结构研究),由英国思克莱德大学完成。

SOLAR(低重力下的合金焊接),由瑞典吕勒奥大学完成。

(7)REXUS 12(发布日期 2012 年 3 月 19 日)。

Suaineadh(自旋网的部署和稳定),由英国格拉斯哥大学和瑞典皇家理工学院完成。

REDEMPTION(材料相变杂物去除测试),由意大利博洛尼亚大学完成。

SOMID(航天器固体推进噪声的独立检测),由德国慕尼黑大学完成。

SPACE(亚轨道粒子聚集和碰撞试验),由德国恩不伦瑞克学院完成。

(8)REXUS 9(发布日期 2011 年 2 月 22 日)。

Telescobe(一个新的伸缩臂系统验证),由爱尔兰都柏林学院完成。

SPONGE(探空火箭推进剂微重力方向试验),由意大利帕多瓦大学完成。

EXPLORE(液体燃料在轨补给试验),由德国斯图加特大学完成。

REMOS(衰变监测系统),由德国斯图加特大学完成。

(9)REXUS 7(发布日期 2010 年 3 月 2 日)。

BUGS(重力梯度稳定大学卫星悬臂测试),由意大利博洛尼亚大学和罗马大学完成。

VibraDamp(减振系统试验模块),由德国亚琛应用科学大学完成。

MONDARO(测量大气中的中性气体密度),由德国罗斯托克大学完成。

(10)REXUS 5(发布日期 2009 年 3 月 13 日)。

Itikka(惯性测量单元试验),由芬兰坦佩雷技术大学完成。

VIB – BIP(两相流的振动影响),由西班牙加泰罗尼亚工业大学完成。

CharPa(带电粒子测量),由德国慕尼黑工业大学完成。

3. 我国的探空火箭

1)气象火箭

我国最早开展研究和利用的探空火箭是用于气象探测的气象火箭,研制并发射了多种气象火箭,用于中层大气的大气温度、压力、密度、风速和风向等气象要素的探测。第一代为液体火箭,20 世纪 60 年代以后开始研制固体气象火箭,早期的包括"和平"6 号(HP-6)和"织女"1 号(ZN-1)气象火箭,以及"织女"3 号高空探测火箭(图 1.21)。进入 21 世纪,我国研制了"天鹰"4 号气象火箭,可搭载雷达探空仪或 GPS 探空仪,获取 20~60km 高度范围大气温度、压力、密度、风速、风向等气象数据。此外,为了建立精确的临近空间大气环境模型,我国还研制了面向 30~100km 高度的临近空间大气环境探测火箭(图 1.22),火箭可搭载硬质落球、主动式膨胀落球和被动式膨胀落球等不同载荷。

| 图 1.21 "织女"3 号探空火箭 | 图 1.22 临近空间大气环境探测火箭 |

2)微重力火箭

为满足微重力流体科学、空间材料科学和空间生物技术等研究,我国研制了"天鹰"3 号固体火箭进行微重力试验。"天鹰"3 号火箭为单级固体火箭,采用固定式尾翼稳定,计算机时序控制。其最大飞行高度为 220km,微重力量级为 $10^{-4}g$,开启/关闭试验高度为上升段 90km/下降段 70km,微重力试验时间约 360s,箭头着陆速度不大于 10m/s。

由于微重力火箭使用固体动力装置,与用卫星试验比较,它虽然可用来进行试验的时间比较短,但具有发射便捷、经济的特点,所以该火箭在高纯度晶片制作、大气物理探测、气象探测、环保监测、高空育种、生物制药等方面有广泛的应用前景。

3)"子午工程"探空火箭

2008 年我国开始国家大科学工程"子午工程"的建设,建造一条南北陆地跨度约 4000km,采用地磁地电、无线电、光学、探空火箭等多种综合监测手段的空间环境地基监测子午链,连续监测地球表面 20km 以上到几百千米的中高层大气、电离层和磁层,以及十几个地球半径以外的行星际空间环境参数。

"子午工程"探空火箭的运载部分采用"天鹰"3-C 型火箭,试验搭载的"鲲鹏"1 号探空仪包括双臂探针式电场仪、大气微量成分探测仪、朗缪尔探针 3 个科学探测有效载荷。2011 年,"天鹰"3-C 探空火箭携带"鲲鹏"1 号探空仪在海南火箭发射场沿北偏西 45°方向以 87°仰角成功发射。43s 时,火箭高度升至 60km,火箭转速稳定至约 2r/s,箭头与箭体分离,电场仪伸杆展开;46s 时,火箭高度升至 65km,朗缪尔探针伸杆解锁、展开;215s 时,火箭达到 196km 弹道顶点;420s 时,火箭再入大气层。"天鹰"3-C 探空火箭探测了海南附近区域大气臭氧和二氧化氮参数,获得了电离层电子密度、离子密度和电场垂直分布曲线。

1.2.3 火箭武器

当固体火箭携带战斗部时,称为火箭武器,它是一种威力大、火力猛、机动性好的高性能武器。火箭武器系统既能歼灭和压制敌人有生力量、各种战斗兵器和野战工事,又能对付集群坦克装甲车辆,并能实施发射干扰弹等特殊战斗任务[4]。

第二次世界大战期间,苏联研制的"喀秋莎"火箭炮开始在战场上大显神威。随后,火箭武器技术不断发展,性能和威力日益提高,火箭武器已成为现代武器重要的组成部分。随着精确制导技术在火箭弹中的应用,火箭武器系统的作战任务也发生着变革:由压制、支援为主,逐渐转变为远距离、大纵深直接歼敌,阻断敌方部队增援以及破坏敌方永久性阵地;由多门火箭炮对面目标射击,转变为单炮对点目标射击;由兵力机动转变为火力机动等。

火箭武器系统主要由火箭发射系统和火箭弹组成。根据发射平台的不同,火箭武器系统可分为航空火箭武器系统、地面多管火箭武器系统、单兵火箭武器系统等类别。

1. 美国的火箭武器

第二次世界大战后,由于火箭武器散布大、精度不高,再加上美军过分依赖导弹,所以火箭武器的发展一度停滞。直到20世纪70年代,美军才开始重视发展火箭武器,研制出M270多管火箭炮系统(MLRS),并于1983年装备陆军。随后又在M270火箭炮基础上研制出M270A1火箭炮,在伊拉克战场上发挥了极大作用。

1)M270火箭炮

M270火箭炮是由美国陆军牵头,英国、德国、法国、意大利等国参与研制的压制性武器(图1.23),是一种全天候、间瞄、面积射击武器,主要任务是实施纵深攻击,包括对炮兵作战和压制防空武器,填补身管火炮和战术导弹之间的火力空白。M270火箭炮有两种结构形式:美军装备的系统既可以发射火箭弹,又可以发射美国陆军战术导弹;北约其他国家装备的M270火箭炮只能发射火箭弹。

图 1.23　美国 M270 火箭炮

M270火箭炮系统由发射车、发射箱、火控系统和弹药组成。

M270火箭炮的发射车采用M993高机动、轻型装甲履带车底盘,该车是M2"布雷德利"

步兵战车的改型,防护能力好,机动性强,具有良好的越野能力,可伴随机械化部队作战。

发射箱采用整体结构,主要由1个轻型铝制框架和6个玻璃纤维发射管组成,具有一定的防护能力。在发射/贮存器底部的4个角上有4个减振垫,在火箭弹贮存和运输时对发射/贮存器有保护作用。4个铝制隔板为发射架提供稳定性,并用于支撑玻璃纤维发射管。火箭弹在出厂前就已经装入发射/贮存器,因此在贮存期间和阵地发射时无须维护和保养。

火控系统主要由火控面板、火控装置、改进型电子装置、吊杆控制器、改进型稳定基准仪/定位系统、程序输入装置等组成。M270火箭炮配装的先进火控系统可使整个发射系统的装填、测地、定位、瞄准和射击等操作实现自动化,因而能大大提高火箭炮的自主作战能力,成为美军炮兵武器中第一种"打了就跑"的武器系统。

M270火箭炮可发射M26系列非制导火箭弹、M30制导多管火箭炮系统(GMLRS)火箭弹、M31火箭弹和610mm陆军战术导弹。M31制导火箭弹最大射程为70km,采用GPS/INS(惯性导航系统)制导,CEP为10m。目前,洛克希德·马丁公司研制的GMLRS+制导火箭弹,引入了激光半主动导引头,且最大射程增加到130km。

2)M270A1火箭炮

海湾战争后,美国陆军在1992年对M270火箭炮实施了"里程碑"Ⅱ火控系统改进,1995年对M270火箭炮实施了机械部分的改进,经过这两项改进的M270火箭炮定名为M270A1火箭炮。通过对火控系统的升级改造,提高了火箭炮的定位精度(CEP大于10m)和射击精度(仅加装激光多普勒测风雷达就使射击精度提高30%~40%),缩短了反应时间(从原来的30min缩短至5~10min)。通过采用改进型发射装置机械系统(ILMS),减少火箭炮的瞄准时间(能在方向和高低上同时移动,使火箭炮在16s内完成对目标的瞄准)和装填时间(减少约30%)。在典型的发射任务中,M270A1火箭炮的发射速度比M270火箭炮快6倍,作战和维修费用降低38%。美国陆军于2011年将现有M270火箭炮全部换装为M270A1火箭炮。

3)火箭弹

火箭弹系列包括非制导型火箭弹和和制导型火箭弹。非制导型火箭弹主要有M26火箭弹和M26A1火箭弹,制导型火箭弹主要有M30火箭弹和M31火箭弹。

M26火箭弹是美军多管火箭炮系列中各种型号火箭炮的基型,它可以攻击距离10~32km的目标,能有效地对付人员、软目标和轻型装甲目标,目标定位误差小于150m。每枚火箭弹在目标区域上空可抛撒644枚M77子弹。M77子弹可以穿透厚6~10cm的装甲板。爆炸时,其钢壳破片可杀伤半径4m以内的人员。

M26A1火箭弹是M26火箭弹的改进型,主要用于攻击13~45km的目标。其发动机比M26火箭弹加长了27.4cm,战斗部缩短了27.4cm,增加了15%的推进剂,使最大射程增加到45km,子弹的数量减至518枚。其发射管内加装了稳定装置,减少了发射时产生的误差,进而提高了射击精度。

M30火箭弹主要由惯性制导与控制舱和增程火箭弹组成。惯性制导与控制舱由惯性测量装置、目标跟踪计算机和误差校正装置组成,构成火箭弹前端导引头。它是M26A1火箭弹的改进型,但在命中精度上与M26和M26A1传统的无控火箭弹相比有了质的飞跃:M26火箭弹的精度会随着射程的增加而下降,M30火箭弹则从小射程15km到最大射程60km,精度始终保持不变,增程后仍可以有效地对付远距离和敌纵深内的目标。命中精度的提高,极大地增强了多管火箭炮系统的杀伤力,同时减少了弹药消耗量和附带损伤。高机动性火箭炮发射这种火箭弹大大减少了每次执行射击任务所需要的发射箱和火箭弹数量,进而增加了发射箱的寿命。

M31 火箭弹是美国 M270 火箭炮弹药系列中最新型的火箭弹(图 1.24),它配用整体式战斗部,战斗部内装有 90.8kg 钝感高爆炸药,可为战场指挥官提供 70km 射程范围内的精确打击能力。该弹采用 GPS/INS 与鸭式控制翼相结合的制导方式,极大地提高了火箭弹的命中精度和操纵性,大大减少了耗弹量(减少 80%),从而显著减轻了后勤负担。

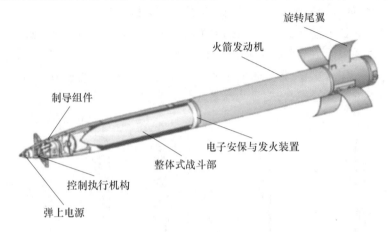

图 1.24　美国 M31 火箭弹结构组成示意图

2. 俄罗斯的火箭武器

在第二次世界大战中,苏联陆军充分发挥了火箭炮的作用,使得苏联非常重视火箭炮的发展,先后研制多型野战火箭武器。БМ－21"冰雹"火箭炮大量装备陆军,该炮也是世界上应用最广的火箭炮。最初的 122mm 无控火箭弹最大射程 20km,增程后的火箭弹射程达 40km,可配用多种战斗部,如照明、爆破杀伤和反坦克战斗部。后续研制的 БМ－30 "龙卷风"火箭炮成为俄罗斯部署最多的野战火箭武器系统(图 1.25),也已出口许多国家。最初的 БМ－30 火箭炮发射火箭弹最小射程为 20km,最大射程为 70km。后来又研制了一系列能力更强的新型火箭弹,射程为 90～130km,并配用更先进的战斗部。

图 1.25　俄罗斯 БМ－30"龙卷风"火箭炮

БМ – 30 式 12 管 300mm 火箭炮全系统代号为 9K58,名为"斯麦奇",北约称为"龙卷风",主要包括9A52式12管火箭炮、运输装弹车和火箭弹。该系统的300mm火箭弹是第一个在弹上装备控制系统、在主动段对方位进行弹道修正的火箭弹。300mm系列火箭弹的控制系统位于火箭弹的头部,其后依次为战斗部、固体火箭发动机和 6 片卷弧形尾翼(图1.26)。方位修正系统主要由测角陀螺和燃气射流作动机构组成,发射前测角陀螺被赋予正确的基准射向,发射后可感知弹体轴向与基准射向的偏差,并通过燃气射流作动机构修正这一偏差。由于火箭弹散布主要是在主动段形成的,而在弹道主动段的初始阶段,火箭弹对各种扰动最敏感。因此,该系统只在主动段开始阶段控制了 2.5s,就对减小弹道方向偏差起到了很好的效果。该弹的距离修正是通过控制子母弹战斗部的开舱时间来实现的。该弹采用主动段弹道修正技术后,与无控火箭弹相比,可使弹着点密集度提高 1 倍,在最大射程上的距离和方向散布密集度仅有1/310。因为这种火箭弹只修正主动段速度矢量而不进行其他控制,故称为简易控制火箭弹。

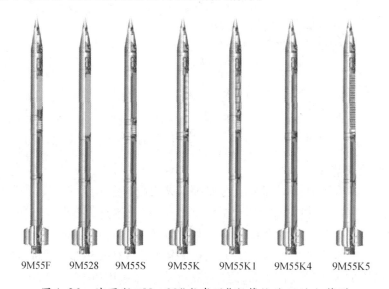

9M55F　9M528　9M55S　9M55K　9M55K1　9M55K4　9M55K5

图1.26　俄罗斯 БМ – 30"龙卷风"火箭炮使用的火箭弹

300mm 系列简易控制火箭弹的主要区别是采用了各种不同类型的战斗部,可完成多种不同类型的作战任务。火箭弹型号主要有:

(1)9M55K 型,装有 72 枚杀伤破片子弹药。

(2)9M55F 型,配用可分离的整体式降落伞减速杀伤破片战斗部。

(3)9M55K1 型,装有 5 枚反坦克子弹。

(4)9M55K4 型,携带并抛撒 25 枚反坦克地雷。

(5)9M55S 型,配用质量为 100kg 的云爆战斗部。

(6)9M528 型,配用一种新型可分离的整体式降落伞减速杀伤破片战斗部。

俄罗斯还在研制采用多种战斗部的300mm火箭弹,可携载122mm的火箭弹。它能携载 20 枚这种反装甲弹药,子弹通过降落伞减速,采用侧面的目标探测器搜寻目标,一旦捕获目标,自成形破片在最佳距离上点火。该战斗部能穿透 60 ~ 70mm 厚的轧制均质装甲。

思考题

1. 简述火箭的发展历史。
2. 火箭主要有哪些分类方法？
3. 简述固体火箭的基本组成及功能。
4. 固体火箭如何根据不同任务设定所需推力？
5. 简述"飞马座"运载火箭的技术特点。
6. 探空火箭主要有哪些功能？

参考文献

［1］［美］约瑟夫·A·安吉洛. 火箭［M］. 迟文成,郎淑华,译. 上海:上海科学技术文献出版社,2009.

［2］Goddard Space Flight Center. Sounding Rocket Annual Report（2007 – 2017）［EB/OL］.［2018 – 05 – 10］. http://sites. wff. nasa. gov.

［3］ESA. REXUS – Rocket Experiments for University Students［EB/OL］.［2018 – 07 – 10］. http://www. sscspace. com/file.

［4］韩珺礼,王雪松,刘生海. 野战火箭武器概论［M］. 北京:国防工业出版社,2015.

第2章 固体火箭总体设计及参数分析方法

2.1 固体火箭总体设计要求

火箭系统是一个复杂的工程系统。火箭总体设计是以满足使用要求及相应技术指标为目的的综合集成与优化设计过程。它是综合应用数学、物理、喷气推进技术、空气动力学、飞行力学、结构力学、材料学、控制理论、电子学、优化理论以及其他应用学科和基础学科,处理和解决系统集成设计问题的系统工程科学,有其自身内在的逻辑、规律和方法。

固体火箭总体设计是一个从已知条件出发,开发新产品的创新设计过程,是将使用要求及技术指标转化为火箭产品的最重要步骤。总体设计在火箭系统所有设计和研制工作中占最重要的地位并起决定性作用。高质量的总体设计不但会带来令人满意的使用性能、维护性能和经济效益,而且会为各分系统、各设备、各组件以及零部件的设计与研制,创造良好的条件。

在固体火箭总体设计中,必须将其各个分系统视为一个有机结合的整体。对每个分系统的技术要求,首先要从实现整个系统技术协调的观点来考虑。总体设计对各分系统之间的矛盾、分系统与全系统之间的矛盾,都要从总体性能及总体协调两方面的需要来研究解决方案,然后留给分系统研制单位或总体设计部门的相关设计单位去实施,以达到整体性能最优、研制费用最低和研制周期最短的设计目标。

2.1.1 使用要求

火箭是依靠自身动力将有效载荷送至空间预定位置,并使其速度矢量达到预定要求的飞行器。有效载荷的种类繁多、质量大小不一,其任务目的也不尽相同,这就对火箭的使用提出了各种各样的要求。这些要求一般包括以下几个方面:

(1)运载能力要求。火箭携带一定量的质量飞行,所能到达的最大高度,或到达指定高度的最大飞行速度,或所能达到的最远射程。

(2)弹道散布要求。有些类型的火箭是有控的,如发射卫星的运载火箭、运送试验载荷进入试验窗口的火箭等;还有些类型的火箭是无控的,如气象火箭、探空火箭等。无论是有控还是无控,火箭飞行弹道的散布或大或小都是存在的。而火箭飞行任务会对弹道参数散布的大小提出限制要求。这些要求一般会涉及飞行轨迹、速度和姿态等弹道参数的偏差,并要求将这些偏差限制在一定的范围内。

(3)有效载荷接口要求。有效载荷(如气象探测仪、探空仪、卫星和空间试验载荷等)与火箭的接口,包括机械接口和电气接口。机械接口要求主要是指有效载荷的几何尺寸和连接方式,前者用于确定火箭头部载荷舱的外形尺寸,后者用于确定有效载荷与火箭的连接结构(如需分离还包括分离释放机构)。电气接口要求主要是指有效载荷需要火箭提供的电源、电信号以及相互间的电磁相容性要求(如需分离还包括电气分离接口),此外还有有效载荷地面测试方面的要求。

(4)有效载荷环境要求。为保证有效载荷在飞行过程中处于正常状态,会对有效载荷所承受的过载、冲击、振动、噪声、温度、湿度和电磁干扰等提出限制要求。为有效载荷提供良好的工作环境,是火箭总体设计必须认真考虑的问题。与此相应,有效载荷也要采取必要的技术措施,以适应火箭载荷舱内的环境条件。

(5)有效载荷回收要求。有些有效载荷在执行完飞行任务后,需要着陆回收。回收的要求包括回收物的质量、着陆速度,以及是否要求定点回收等。为此,火箭需要增加有效载荷回收系统,以确保载荷能够安全无损地着陆。

(6)发射系统适应性要求。火箭是通过发射系统发射升空的。火箭的使用、操作功能一般应与现有发射架、地面测发控系统相匹配,并能适应发射场现有技术阵地和发射阵地的保障条件。

2.1.2　技术指标要求

火箭的技术指标是指火箭系统为满足其使用要求和设计约束条件而采用的各项技术的类型及其定量描述。它综合反映了火箭的技术水平和使用成本,一般应包括对以下内容的定量描述:

(1)火箭的气动布局、气动力(热)参数、外形尺寸、结构形式及质量特性;

(2)飞行控制系统的类型、控制精度、质量与尺寸;

(3)动力装置的类型、推进剂种类、推力特性及其误差、质量与尺寸;

(4)弹道特征点参数,最大轴向、横向过载;

(5)箭体结构的强度、刚度、稳定性和动态特性;

(6)箭体各舱段的气密性、防湿及防尘性;

(7)级间分离装置的类型、分离高度、分离冲击力和分离干扰量;

(8)载荷回收系统的类型、工作高度、着陆速度、质量与包装尺寸;

(9)遥测系统的类型、性能参数、质量与尺寸;

(10)电源系统的类型、供电品质、质量与尺寸;

(11)火工系统类型及其性能参数;

(12)安控系统类型及其性能参数;

(13)箭体加工、安装工艺误差;

(14)火箭装填、瞄准和发射特性;

(15)火箭生产成本、贮存和维护费用;

(16)火箭发射飞行的可靠性。

其中,能够确定弹道主要特性和火箭基本特征的技术指标称为总体技术指标,如火箭质量特性、结构形式与外形尺寸、气动特性、动力装置性能和弹道特征点参数等。

2.2　固体火箭总体设计概念

总体设计是火箭研制过程中极为重要的环节。总体设计的最终任务就是根据研制任务书的要求,通过系统而详细的总体参数分析,确定火箭系统总体方案,在满足研制经费和研制周期的约束条件下,设计出工程上能够实现的火箭系统。

火箭总体设计的指导思想是可靠性高、技术先进、经济性好和使用方便。由于火箭技术的复杂性与综合性,火箭的总体设计不可能一蹴而就,它是一个由粗到细不断深化与优化的过程,并要在继承已有成熟技术的基础上,对相关科学技术中的最新成果加以合理应用,在技术上协调好各分系统之间的匹配关系,最终达到系统整体性能最佳的目的。

2.2.1 总体设计依据

火箭的总体设计依据随研制任务来源的不同而不同。对于国家规划中(或下达)的型号研制任务,其总体设计的依据是国家批准的火箭型号研制总要求和与用户方签订的型号研制合同。对于未列入国家规划但用户有需求的型号,其总体设计的依据则为火箭系统研制单位的总体设计部与用户单位签订的协议文件。对于相关单位自筹资金研制的型号,总体设计的依据视型号的情况而定,可以是研制单位的发展规划,或是与用户方签订的合同。对于单位自研的飞行试验火箭,其总体设计的依据应为该单位科研(或研发)部门根据火箭飞行试验任务提出的火箭总体设计输入文件。

火箭总体设计的依据主要包括:①使用要求与总体技术指标;②完成研制工作的时间节点;③研制经费的额度。

2.2.2 总体设计的内容与流程

火箭总体设计的工作内容丰富而广泛,概括起来主要有三个方面:通过总体参数分析,选择并确定总体参数和总体方案;对各分系统提出设计要求并完成相应的技术协调;确定地面试验和飞行试验方案,完成相应的试验任务并对试验结果进行分析,给出火箭性能评估报告。在火箭的研制过程中,各技术部门在总体设计部门的组织、协调和管理下,一般按照方案论证阶段、方案设计阶段、工程研制(初样、试样)阶段和定型(设计定型和工艺定型)阶段的程序进行研制工作。在上述各个阶段中,总体设计的工作内容如下:

1. 方案论证阶段工作内容

配合用户单位,对使用要求和总体技术指标的可行性进行分析,提出拟采用的技术途径和总体方案设想。通过总体参数的初步计算与分析,确定各分系统方案论证的要求。综合总体和各分系统方案论证的结果,提出可能达到的总体技术指标和需要突破的关键技术,并对研制经费、研制周期、研制分工和研制工作的保障条件提出建议。

2. 方案设计阶段工作内容

此阶段的总体设计工作主要由四部分内容组成。

(1)在方案论证的基础上确定总体方案。通过对有效载荷类型及其对火箭使用要求的详细分析,确定飞行弹道方案、动力装置类型和火箭级数。如需级间分离,还要确定级间分离方案;如需回收有效载荷,则要给出回收系统方案。完成火箭部位安排,确定其气动外形的类型,给出发射方案和地面设备的类型。在反复协调、充分分析论证的基础上,确定火箭各分系统设计方案。

(2)总体参数分析与选择。根据火箭总体方案以及有效载荷的质量,结合总体技术指标要求,进行总体参数计算与分析,选择一组相对最佳的总体设计参数,并应用这组参数确定火箭的质量分配、动力装置特性、总体结构布局和几何尺寸等。

(3)确定各分系统技术指标。根据火箭总体设计参数,完成总体与各分系统的技术参数协调。在总体和各分系统设计方案的基础上,经反复迭代计算(如质量特性计算、气动外形设计与气动特性计算、推力参数计算、弹道仿真计算等),确定各分系统初样设计所应达到的技术指标,并完成分系统可靠性指标分配和火箭可靠性预估。

(4)关键技术研究。根据总体和各分系统技术指标以及设计要求,梳理出相应的关键技术,逐项进行攻关研究。完成关键技术验证所需原理样机的研制,通过技术原理性试验,确认所有关键技术已经突破并可以转入工程应用。

3. 工程研制阶段工作内容

火箭的工程研制阶段一般可分为初样阶段和试样阶段两部分。在初样研制阶段,通过技术协调,指导火箭各分系统完成初样机的工程设计、加工和地面试验。组织完成诸如模型箭风洞试验、发动机试车、分离机构试验、回收系统试验、电气设备联调和飞行环境模拟试验等地面试验,并通过火箭初样的总装测试,确认总体与各分系统(包括地面发射设备、测发控系统)的机械接口和电气接口处于良好匹配状态。在试样研制阶段,根据火箭初样的研制成果,完成火箭试样的设计与加工,并与用户单位协商,制定火箭飞行试验方案和试验验收大纲。完成全箭的综合测试试验和模拟发射的合练试验,选择发射靶场,确定发射时间和发射试验条件,最终完成发射飞行试验,并对飞行试验结果进行评估,确认火箭的使用性能和技术指标是否满足总体设计要求。

4. 定型阶段工作内容

在火箭试样飞行试验结果满足总体设计要求的条件下,完成火箭技术指标的评定工作,按照用户的火箭定型要求,完成火箭的定型设计,完善相关质量标准,编制全部设计文件,确定生产工艺流程,编写火箭使用维护说明书,并按用户的定型鉴定试验要求,完成定型鉴定飞行试验。

2.3　固体火箭总体设计参数分析方法

火箭总体参数是指能够确定弹道主要特性和火箭基本特征的设计参数。总体设计参数分析是火箭总体设计的重要内容之一。总体参数的选取,需根据给定的高度、射程、有效载荷质量和拟采用的技术方案,通过综合分析来确定。各项参数的选取有一个反复迭代的过程,即优化选择的过程。火箭总体参数优化的目标通常以起飞质量最小、主动段末速或射程(高度)最大为目标。

2.3.1　弹道特性参数分析

在火箭总体设计之初,可以假设由总体设计参数所描述的火箭具有良好的气动稳定性和操控性,可以保证火箭起飞后以小攻角在大气层中稳定飞行;火箭的几何尺寸、质量特性和推力特性等参数相对设计"标准值"无偏差,其主动段飞行马赫数不超过5。那么,在弹道特性的初步分析中,对于火箭质心运动方程的建立,可采用如下假设:

(1)地球的转动对火箭飞行弹道的影响忽略不计;

(2)地球表面为平面,且与发射点水平面平行;

（3）地球引力与重力相等，且与大地平面垂直；

（4）火箭飞行攻角为零；

（5）火箭发动机推力作用线与箭体纵轴重合；

（6）在火箭飞行过程中，其质心始终位于箭体的纵轴上；

（7）风速为零，即不考虑风场对火箭飞行弹道的影响。

如图 2.1 所示，在上述假设下，攻角 $\alpha = 0$（此时，火箭的弹道倾角与箭体俯仰角相等，即 $\theta = \vartheta$），火箭质心运动应满足下列运动方程：

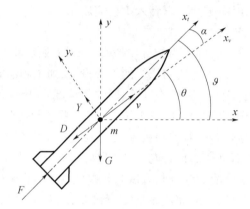

图 2.1　火箭受力分析图

$$
\begin{cases}
m\dfrac{\mathrm{d}v}{\mathrm{d}t} = \delta(F) - mg\sin\theta - D \\[2mm]
mv\dfrac{\mathrm{d}\theta}{\mathrm{d}t} = -mg\cos\theta \\[2mm]
\dfrac{\mathrm{d}x}{\mathrm{d}t} = v\cos\theta \\[2mm]
\dfrac{\mathrm{d}y}{\mathrm{d}t} = v\sin\theta \\[2mm]
\dfrac{\mathrm{d}m}{\mathrm{d}t} = -\dot{m}_\mathrm{f}
\end{cases}
\tag{2.1}
$$

其中

$$
\delta(F) = \begin{cases} F, & \text{主动段} \\ 0, & \text{被动段} \end{cases}
\tag{2.2}
$$

式中：F 为火箭发动机推力值；m 为火箭质量；$\dot{m}_\mathrm{f}$ 为火箭发动机燃气质量流量；v 为火箭飞行速度；θ 为弹道倾角（表示速度方向）；x 为火箭质心距发射点的水平距离（x 轴方向为火箭射向）；y 为相对高度，指火箭质心相对发射点水平面的垂直高度（若发射点海拔高度为 h_fs，则火箭质心的海拔高度为 $h = h_\mathrm{fs} + y$）；g 为地球引力加速度，且有

$$
g = g_0 \left(\frac{R}{R+h} \right)^2
\tag{2.3}
$$

其中：g_0 为海平面处地球引力加速度；R 为地球平均半径；D 为火箭的气动阻力，且有

$$
D = \frac{1}{2}\rho v^2 C_\mathrm{D} A
\tag{2.4}
$$

其中:$\rho = \rho(h)$为大气密度;C_D为火箭零攻角阻力系数;A为箭体最大横截面积。

火箭的气动力特性可通过数值计算或风洞试验获得。

在火箭飞行的主动段($F \neq 0$),其速度矢量应满足方程:

$$\begin{cases} \dfrac{\mathrm{d}v}{\mathrm{d}t} = \dfrac{F}{m} - g\sin\theta - \dfrac{D}{m} \\ \dfrac{\mathrm{d}\theta}{\mathrm{d}t} = -\dfrac{g}{v}\cos\theta \end{cases} \qquad (2.5)$$

飞行速度矢量 v 是反映火箭弹道特性的重要参数之一。由上面的式子可以看出,发动机推力、地球引力和气动力等都会对火箭飞行速度值 v 产生影响,而飞行速度方向(可由 θ 表示)则只受地球引力的影响,即弹道轨迹的转弯只由引力决定。在上面的火箭运动方程中,没有考虑地球转动的影响(认为引力加速度与重力加速度相等),因此,这种转弯通常称为重力转弯。

若火箭的初始速度 $v_0 = 0$,则飞行速度可表示为

$$v(t) = \int_0^t \frac{F}{m}\mathrm{d}t - \int_0^t g\sin\theta\mathrm{d}t - \int_0^t \frac{D}{m}\mathrm{d}t \qquad (2.6)$$

由火箭发动机原理可知,发动机推力 F 可以表示为

$$F = \dot{m}_f v_{ef} \qquad (2.7)$$

式中:v_{ef}为发动机的有效喷气速度,其表达式为

$$v_{ef} = v_e + \frac{A_e}{\dot{m}_f}(p_e - p_a) \qquad (2.8)$$

其中:v_e为发动机喷管出口处燃气速度;A_e为喷管出口排气面积;p_e为喷管出口截面处燃气压强;p_a为发动机所在工作高度的大气压强。

在火箭飞行速度逐渐增加的主动段,发动机推力大于地球引力和气动阻力,是影响飞行速度的主要因素。当发动机推进剂选定后,v_{ef}的值一般变化不大,在弹道特性的初步分析中,可近似认为是常数。因此,式(2.6)等号右边第一项(发动机推力影响项)可以写为

$$\int_0^t \frac{F}{m}\mathrm{d}t = v_{ef}\int_0^t \frac{\dot{m}_f}{m}\mathrm{d}t = -v_{ef}\int_0^t \frac{\dot{m}}{m}\mathrm{d}t = -v_{ef}\int_{m_0}^m \frac{1}{m}\mathrm{d}m$$

式中:m_0为火箭起飞质量。

设 v_L 等于式(2.6)等号右边第一项(发动机推力影响项),即

$$v_L = -v_{ef}\int_{m_0}^m \frac{1}{m}\mathrm{d}m \qquad (2.9)$$

显然,v_L是不考虑引力和气动力影响,仅由发动机推力产生的火箭飞行速度。因此,v_L称为火箭理想速度。

但在火箭的实际飞行中,由于引力和气动力的影响,飞行速度 v 不会达到理想速度值 $v_L(v < v_L)$。考虑引力和气动力对飞行速度的影响,并认为引力加速度等于重力加速度(忽略地球转动的影响),可定义:$\Delta v_g = \int_0^t g\sin\theta\mathrm{d}t$,称为重力损失速度;$\Delta v_D = \int_0^t \frac{D}{m}\mathrm{d}t$,称为阻力损失速度。那么,火箭飞行速度可写为

$$v = v_L - \Delta v_g - \Delta v_D \qquad (2.10)$$

若要用上面推导的公式求解火箭飞行速度或理想速度,首先必须知道火箭在飞行过程中每一瞬时 t 的质量 $m(t)$,这在火箭设计之初的总体参数分析中是较难实现的。因为此时火箭各分系统的设计参数尚未完全确定,火箭的质量变化规律 $\dot{m}(t)$ 是未知的。解决这一问题的方法是寻求相对参数。为此,引入火箭的推进剂质量比 μ,并定义

$$\mu(t) = \frac{m_{\text{fh}}(t)}{m_0} \tag{2.11}$$

式中: m_{fh} 为 t 时刻发动机推进剂的消耗量。

$\mu(t)$ 表示从发动机点火开始工作至 t 时刻所消耗的推进剂质量与火箭起飞质量之比值,是火箭在 t 时刻所消耗推进剂的相对量($t = 0$ 时, $\mu = 0$)。

因为

$$m_{\text{fh}} = \int_0^t \dot{m}_{\text{f}}(t) \, \mathrm{d}t \tag{2.12}$$

所以

$$\mu(t) = \frac{1}{m_0} \int_0^t \dot{m}_{\text{f}}(t) \, \mathrm{d}t \tag{2.13}$$

$$\mathrm{d}\mu = \frac{\dot{m}_{\text{f}}(t)}{m_0} \mathrm{d}t \tag{2.14}$$

$$\mathrm{d}t = \frac{m_0}{\dot{m}_{\text{f}}(t)} \mathrm{d}\mu \tag{2.15}$$

因此,以 μ 为参变量,火箭理想速度又可写为

$$v_{\text{L}} = \int_0^t \frac{F}{m} \mathrm{d}t = v_{\text{ef}} \int_0^\mu \frac{\dot{m}_{\text{f}}}{m} \frac{m_0}{\dot{m}_{\text{f}}} \mathrm{d}\mu = v_{\text{ef}} \int_0^\mu \frac{m_0}{m_0 - m_{\text{fh}}} \mathrm{d}\mu$$

由火箭发动机原理可知,在 v_{ef} 可视为常数的情况下,发动机比冲值 $I_{\text{s}} = v_{\text{ef}}$,所以有

$$v_{\text{L}} = I_{\text{s}} \int_0^\mu \frac{1}{1 - \mu} \mathrm{d}\mu = I_{\text{s}} \ln \frac{1}{1 - \mu} \tag{2.16}$$

由式(2.16)可以看出,火箭理想速度 v_{L} 与其起飞质量 m_0 没有直接关系。直接影响理想速度的是相对参数——推进剂质量比 μ。也就是说,在两个火箭起飞质量相差很大的情况下,如果它们的推进剂质量比 μ 随时间的变化规律一样,且发动机比冲相同,那么它们的理想速度变化规律就是相同的。由于发动机比冲的大小主要反映了推进剂能量的高低,因此,上面引入的变量 μ 是能够表征火箭运动特征的相对参数,可以用于火箭主动段弹道特性分析。

在火箭弹道特性参数分析中,发动机熄火点是重要的弹道特征点。设时间 $t = t_{\text{k}}$ 时,发动机熄火, v_{k} 为火箭在发动机熄火时刻的速度(单级火箭主动段末速),则有

$$v_{\text{k}} = v_{\text{kL}} - \Delta v_{\text{kg}} - \Delta v_{\text{kD}} \tag{2.17}$$

其中

$$v_{\text{kL}} = I_{\text{s}} \int_0^{\mu_{\text{k}}} \frac{1}{1 - \mu} \mathrm{d}\mu = I_{\text{s}} \ln \frac{1}{1 - \mu_{\text{k}}} \tag{2.18}$$

为火箭熄火点理想速度。当 $t = t_{\text{k}}$ 时, $\mu = \mu_{\text{k}} = m_{\text{fh}}/m_0$ (m_{fh} 为发动机推进剂总质量), μ_{k} 为有效推进剂质量比,它表示推进剂总质量与火箭起飞质量之比。而式中的 Δv_{kg} 和 Δv_{kD} 则分别为熄火点的重力损失速度和阻力损失速度。

在火箭飞行的被动段,飞行时间 $t > t_k$,发动机推力为零($F = 0$),火箭飞行速度为

$$v(t) = v_k - \int_{t_k}^{t} g\sin\theta \mathrm{d}t - \int_{t_k}^{t} \frac{D}{m}\mathrm{d}t \qquad (2.19)$$

若在火箭弹道特性参数分析中给定熄火点理想速度值 v_{kL},则可由式(2.18)确定火箭的有效推进剂质量比 μ_k,进而求得发动机所需的推进剂总质量 m_{ft}。

由式(2.18)可得

$$\mu_k = 1 - \mathrm{e}^{-v_{kL}/I_s} \qquad (2.20)$$

则推进剂总质量应为

$$m_{ft} = m_0\mu_k = m_0(1 - \mathrm{e}^{-v_{kL}/I_s}) \qquad (2.21)$$

上面对火箭理想速度 v_L 进行了较为详细的分析,但要对火箭飞行速度 v 进行分析,还必须了解引力(或重力)和气动阻力对飞行速度的影响。

已知重力损失速度为 $\Delta v_g = \int_0^t g\sin\theta \mathrm{d}t$,其中 θ 为弹道倾角。对于地面倾斜发射的无控火箭,由于引力或重力的影响,在飞行主动段,弹道倾角 θ 总是越来越小。假设 φ 为发射倾角,则有 $\theta \leqslant \varphi$,那么

$$\Delta v_g < gt\sin\varphi \qquad (2.22)$$

即随着飞行时间的增加,重力损失速度 Δv_g 逐渐增加。

由火箭发动机原理可知,在发动机熄火点,$Ft_k = m_{ft}I_s$,而 $m_{ft} = m_0\mu_k$,所以

$$
\begin{aligned}
t_k &= \frac{m_0\mu_k I_s}{F} \\
&= \frac{\mu_k \dfrac{I_s}{g}}{\dfrac{F}{m_0 g}} \\
&= \frac{\mu_k \dfrac{I_s}{g}}{\bar{F}}
\end{aligned} \qquad (2.23)
$$

式中:$\bar{F} = F/(m_0 g)$,若认为火箭所受引力与重力相等,且在主动段引力加速度近似为常数,则可称 $\bar{F}$ 为火箭推重比,用于表征发动机推力与火箭起飞重量之比,是一个相对参数。

将式(2.23)代入式(2.22),则火箭熄火点重力损失速度 Δv_{kg} 的取值应满足不等式:

$$\Delta v_{kg} < \frac{\mu_k I_s}{\bar{F}}\sin\varphi \qquad (2.24)$$

这说明,火箭的推重比越大,引力或重力对速度的影响越小。

已知阻力损失速度 $\Delta v_D = \int_0^t \frac{D}{m}\mathrm{d}t$,其中的 D 为火箭气动阻力。假设 $\rho = \rho_0$ 为火箭发射点地面标准大气密度,C_D 为常数,由于理想速度值总是大于实际速度值,故有下面的不等式成立:

$$\Delta v_D < \frac{1}{2}\rho_0 C_D A \int_0^t \frac{v_L^2}{m}\mathrm{d}t$$

注意到火箭质量为

$$m = m_0 - m_{fh} = m_0(1 - \mu) \qquad (2.25)$$

则有

$$\Delta v_{\mathrm{D}} < \frac{\rho_0 C_{\mathrm{D}} A I_{\mathrm{s}}^2}{2m_0} \int_0^t \frac{[\ln(1-\mu)]^2}{1-\mu} \mathrm{d}t \qquad (2.26)$$

令 $\eta = \ln(1-\mu)$，则 $\mathrm{d}\eta = -\frac{\mathrm{d}\mu}{1-\mu}$，$\mathrm{d}t = -\frac{1-\mu}{\mathrm{d}\mu/\mathrm{d}t}\mathrm{d}\eta$，且当 $t=0$ 时，$\eta=0$。那么，式（2.26）右边的积分项为

$$\int_0^t \frac{[\ln(1-\mu)]^2}{1-\mu} \mathrm{d}t = -\int_0^\eta \frac{\eta^2}{\mathrm{d}\mu/\mathrm{d}t} \mathrm{d}\eta$$

若发动机燃气质量流量 $\dot{m}_{\mathrm{f}}$ 和推力 F 均为常值，由式（2.14）可得 $\dfrac{\mathrm{d}\mu}{\mathrm{d}t} = \dfrac{F}{m_0 I_{\mathrm{s}}}$，则式（2.26）变为

$$\Delta v_{\mathrm{D}} < -\frac{\rho_0 C_{\mathrm{D}} A I_{\mathrm{s}}^3}{2F} \int_0^\eta \eta^2 \mathrm{d}\eta = -\frac{\rho_0 C_{\mathrm{D}} A I_{\mathrm{s}}^3 [\ln(1-\mu)]^3}{6F} \qquad (2.27)$$

故有

$$\frac{\Delta v_{\mathrm{D}}}{v_{\mathrm{L}}} < \frac{1}{3} \times \frac{\frac{1}{2}\rho_0 v_{\mathrm{L}}^2 C_{\mathrm{D}} A}{F} \qquad (2.28)$$

也就是说，阻力损失速度 Δv_{D} 与理想速度 v_{L} 的比值不会超过火箭以理想速度飞行时所受气动阻力与推力之比值的 $1/3$。

因此，火箭熄火点阻力损失速度 Δv_{kD} 的取值满足：

$$\Delta v_{\mathrm{kD}} < \frac{1}{3} \times \frac{\frac{1}{2}\rho_0 v_{\mathrm{kL}}^3 C_{\mathrm{D}} A}{F} \qquad (2.29)$$

因此可见，在熄火点理想速度确定的情况下，对于同样气动外形的火箭，发动机推力越大，则阻力损失速度越小。

例题 2.1 某单级固体火箭，要求其起飞质量为 630kg，固体火箭发动机质量比达到 0.65，并要求在发动机熄火点，火箭飞行速度不能低于 900m/s。若发动机比冲取 2425N·s/kg、发动机熄火点总损失速度取为理想速度的 10%，请估算固体火箭发动机的总质量、推进剂质量和总冲。若火箭发射仰角为 75°、发动机的工作时间为 5.5s、阻力特征面积（$C_{\mathrm{D}} A$）为 0.025m²，请对熄火点重力损失速度和阻力损失速度做出评估。

解：依题意将火箭在发动机熄火点的速度取为 $v_{\mathrm{k}} = 900\mathrm{m/s}$，熄火点总损失速度为 $\Delta v_{\mathrm{k}} = 0.1 v_{\mathrm{kL}}$，那么，熄火点理想速度应为

$$v_{\mathrm{kL}} = \frac{v_{\mathrm{k}}}{0.9} = \frac{900}{0.9} = 1000(\mathrm{m/s})$$

火箭的有效推进剂质量比为

$$\mu_{\mathrm{k}} = 1 - \mathrm{e}^{-v_{\mathrm{kL}}/I_{\mathrm{s}}} = 1 - \mathrm{e}^{-1000/2425} \approx 0.338$$

因此，发动机推进剂总质量为

$$m_{\mathrm{ft}} = m_0 \mu_{\mathrm{k}} = 630 \times 0.338 = 212.94(\mathrm{kg})$$

发动机总质量为

$$m_{\mathrm{f}} = \frac{m_{\mathrm{ft}}}{0.65} = \frac{212.94}{0.65} = 327.6(\mathrm{kg})$$

发动机总冲为

$$I = m_{ft} I_s = 212.94 \times 2425 = 516379.5 (\text{N} \cdot \text{s}) \approx 516.4 (\text{kN} \cdot \text{s})$$

发动机推力为

$$F = \frac{I}{t_k} = \frac{516379.5}{5.5} \approx 93887 (\text{N}) \approx 93.89 (\text{kN})$$

火箭熄火点重力损失速度满足：

$$\Delta v_{kg} < \frac{\mu_k}{\bar{F}} I_s \sin\varphi = \frac{0.338 \times 2425}{93887/(630 \times 9.8)} \times \sin 75° \approx 52.06 (\text{m/s})$$

熄火点阻力损失速度满足：

$$\Delta v_{kD} < \frac{1}{3} \times \frac{\frac{1}{2}\rho_0 v_{kL}^3 (C_D A)}{F} = \frac{0.5 \times 1.225 \times 1000^3 \times 0.025}{3 \times 93887} \approx 54.36 (\text{m/s})$$

假设在发动机熄火点（主动段终点），火箭距发射点的射程为 x_k，海拔高度达到 h_k，弹道倾角为 θ_k，那么一般情况下，火箭飞行的最大射程 L_{max}、最大高度 H_{max} 可写为如下的函数形式：

$$L_{max} = f_L(v_k, x_k, h_k, \theta_k) \tag{2.30}$$

$$H_{max} = f_H(v_k, x_k, h_k, \theta_k) \tag{2.31}$$

为了进一步分析火箭的弹道特性参数，除推进剂质量比 μ 和火箭推重比 $\bar{F}$ 外，还需引入其他的相对参数。

根据运载能力要求以及发动机性能，火箭可采用单级方案，也可采用多级方案。单级火箭系统简单，但运载能力受到限制；多级火箭系统复杂，但对运载能力要求的适应性较强，特别在选用现有发动机产品，通过组合来满足运载能力要求方面，更为实用。

对于多级火箭，如图 2.2 所示的二级火箭，其第 i 级火箭在飞行过程中所受气动阻力 D_i 可按下式计算为

$$D_i = q C_{Di} A_i \tag{2.32}$$

式中：$q = \frac{1}{2}\rho v^2$ 为动压；C_{Di} 为第 i 级火箭零攻角阻力系数；A_i 为第 i 级火箭的最大横截面积。

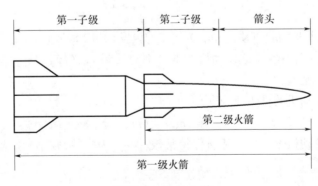

图 2.2　二级火箭

火箭第 i 子级发动机推力为

$$F_i = \dot{m}_{fi} I_{si} \tag{2.33}$$

式中:$\dot{m}_{fi}$为第 i 子级发动机燃气质量流量;I_{si}为第 i 子级发动机的比冲,它随飞行高度变化而变化。

由火箭发动机原理可知,发动机的比冲 I_s 可写为

$$I_s = I_{sv} - (I_{sv} - I_{s0})\frac{p_a(h)}{p_0} \qquad (2.34)$$

式中:p_0 为海平面处大气压强;$p_a(h)$ 为海拔高度 h 处的大气压强;I_{s0} 为发动机海平面比冲;I_{sv} 为发动机真空比冲。

由此,第 i 子级发动机推力可以写成如下形式:

$$F_i = \dot{m}_{fi}I_{svi}(1 - \Delta I_{si}p^*) \qquad (2.35)$$

其中

$$\Delta I_{si} = \frac{I_{svi} - I_{s0i}}{I_{svi}} \qquad (2.36)$$

式中:ΔI_{si} 为第 i 子级发动机真空比冲相对增量;p^* 为海拔高度 h 处的大气相对压强,即

$$p^* = \frac{p_a(h)}{p_0} \qquad (2.37)$$

考虑到火箭发动机推力是飞行高度的非减函数,可将第 i 子级发动机推力写为

$$F_i = F_{0i} + \Delta F_i \qquad (2.38)$$

其中

$$F_{0i} = \dot{m}_{fi}I_{s0i} \qquad (2.39)$$

式中:F_{0i} 为第 i 子级发动机海平面推力。

参数 ΔF_i 与火箭相对海平面的高度有关,其表达式为

$$\Delta F_i = \dot{m}_{fi}(I_{svi} - I_{s0i})(1 - p^*) \qquad (2.40)$$

式中:ΔF_i 为海拔高度 h 处第 i 子级发动机推力相对增量。

若火箭的电气设备或有效载荷对火箭飞行中的轴向过载有限制要求,则应根据给定的最大轴向过载,合理确定各级发动机的最大推力。设限定的最大轴向过载为 $(n_{xt})_{max}$,则第 i 级火箭的轴向过载 $(n_{xt})_i$ 应满足:

$$(n_{xt})_i = \frac{F_i - D_i}{(m_{0i} - m_{fhi})g} \leqslant (n_{xt})_{max} \qquad (2.41)$$

式中:m_{0i} 为第 i 级火箭的起飞质量;m_{fhi} 为第 i 子级发动机 t 时刻已消耗的推进剂质量。

因为 m_{fhi} 不会大于第 i 子级发动机的推进剂总质量 $m_{fti}(m_{fhi} \leqslant m_{fti})$,由此得到各级发动机最大推力的限制值 $(F_i)_{max}$。

火箭各子级发动机的推力 F_i 不应大于 $(F_i)_{max}$,即

$$F_i \leqslant (F_i)_{max} = (n_{xt})_{max}(m_{0i} - m_{fti})g + D_i \qquad (2.42)$$

假设各子级发动机燃气质量流量保持常数,即 $\dot{m}_{fi}$ 为常数,则第 i 级火箭的推进剂质量比 μ_i 为

$$\mu_i(t) = \frac{\dot{m}_{fi}(t - t_{0i})}{m_{0i}} \qquad (2.43)$$

$$d\mu_i = \frac{\dot{m}_{fi}}{m_{0i}}dt \qquad (2.44)$$

式中:t_{0i} 为第 i 子级发动机的点火时刻。

在火箭飞行的主动段,第 i 级火箭的质量 $m_i(t)$ 为

$$m_i(t) = m_{0i}[1 - \mu_i(t)] \tag{2.45}$$

以 μ_i 为参考变量,可将火箭主动段质心运动方程(参见式(2.1))写成如下形式:

$$\begin{cases} \dfrac{\mathrm{d}v}{\mathrm{d}\mu_i} = \dfrac{I_{svi}}{1-\mu_i} - \dfrac{I_{svi}-I_{s0i}}{1-\mu_i}p^* - \dfrac{I_{s0i}}{\bar{F}_{0i}}\left(\dfrac{R}{R+h}\right)^2\sin\theta - \dfrac{qC_{Di}I_{s0i}}{\bar{F}_{0i}\bar{G}_{0i}(1-\mu_i)} \\[3mm] v\dfrac{\mathrm{d}\theta}{\mathrm{d}\mu_i} = -\dfrac{I_{s0i}}{\bar{F}_{0i}}\left(\dfrac{R}{R+h}\right)^2\cos\theta \\[3mm] \dfrac{\mathrm{d}x}{\mathrm{d}\mu_i} = \dfrac{I_{s0i}}{\bar{F}_{0i}g_0}v\cos\theta \\[3mm] \dfrac{\mathrm{d}y}{\mathrm{d}\mu_i} = \dfrac{I_{s0i}}{\bar{F}_{0i}g_0}v\sin\theta \end{cases} \tag{2.46}$$

其中

$$\bar{F}_{0i} = \frac{F_{0i}}{m_{0i}g_0} \tag{2.47}$$

$$\bar{G}_{0i} = \frac{m_{0i}g_0}{A_i} \tag{2.48}$$

式中:$\bar{F}_{0i}$ 为第 i 级火箭的海平面推重比;$\bar{G}_{0i}$ 为第 i 级火箭的横截面载荷。这两个量都是相对参数。

对于倾斜发射的火箭,假设发射装置定向器导轨有效滑行长度为 L,并设当 $t=t_0$ 时,火箭离轨起飞。此时,第 1 级火箭推进剂质量比 μ_1 为 $\mu_1(t_0)=\mu_0$,即 μ_0 是火箭沿倾斜发射导轨滑完距离 L 所消耗的推进剂质量与火箭起飞质量 m_0 之比。应用方程(2.46)求解倾斜发射火箭的弹道参数时,应以火箭离轨点运动参数为初始参数。若火箭离轨时的速度为 v_0、弹道倾角为 θ_0,则弹道参数的初值为 $v=v_0$,$\theta=\theta_0$,$x=0$,$y=0$,而积分自变量 μ 的初值为 μ_0。显然,这里的 $\mu_0 \neq 0$。

对于垂直发射的火箭,应用方程(2.46)求解弹道参数时,应以火箭离开地面那一瞬时的运动参数为初始参数。数值求解时,弹道参数的初值为 $v=\Delta v_0$,$\theta=\pi/2$,$x=0$,$y=0$,其中的 $\Delta v_0 \ll 1$ 可取成一个很小的数值,但 Δv_0 不能取为零,否则数值计算时,方程组(2.46)的第 2 式将出现"奇异"。此外,对于垂直发射的火箭,其起飞段弹道倾角 $\theta=\pi/2$,并在主动段完成程序转弯。因此,要给出弹道转弯控制规律 $\theta_*(\mu_i)$,使弹道倾角 $\theta(\mu_i) = \theta_*(\mu_i)$。显然,在垂直发射火箭的离地瞬时,其发动机也已消耗了一定的推进剂,产生了相应的推力。但火箭离地所消耗的推进剂质量与整个火箭起飞质量 m_0 相比,一般为远小于 1 的小量,因此,积分自变量 μ 的初值可以取为零。

对于积分自变量 μ 的积分终值,可设第 i 级火箭的有效推进剂质量比为 μ_{ki},则 μ_{ki} 是第 i 级火箭积分自变量 μ_i 的终值。如果火箭为第 n 级火箭,则在主动段结束点,火箭的质量 m_{kn} 为

$$m_{kn} = m_{0n}(1 - \mu_{kn}) \tag{2.49}$$

式中:m_{0n} 为第 n 级火箭的起飞质量;μ_{kn} 为第 n 级火箭的有效推进剂质量比,也是主动段结束点第 n 级火箭推进剂质量比 μ_n 的终值。

从上面的分析可以看出,有效推进剂质量比 μ_k、火箭海平面推重比 $\bar{F}_0$、箭体横截面载荷 $\bar{G}_0$、发动机比冲 $I_s(I_{sv}、I_{s0})$ 和气动阻力系数 C_D 等参数均直接与火箭弹道特性有关,应是总体参数分析中重点分析的主要参数。这些参数确定了,火箭弹道的主要特性也就确定了。对于气动布局相类似的火箭,若 μ_k、$\bar{F}_0$、$\bar{G}_0$、I_{sv}、I_{s0} 等参数相同,则其弹道的主要特性也近似相同。所以这些相对参数可以看成是火箭运动的相似准则,利用它们来研究、比较相同类型火箭的主要弹道特性是极为方便的。

如果选定了方程组(2.46)所涉及的总体参数,则可通过数值方法求解出火箭主动段结束点的速度 v_k、弹道倾角 θ_k、射程 x_k 和海拔高度 $h_k = h_{fs} + y_k$(h_{fs} 为发射点海拔高度),进而求得火箭的最大飞行高度或射程。

如果根据火箭最大飞行高度或射程,估算出主动段末速 v_k,则可将 v_k 作为积分终止条件,利用数值方法求解方程组(2.46),从而得到各级 μ_{ki} 的估算值。然后应用后面章节所介绍的"质量方程"估算出各级起飞质量 m_{0i},再由有效推进剂质量比 μ_k 的定义,即可估算出各级发动机的推进剂质量。

2.3.2 倾斜发射参数分析

火箭的发射运动参数是火箭飞行初始参数分析的依据。对于倾斜发射的火箭,在应用方程组(2.46)求解其熄火点弹道特性参数时,必须已知火箭的发射离轨运动参数。这些离轨运动参数是数值积分求解的初始参数。

火箭倾斜发射装置的重要构件是定向器。定向器是发射装置与火箭直接连接的构件,又被称为定向滑轨或导轨。其主要功能是在发射前直接支承和固定火箭,使火箭处于待发位置;而在发射时对火箭的初始运动进行约束,确保火箭按照预定的方向,以满足发射要求的速度值飞离发射装置。如图 2.3、图 2.4 所示,火箭可以通过安装在箭体上的定向支耳支撑于定向导轨上(称为上滑式),也可以通过定向吊耳挂在定向器下方的滑轨上(称为下挂式)。

图 2.3　用于倾斜发射的上滑式定向器　　图 2.4　用于倾斜发射的下挂式定向器

在发动机推力 $\boldsymbol{F}$ 作用下,倾斜发射的火箭,通过固连于箭体上的前、后定向支耳(或吊耳),沿发射架定向导轨所确定的方向加速滑行,直至脱离导轨,获得离轨速度矢量 $\boldsymbol{v}_0$。由于发射导轨的定向作用,火箭离轨瞬时的弹道倾角 θ_0 等于或近似等于发射倾角 φ,如图 2.5 所示。

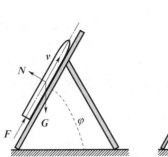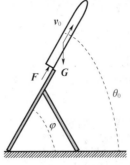

图 2.5　火箭倾斜发射受力情况和离轨速度示意图

如图 2.5 所示,火箭在发射导轨上滑行时,受到发动机推力 F、重力 G 和导轨支反力 N 的作用,而气动力和摩擦力,与发动机推力相比,其影响可以忽略不计。沿发射导轨方向,火箭在导轨上运动的动力学方程为

$$m\frac{\mathrm{d}v}{\mathrm{d}t} = F - G\sin\varphi \tag{2.50}$$

式中:v 为火箭沿导轨方向的速度;m 为火箭的质量;$G = mg$ 为火箭的重力;φ 为发射倾角。

与 2.3.1 节的分析方法相类似,这里也引入一个相对参数 μ',它表示火箭在导轨上运动时的推进剂质量比。这样,式(2.50)就变为

$$\frac{\mathrm{d}v}{\mathrm{d}\mu'} = \frac{I_{sv}}{1-\mu'} - \frac{I_{sv}-I_{s0}}{1-\mu'}p^* - \frac{I_{s0}}{F_0}\left(\frac{R}{R+h}\right)^2\sin\varphi \tag{2.51}$$

当推进剂质量比 $\mu' = 0$ 时,发动机未点火,火箭速度 $v = 0$,火箭在导轨上处于静止待发状态。发动机点火启动后,当推进剂质量比 $\mu' = \mu_0$ 时,火箭离轨起飞,其离轨速度为 v_0,那么,由式(2.51)可得离轨速度表达式为

$$v_0 = -I_{sv}\ln(1-\mu_0) + (I_{sv}-I_{s0})p_{fs}^*\ln(1-\mu_0) - \mu_0\frac{I_{s0}}{F_0}\left(\frac{R}{R+h_{fs}}\right)^2\sin\varphi \tag{2.52}$$

式中:p_{fs}^* 为发射场地面的大气相对压强。

因为 μ_0 为从发动机点火开始工作至火箭离轨时刻所消耗的推进剂质量与火箭起飞质量之比,且火箭在导轨上的运动时间很短,所以,$\mu_0 \ll 1$ 是一个小量。故有

$$\ln(1-\mu_0) \approx -\mu_0 \tag{2.53}$$

那么,火箭的离轨速度为

$$v_0 = \mu_0\left[I_{sv} - (I_{sv}-I_{s0})p_{fs}^* - \frac{I_{s0}}{F_0}\left(\frac{R}{R+h_{fs}}\right)^2\sin\varphi\right] \tag{2.54}$$

对于有控火箭,若其控制力(力矩)由空气舵产生,则离轨速度一般要求大于 20m/s。对于无控火箭,为了减小离轨扰动对飞行弹道的影响,离轨速度最好达到 25~35m/s。

若选定了火箭离轨速度 v_0,则火箭离轨时刻的推进剂质量比 μ_0 为

$$\mu_0 = v_0\left[I_{sv} - (I_{sv}-I_{s0})p_{fs}^* - \frac{I_{s0}}{F_0}\left(\frac{R}{R+h_{fs}}\right)^2\sin\varphi\right]^{-1} \tag{2.55}$$

因此,可由总体参数和火箭离轨速度计算出火箭离轨时刻的推进剂质量比 μ_0,以此作为求解火箭质心运动方程时,积分自变量 μ 的初值 μ_0。

因为火箭在导轨上的运动速度为

$$v = \frac{dx_L}{dt} = \mu' \left[I_{sv} - (I_{sv} - I_{s0}) p_{fs}^* - \frac{I_{s0}}{\bar{F}_0} \left(\frac{R}{R+h_{fs}} \right)^2 \sin\varphi \right] \tag{2.56}$$

式中：x_L 为火箭沿发射导轨的运动距离，所以有

$$x_L = \frac{I_{s0}}{2\bar{F}_0 g_0} \left[I_{sv} - (I_{sv} - I_{s0}) p_{fs}^* - \frac{I_{s0}}{\bar{F}_0} \left(\frac{R}{R+h_{fs}} \right)^2 \sin\varphi \right] \mu'^2 \tag{2.57}$$

若选定了离轨速度 v_0，则发射导轨的有效滑行长度为

$$L = \frac{I_{s0} v_0^2}{2\bar{F}_0 g_0} \left[I_{sv} - (I_{sv} - I_{s0}) p_{fs}^* - \frac{I_{s0}}{\bar{F}_0} \left(\frac{R}{R+h_{fs}} \right)^2 \sin\varphi \right]^{-1} \tag{2.58}$$

显然，通过提高火箭发射时的海平面推重比 $\bar{F}_0$，可以缩短发射导轨的有效滑行长度 L，进而减小发射装置的几何尺寸。

若发射导轨的有效滑行长度 L 已经确定，则火箭的离轨速度为

$$v_0 = \sqrt{2\bar{F}_0 g_0 L \left[I_{sv} - (I_{sv} - I_{s0}) p_{fs}^* - \frac{I_{s0}}{F_0} \left(\frac{R}{R+h_{fs}} \right)^2 \sin\varphi \right] / I_{s0}} \tag{2.59}$$

可以看出，在发射装置选定的情况下，若要提高火箭的离轨速度，则需提高火箭发射时的海平面推重比 $\bar{F}_0$，即提高火箭的起飞推重比。

若发射导轨有效滑行长度 L、发射倾角 φ 和火箭离轨速度 v_0 已经确定，则可由下式求出火箭的海平面推重比为

$$\bar{F}_0 = \frac{1}{\gamma_a} \left[\frac{v_0^2}{2g_0 L} + \left(\frac{R}{R+h_{fs}} \right)^2 \sin\varphi \right] \tag{2.60}$$

其中

$$\gamma_a = \frac{I_{sv}}{I_{s0}} - \left(\frac{I_{sv}}{I_{s0}} - 1 \right) p_{fs}^* \tag{2.61}$$

海平面推重比 $\bar{F}_0$ 是确定发动机推力特性的重要参数。

2.3.3 质量参数分析

质量分析的目的是建立火箭起飞质量与各主要设计参数之间的关系式（又称为质量方程），以便合理地进行总体参数选择。

如图 2.2 所示，为了提高运载能力，或满足弹道设计的特殊要求，火箭在总体结构上常采用多级串联形式。在质量参数分析中，需确定起飞质量（第 1 级火箭质量）与有关参数的关系，以及各级质量对起飞质量的影响。

应用质量方程，并通过弹道分析，可以得到不同方案的射程或高度，为火箭总体方案的确定及总体与各分系统的性能参数协调提供依据。

假设火箭是由助推器（第 1 子级）和主级（第 2 级）串联构成的二级火箭，其助推器质量为 m_{z1}，主级（第 2 级）质量为 m_2，那么火箭的起飞质量（即第 1 级质量）为

$$m_0 = m_{z1} + m_2 = (m_{f1} + m_{j1} + m_{w1}) + (m_{f2} + m_{tb} + m_{w2} + m_{g2})$$

即

$$m_0 = m_{tb} + (m_{f1} + m_{w1} + m_{j1}) + (m_{f2} + m_{w2} + m_{g2}) \tag{2.62}$$

式中：m_{tb} 为箭头质量（包含火箭有效载荷质量的参数）；m_{f1} 为助推器发动机（第 1 子级发

动机)总质量;m_{w1} 为助推器尾段(含尾翼)质量;m_{j1} 为助推器级间段质量(含级间分离机构质量);m_{f2} 为火箭主级发动机(第 2 子级发动机)总质量;m_{w2} 为主级尾段(含尾翼)质量;m_{g2} 为主级发动机与箭头连接过渡段质量(含箭头分离机构质量)。

设

$$m_{w1} + m_{j1} = N_1 m_0, \quad m_{w2} + m_{g2} = N_2 m_2, \quad m_{fi} = \frac{1}{\mu_{fi}} m_{fti} \quad (i = 1,2)$$

式中:N_1、N_2 分别为第 1 级和第 2 级的结构系数,即 N_i 表示第 i 子级尾段及尾翼、级间段(过渡段)质量之和与第 i 级起飞质量之比;m_{fti} 为第 i 子级发动机推进剂质量;$\mu_{fi} = m_{fti}/m_{fi}$ 为第 i 子级固体火箭发动机质量比。

从而得到

$$m_0 = m_{z1} + m_2 = m_2 + \frac{1}{\mu_{f1}} m_{ft1} + N_1 m_0 = m_2 + \frac{1}{\mu_{f1}} \mu_{k1} m_0 + N_1 m_0$$

即

$$m_0 = \frac{m_2}{1 - N_1 - \dfrac{\mu_{k1}}{\mu_{f1}}} \tag{2.63}$$

式中:$\mu_{k1} = m_{ft1}/m_0$ 为第 1 子级发动机推进剂质量与第 1 级起飞质量(火箭起飞质量 m_0)之比,称为第 1 级有效推进剂质量比。

$$m_2 = m_{tb} + m_{f2} + m_{w2} + m_{g2} = m_{tb} + \frac{1}{\mu_{f2}} \mu_{k2} m_2 + N_2 m_2$$

即

$$m_2 = \frac{m_{tb}}{1 - N_2 - \dfrac{\mu_{k2}}{\mu_{f2}}} \tag{2.64}$$

式中:$\mu_{k2} = m_{ft2}/m_2$ 为第 2 子级发动机推进剂质量与第 2 级起飞质量之比,称为第 2 级有效推进剂质量比。

那么火箭的起飞质量为

$$m_0 = \frac{m_{tb}}{\left(1 - N_1 - \dfrac{\mu_{k1}}{\mu_{f1}}\right)\left(1 - N_2 - \dfrac{\mu_{k2}}{\mu_{f2}}\right)} \tag{2.65}$$

将式(2.65)推广到 n 级火箭,有如下计算公式:

$$m_0 = \frac{m_{tb}}{\prod\limits_{i=1}^{n} \left(1 - N_i - \dfrac{\mu_{ki}}{\mu_{fi}}\right)} \tag{2.66}$$

式(2.66)也称为火箭质量方程,它反映了箭头质量(总的载荷质量)与火箭起飞质量之间的关系。当包含有效载荷质量的箭头质量确定后,火箭的起飞质量将由结构系数 N_i、发动机质量比 μ_{fi} 和各级有效推进剂质量比 μ_{ki} 来确定。N_i 可根据已有火箭型号的统计数据选取,μ_{fi} 在发动机方案选择时初步确定,μ_{ki} 则由火箭速度特性及射程或高度确定。

例题 2.2　某单级固体火箭,其装载有效载荷及其他设备的箭头部分的质量 m_{tb} 为

20kg。若箭体结构系数 N 取为 0.1，横截面载荷 $\bar{G}_0$ 取为 41kN/m²，火箭发动机海平面比冲 I_{s0} 取为 2300N·s/kg，真空比冲 I_{sv} 取为 2700N·s/kg，质量比 μ_f 取为 0.7，火箭发射导轨有效滑行长度 L 取为 4m，请在发射场高度为零海拔高度、火箭发射仰角 φ 为 82°、发射离轨速度 v_0 为 25m/s、熄火点速度 v_k 为 1500m/s 的条件下，估算火箭的起飞质量 m_0、发动机推进剂质量 m_{ft} 和发动机总质量 m_f，以及火箭熄火点的弹道倾角 θ_k 和海拔高度 h_k。火箭气动阻力系数 C_D 可按下式计算：

$$C_D = \begin{cases} 0.29, & Ma \leqslant 0.8 \\ Ma - 0.51, & 0.8 < Ma \leqslant 1.068 \\ 0.091 + 0.5/Ma, & Ma > 1.068 \end{cases}$$

解：首先根据发射导轨有效滑行长度 L、发射倾角 φ 和火箭离轨速度 v_0，确定火箭的海平面推重比 $\bar{F}_0$。由已知条件可得

$$\gamma_a = \frac{I_{sv}}{I_{s0}} - \left(\frac{I_{sv}}{I_{s0}} - 1\right) p_{fs}^* = \frac{2700}{2300} - \left(\frac{2700}{2300} - 1\right) \times \frac{101325}{101325} = 1$$

则有

$$\bar{F}_0 = \frac{1}{\gamma_a}\left[\frac{v_0^2}{2g_0 L} + \left(\frac{R}{R + h_{fs}}\right)^2 \sin\varphi\right] = \frac{1}{1} \times \left[\frac{25^2}{2 \times 9.81 \times 4} + \left(\frac{6371 \times 10^3}{6371 \times 10^3 + 0}\right)^2 \times \sin 82°\right]$$
$$\approx 8.95$$

火箭离轨时刻的推进剂质量比为

$$\mu_0 = v_0 \left[I_{sv} - (I_{sv} - I_{s0})p_{fs}^* - \frac{I_{s0}}{\bar{F}_0}\left(\frac{R}{R + h_{fs}}\right)^2 \sin\varphi\right]^{-1}$$
$$= 25 \times \left[2700 - (2700 - 2300) \times 1 - \frac{2300}{8.95} \times 1 \times \sin 82°\right]^{-1}$$
$$\approx 0.012$$

以 μ_0 为积分自变量初值，利用数值积分方法，求解常微分方程组(2.46)，得到火箭飞行速度达到 $v_k = 1500$m/s 时的熄火点有效推进剂质量比 μ_k、弹道倾角 θ_k 和海拔高度 h_k 为

$$\mu_k = 0.5208, \quad \theta_k = 77.58°, \quad h_k = 8544m$$

根据火箭有效推进剂质量比 μ_k 和已知条件，可以求出火箭的起飞质量为

$$m_0 = \frac{m_{tb}}{1 - N - \dfrac{\mu_k}{\mu_f}} = \frac{20}{1 - 0.1 - 0.5208/0.7} \approx 128.2 (\text{kg})$$

那么，火箭发动机的推进剂质量和总质量分别为

$$m_{ft} = \mu_k m_0 = 0.5208 \times 128.2 \approx 66.8 (\text{kg})$$
$$m_f = m_{ft}/\mu_f = 66.8 \div 0.7 \approx 95.4 (\text{kg})$$

2.3.4 级间比分析

对于多级火箭，级间比是指火箭各级质量分配的比例。它是影响火箭运载能力的重要因素。例如，对于二级火箭，在起飞质量 m_0 相同的情况下，选择不同的第 2 级质量 m_2，得到的射程是不同的。级间比分析的实质就是找出各级推进剂质量之间的最佳分配，使得火箭在弹道顶点高度(或最大射程)一定的情况下，起飞质量最小。

对于 n 级火箭,定义级间比 ε_i 为第 i 级质量与第 $i+1$ 级质量之比($i=1,2,\cdots,n$),其第 $n+1$ 级质量应为火箭的箭头部分质量。以二级火箭为例,其级间比为

$$\begin{cases} \varepsilon_1 = \dfrac{m_0}{m_2} = \dfrac{1}{1-N_1-\mu_{k1}/\mu_{f1}} \\[3mm] \varepsilon_2 = \dfrac{m_2}{m_{tb}} = \dfrac{1}{1-N_2-\mu_{k2}/\mu_{f2}} \end{cases} \tag{2.67}$$

那么

$$\begin{cases} \mu_{k1} = \mu_{f1}\left(1-N_1-\dfrac{1}{\varepsilon_1}\right) \\[3mm] \mu_{k2} = \mu_{f2}\left(1-N_2-\dfrac{1}{\varepsilon_2}\right) \end{cases} \tag{2.68}$$

火箭的起飞质量 m_0 就是第 1 级的质量,若用 m_1 表示第 1 级质量,则 $m_1 = m_0$,那么,火箭理想速度可以写为

$$v_L = -\int_{m_1}^{m} \frac{I_s}{m} dm \tag{2.69}$$

对于二级火箭,有两个熄火点,即第 1 子级发动机熄火点和第 2 子级发动机熄火点。设火箭在两个熄火点的质量分别为

$$\begin{cases} m_{k1} = m_1 - m_{ft1} \\ m_{k2} = m_2 - m_{ft2} \end{cases} \tag{2.70}$$

那么,二级火箭主动段理想末速为

$$v_{kL} = -\left(\int_{m_1}^{m_{k1}} \frac{I_{s1}}{m} dm + \int_{m_2}^{m_{k2}} \frac{I_{s2}}{m} dm\right) = -\left(I_{s1}\ln\frac{m_{k1}}{m_1} + I_{s2}\ln\frac{m_{k2}}{m_2}\right) \tag{2.71}$$

则有

$$v_{kL} = \sum_{i=1}^{2} I_{si}\ln\frac{m_i}{m_{ki}} = \sum_{i=1}^{2} I_{si}\ln\frac{m_i}{m_i - m_{fti}} = \sum_{i=1}^{2} I_{si}\ln\frac{1}{1-\mu_{ki}} \tag{2.72}$$

因此,v_{kL} 是 μ_{k1} 与 μ_{k2} 的函数。

将式(2.72)推广到 n 级火箭,其主动段理想末速为

$$v_{kL} = \sum_{i=1}^{n} I_{si}\ln\frac{1}{1-\mu_{ki}} \tag{2.73}$$

注意到有效推进剂质量比 μ_{ki} 是级间比 ε_i 的函数,因此,多级火箭级间质量分配问题指的是如何匹配各级有效推进剂质量比 μ_{ki}。

以二级火箭为例,其质量方程可以写为

$$\frac{m_{tb}}{m_0} = \left(1-N_1-\frac{\mu_{k1}}{\mu_{f1}}\right)\left(1-N_2-\frac{\mu_{k2}}{\mu_{f2}}\right) \tag{2.74}$$

或

$$\ln(m_{tb}/m_0) = \ln\left(1-N_1-\frac{\mu_{k1}}{\mu_{f1}}\right) + \ln\left(1-N_2-\frac{\mu_{k2}}{\mu_{f2}}\right) \tag{2.75}$$

在箭头质量 m_{tb} 确定的情况下,通过调整 μ_{k1} 与 μ_{k2} 之间的匹配关系,可使火箭起飞质量 m_0 最小,即比值 m_{tb}/m_0 或 $\ln(m_{tb}/m_0)$ 最大。

因为火箭最大飞行高度 $H_{max} = f_H(v_k, x_k, h_k, \theta_k)$,而 $v_k = v_{kL} - \Delta v_{kg} - \Delta v_{kD}$,所以"在箭

头质量和最大高度一定情况下,使起飞质量最小"问题可以等效为"在 v_{kL} 一定的条件下,通过调整 μ_{k1} 与 μ_{k2} 的匹配关系,求 $\ln(m_{tb}/m_0)$ 最大值"这样一个条件极值问题。该问题可以利用拉格朗日乘数法转化为求拉格朗日函数 $L(\mu_{ki},\lambda)$ 的无约束最大值问题。

因为 $v_{kL} = \sum\limits_{i=1}^{2} I_{si}\ln\dfrac{1}{1-\mu_{ki}}$,所以,约束条件函数为

$$\Phi(\mu_{k1},\mu_{k2}) = v_{kL} + I_{s1}\ln(1-\mu_{k1}) + I_{s2}\ln(1-\mu_{k2}) \tag{2.76}$$

拉格朗日函数为

$$L(\mu_{k1},\mu_{k2},\lambda) = \ln(m_{tb}/m_0) + \lambda\Phi(\mu_{k1},\mu_{k2}) \tag{2.77}$$

式中:λ 为拉格朗日乘数。

由函数 $L(\mu_{k1},\mu_{k2},\lambda)$ 的极值条件

$$\begin{cases} \dfrac{\partial L}{\partial \mu_{ki}} = 0, & i=1,2 \\[2mm] \dfrac{\partial L}{\partial \lambda} = \Phi(\mu_{k1},\mu_{k2}) = 0 \end{cases} \tag{2.78}$$

可以导出 μ_{k1} 与 μ_{k2} 之间应满足的匹配关系式:

$$\frac{I_{s1}}{1-\mu_{k1}}\left[(1-N_1)\mu_{f1} - \mu_{k1}\right] = \frac{I_{s2}}{1-\mu_{k2}}\left[(1-N_2)\mu_{f2} - \mu_{k2}\right] \tag{2.79}$$

特别是在 $I_{s1} = I_{s2}$,$N_1 = N_2$,$\mu_{f1} = \mu_{f2}$ 的情况下,有 $\mu_{k1} = \mu_{k2}$,则级间比 $\varepsilon_1 = \varepsilon_2$,此时,火箭起飞质量(第 1 级起飞质量)为

$$m_0 = \frac{m_{tb}}{(1-N_1-\mu_{k1}/\mu_{f1})^2} \tag{2.80}$$

第 2 级起飞质量为

$$m_2 = \sqrt{m_{tb}m_0} \tag{2.81}$$

关于火箭总体参数分析与优化方法,传统上是采用所谓的"参数修正法"。这种方法的实质是以一组初步估算的总体参数为基础,依据对各个参数变化敏感性分析(求偏导数)来修正总体参数,通过逐次逼近,以求最后得到一组比较理想的最优总体参数。随着计算机技术和优化设计理论的快速发展,各种优化分析与设计方法已经广泛用于飞行器性能分析与设计。这种方法充分发挥计算机运算速度快、数据存储量大的优势,利用优化设计理论和已有工程型号的设计参数,对足够多组总体参数进行分析比较,优化筛选出满足使用要求和总体技术指标的最佳总体参数,参数的组数以及需要达到的精度均可按设计要求预先确定。

2.4 火箭飞行弹道设计方法

在火箭总体设计中,弹道设计起着极其重要的作用。火箭的飞行弹道是火箭各分系统主要技术特性在飞行性能上的综合反映。火箭的总体方案、设计参数、运载能力与飞行方案等都是根据弹道设计的结果来确定的。弹道设计以火箭为特定对象,在满足总体设计要求的条件下,研究火箭飞行运动规律,分析火箭飞行特性与设计参数的相互关系,确定火箭最优飞行弹道。弹道设计方法的理论基础是火箭飞行力学。

2.4.1　火箭作为变质量系的动力学基本方程

若要对火箭的飞行弹道进行设计,就必须了解火箭的运动规律,并能够用数学方法描述火箭的运动,进而求解出火箭的运动参数。因此,建立火箭运动的数学模型,是弹道设计的前提条件。

火箭在空中的运动属于刚体的一般运动。其运动是质心平移运动与绕质心转动运动的合成运动。火箭运动方程是表征火箭运动规律的数学模型,也是分析、计算或模拟火箭运动的基础。在火箭发动机工作的情况下,发动机不断喷出燃气流,火箭的质量不断发生变化,是一个可变质量系。因此,对于火箭的运动规律,应采用变质量力学来研究。

假设在任意瞬时 t,火箭的质量为 $m(t)$,火箭质心相对惯性参考系的绝对速度矢量为 $\boldsymbol{v}$。如果考虑地球转动的影响,则地球不是惯性参考系。那么,火箭质心相对地球的速度矢量就不是绝对速度矢量,而是相对速度矢量。若以 t 时刻火箭外轮廓面所包含的全部质点(火箭质点系)为研究对象,则根据变质量力学原理,由动量定理可知,火箭质点系的质心运动应满足以下关系式:

$$m(t)\frac{\mathrm{d}\boldsymbol{v}}{\mathrm{d}t} + \left|\frac{dm}{dt}\right|\boldsymbol{v}_e = \boldsymbol{P}' \tag{2.82}$$

式中:$\boldsymbol{v}_e$ 为 t 时刻火箭发动机喷管出口处燃气质点相对火箭箭体的速度;$\boldsymbol{P}'$ 为 t 时刻作用于火箭质点系的全部外力的矢量和(地球引力、气动力和喷管出口排气面处压力合力的矢量和)。

式(2.82)称为描述火箭运动的密歇尔斯基方程,它是一个矢量方程。

根据火箭发动机原理可知,发动机推力值 F 的计算公式为

$$F = \dot{m}_f v_e + A_e(p_e - p_a) \tag{2.83}$$

式中:$\dot{m}_f$ 为火箭发动机燃气质量流量(火箭质量变化率的绝对值,$\dot{m}_f = |\dot{m}|$);v_e 为发动机喷管出口处燃气速度(燃气质点相对箭体的速度的绝对值);A_e 为喷管出口排气面积;p_e 为喷管出口截面处燃气压强;p_a 为发动机所在工作高度(火箭飞行高度)的大气压强。

由火箭发动机推力公式可以看出,发动机推力由两部分组成:第一部分为 $\dot{m}_f v_e$,称为动量推力或动推力,其大小取决于燃气动量对时间的变化率。动量推力通常占总推力的90%以上,是推力的主要部分。第二部分是 $A_e(p_e - p_a)$,称为压力推力或静推力,它是由外界大气压力与喷管出口排气面处燃气压力不平衡而产生的。

对于式(2.82),设

$$\boldsymbol{F}' = -\left|\frac{\mathrm{d}m}{\mathrm{d}t}\right|\boldsymbol{v}_e \tag{2.84}$$

则可将式(2.82)写为

$$m(t)\frac{\mathrm{d}\boldsymbol{v}}{\mathrm{d}t} = \boldsymbol{P}' + \boldsymbol{F}' \tag{2.85}$$

也就是说,只要将 $\boldsymbol{F}'$ 视为外力,就可以直接应用牛顿第二定律来描述火箭的运动。

因为

$$|\boldsymbol{F}'| = \left|\frac{\mathrm{d}m}{\mathrm{d}t}\right|\boldsymbol{v}_e = \dot{m}_f \boldsymbol{v}_e \tag{2.86}$$

所以,$\boldsymbol{F}'$ 为火箭发动机的动量推力。而发动机的静推力 $A_e(p_e - p_a)$ 是 t 时刻喷管出口排气

面处大气压力与燃气压力的合力,它是火箭质点系所受的"外力",包含在矢量和 P' 力中。

若用矢量 F 表示火箭发动机的推力、P 表示除发动机推力外火箭所受全部外力的矢量和,则根据式(2.83)得到 $P + F = P' + F'$,那么,式(2.85)变为

$$m(t)\frac{\mathrm{d}v}{\mathrm{d}t} = P + F \tag{2.87}$$

式(2.87)就是描述火箭质心运动的动力学基本方程的矢量表达式。需要说明的是,在式(2.87)的分析推导中,忽略了某些次要因素的影响:一是由于发动机内部推进剂的燃烧,箭体内部的燃气相对箭体不断移动着,这个相对移动速度的存在,加之箭体相对惯性参考系有旋转角速度,便会在方程中产生科氏力(Coriolis 惯性力)影响项。二是由箭体内部燃气相对箭体的加速度而产生的惯性力影响项。但是,对于大多数火箭而言,这些次要力的影响很小,可以略去。

对于火箭的运动规律,通常最关心的是火箭相对地球的运动规律。由于地球相对惯性参考系有旋转角速度 ω_E,故地球不是惯性参考系,而是一个角速度矢量为 ω_E 的动参考系。假设火箭质心相对地球地心的相对距离矢量为 r(图2.6),那么 r 随时间的变化规律就描述了火箭质心相对地球的运动规律。为此需要了解矢量 r 在动参考系中的导数。

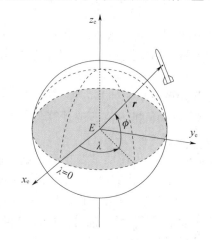

图 2.6 火箭质心与地球地心相对位置示意图

如图 2.6 所示,设坐标系 $S_e(Ex_ey_ez_e)$ 是与地球固连的坐标系(称为地球坐标系),它是一个动坐标系,相对惯性参考系的绝对角速度矢量为 ω_E(地球旋转角速度矢量)。若设沿 S_e 坐标系 3 个坐标轴的坐标单位矢量为 i_e、j_e、k_e,则可将火箭质心相对地心的位置矢量写为

$$r = x_e i_e + y_e j_e + z_e k_e \tag{2.88}$$

式中:x_e、y_e、z_e 为位置矢量 r 在 S_e 坐标系中的 3 个坐标分量。

为了了解位置矢量 r 随时间的变化情况,需将矢量 r 对时间 t 求导数,即

$$\frac{\mathrm{d}r}{\mathrm{d}t} = \frac{\mathrm{d}x_e}{\mathrm{d}t}i_e + \frac{\mathrm{d}y_e}{\mathrm{d}t}j_e + \frac{\mathrm{d}z_e}{\mathrm{d}t}k_e + x_e\frac{\mathrm{d}i_e}{\mathrm{d}t} + y_e\frac{\mathrm{d}j_e}{\mathrm{d}t} + z_e\frac{\mathrm{d}k_e}{\mathrm{d}t} \tag{2.89}$$

引用表达式

$$\left(\frac{\delta r}{\delta t}\right)_e = \frac{\mathrm{d}x_e}{\mathrm{d}t}i_e + \frac{\mathrm{d}y_e}{\mathrm{d}t}j_e + \frac{\mathrm{d}z_e}{\mathrm{d}t}k_e \tag{2.90}$$

它是矢量 r 相对于 S_e 坐标系的对时间 t 的相对导数。这个相对导数就是人站在地球上观

察火箭所看到的火箭质心位置随时间的变化率。因此，$\left(\dfrac{\delta r}{\delta t}\right)_{e}$ 是火箭质心相对地球的相对速度矢量，可用 v_{d} 表示，则有

$$v_{d} = \left(\frac{\delta r}{\delta t}\right)_{e} \tag{2.91}$$

由理论力学中的泊松（Poisson）公式（常模矢量求导公式）可得

$$\frac{d i_{e}}{d t} = \omega_{E} \times i_{e}, \qquad \frac{d j_{e}}{d t} = \omega_{E} \times j_{e}, \qquad \frac{d k_{e}}{d t} = \omega_{E} \times k_{e}$$

因此有

$$\frac{d r}{d t} = \left(\frac{\delta r}{\delta t}\right)_{e} + \omega_{E} \times r = v_{d} + \omega_{E} \times r \tag{2.92}$$

对于任意矢量 u 和任意两个动坐标系 S_{1}、S_{2}，应用上面的推导结果，可得

$$\frac{d u}{d t} = \left(\frac{\delta u}{\delta t}\right)_{1} + \omega_{1} \times u \quad \text{和} \quad \frac{d u}{d t} = \left(\frac{\delta u}{\delta t}\right)_{2} + \omega_{2} \times u$$

其中，ω_{1} 和 ω_{2} 分别为动坐标系 S_{1} 和 S_{2} 的绝对角速度矢量。根据上面两个式子，可得

$$\left(\frac{\delta u}{\delta t}\right)_{1} = \left(\frac{\delta u}{\delta t}\right)_{2} + (\omega_{2} - \omega_{1}) \times u = \left(\frac{\delta u}{\delta t}\right)_{2} + \omega_{2-1} \times u \tag{2.93}$$

式中：$\omega_{2-1} = (\omega_{2} - \omega_{1})$ 为动坐标系 S_{2} 相对动坐标系 S_{1} 的相对角速度矢量。

设火箭质心相对地球的相对速度矢量为 v_{d}，应用相对导数表达式可得火箭质心相对地球的相对加速度矢量为

$$a_{d} = \left(\frac{\delta v_{d}}{\delta t}\right)_{e} \tag{2.94}$$

由理论力学知识可知，火箭相对于惯性参考系的绝对加速度 dv/dt 等于相对地球的相对加速度 a_{d}、牵连加速度 a_{e} 和科式加速度 a_{c} 的矢量和，即

$$\frac{d v}{d t} = a_{d} + a_{e} + a_{c} \tag{2.95}$$

由于地球绕太阳转动的公转周期远大于地球自转周期，故可略去地球绕太阳公转的影响，而将地球视为相对惯性参考系绕其极轴做定轴转动的圆球体。那么，火箭质心的牵连加速度为

$$a_{e} = \omega_{E} \times (\omega_{E} \times r) \tag{2.96}$$

科氏加速度为

$$a_{c} = 2\omega_{E} \times v_{d} \tag{2.97}$$

因此，火箭质心相对地球运动的动力学方程为

$$\left(\frac{\delta v_{d}}{\delta t}\right)_{e} = \frac{1}{m}(P + F) - a_{e} - a_{c} \tag{2.98}$$

根据前面的推导可知，式（2.98）中的力 P 是除发动机推力 F 外火箭所受全部外力的矢量和。因此，力 P 是地球引力与火箭气动力 Q 的合力，即

$$P = m g' + Q \tag{2.99}$$

式中：g' 为地球引力加速度矢量。

若取地球模型为圆球体模型，则地球引力加速度矢量为

$$\boldsymbol{g}' = -(\mu/r^3)\boldsymbol{r} \tag{2.100}$$

式中:$\mu = 3.986005 \times 10^{14}\,\mathrm{m^3/s^2}$,为地球引力常数。

作用在火箭上的重力 $\boldsymbol{G}$ 是地球引力与离心惯性力的合力。牵连加速度 $\boldsymbol{a}_e$ 是垂直于地球极轴并指向极轴的向心加速度。因此,$-m\boldsymbol{a}_e$ 就是作用在火箭质心上的离心惯性力。那么,作用在火箭上的重力为

$$\boldsymbol{G} = m\boldsymbol{g}' - m\boldsymbol{a}_e = m(\boldsymbol{g}' - \boldsymbol{a}_e) = m\boldsymbol{g} \tag{2.101}$$

其中

$$\boldsymbol{g} = \boldsymbol{g}' - \boldsymbol{a}_e \tag{2.102}$$

称为重力加速度矢量。它是引力加速度 $\boldsymbol{g}'$ 与惯性离心加速度 $-\boldsymbol{a}_e$ 的矢量和。显然,重力加速度不但与火箭的飞行高度有关,还与火箭所处位置的地理纬度有关。

经过上面的推导,火箭质心相对地球运动的动力学方程又可写成如下形式:

$$\left(\frac{\delta\boldsymbol{v}_d}{\delta t}\right)_e = \frac{1}{m}(\boldsymbol{F} + \boldsymbol{G} + \boldsymbol{Q}) - 2\boldsymbol{\omega}_E \times \boldsymbol{v}_d \tag{2.103}$$

若将地球视为惯性参考系(不考虑地球转动的影响),则 $\boldsymbol{v}_d = \boldsymbol{v}$,即火箭质心相对地球参考系的速度为绝对速度。那么,描述火箭质心运动的动力学方程变为

$$\frac{\mathrm{d}\boldsymbol{v}}{\mathrm{d}t} = \frac{1}{m}(\boldsymbol{F} + \boldsymbol{G} + \boldsymbol{Q}) \tag{2.104}$$

此时,火箭所受重力与引力视为相等,重力加速度与引力加速度亦视为相等。

根据变质量力学理论,通过与上面相类似的推导,由动量矩定理可以得到火箭绕质心转动的动力学基本方程为

$$\frac{\mathrm{d}\boldsymbol{H}(t)}{\mathrm{d}t} = \boldsymbol{M}_F + \boldsymbol{M} \tag{2.105}$$

式中:$\boldsymbol{H}(t)$ 为火箭相对其质心 O 点的动量矩矢量;$\boldsymbol{M}_F$ 为发动机推力对火箭质心 O 点的力矩矢量;$\boldsymbol{M}$ 为除发动机推力外所有其他外力对火箭质心 O 点的主矩矢量。

设坐标系 $S_b(Ox_by_bz_b)$ 为与火箭箭体固连的某个坐标系。显然,S_b 坐标系为动坐标系,它相对惯性参考系的绝对角速度矢量 $\boldsymbol{\omega}_b$ 就是火箭的绝对角速度矢量。动量矩 $\boldsymbol{H}$ 对时间 t 的导数为

$$\frac{\mathrm{d}\boldsymbol{H}}{\mathrm{d}t} = \left(\frac{\delta\boldsymbol{H}}{\delta t}\right)_b + \boldsymbol{\omega}_b \times \boldsymbol{H} \tag{2.106}$$

因此,火箭绕质心转动的动力学基本方程可以写成如下形式:

$$\left(\frac{\delta\boldsymbol{H}}{\delta t}\right)_b + \boldsymbol{\omega}_b \times \boldsymbol{H} = \boldsymbol{M}_F + \boldsymbol{M} \tag{2.107}$$

式中:$\boldsymbol{\omega}_b$ 为火箭相对于惯性参考系的绝对角速度矢量。

一般来说,在进行运动参数分析时,常常希望了解火箭在某时刻相对地球上某个方向或某个基准面的相对转动。假设这个描述方向或基准面的坐标系为 S_i,它相对地球的相对角速度为 $\boldsymbol{\omega}_{i-E}$,而火箭相对坐标系 S_i 的相对角速度为 $\boldsymbol{\omega}_{t-i}$,则由角速度合成定理可得

$$\boldsymbol{\omega}_b = \boldsymbol{\omega}_{t-i} + \boldsymbol{\omega}_{i-E} + \boldsymbol{\omega}_E \tag{2.108}$$

根据理论力学可知,火箭相对其质心的动量矩矢量可表示为

$$\boldsymbol{H} = \boldsymbol{I} \cdot \boldsymbol{\omega}_b \tag{2.109}$$

式中:$\boldsymbol{I}$ 为惯性张量。

若在 S_b 坐标系中

$$\boldsymbol{\omega}_b = \begin{bmatrix} \omega_{bx} & \omega_{by} & \omega_{bz} \end{bmatrix}^T \tag{2.110}$$

则在 S_b 坐标系中有如下动量矩计算公式:

$$\boldsymbol{H} = \boldsymbol{I} \cdot \boldsymbol{\omega}_b = \begin{bmatrix} H_{bx} \\ H_{by} \\ H_{bz} \end{bmatrix} = \begin{bmatrix} I_x & -I_{xy} & -I_{xz} \\ -I_{xy} & I_y & -I_{yz} \\ -I_{xz} & -I_{yz} & I_z \end{bmatrix} \begin{bmatrix} \omega_{bx} \\ \omega_{by} \\ \omega_{bz} \end{bmatrix} \tag{2.111}$$

式中: I_x、I_y、I_z 为火箭对 S_b 坐标系各轴的转动惯量; I_{xy}、I_{yz}、I_{xz} 为火箭对 S_b 坐标系各轴的惯量积。

为了求解火箭的运动规律,需要建立标量形式的火箭运动方程(包含动力学方程和运动学方程)。这就需要定义出便于描述火箭运动的坐标系。由于选取不同的坐标系所建立的火箭运动方程组的形式和复杂程度有所不同,因此,选取合适的坐标系是十分重要的。选取坐标系的原则是:既便于描述火箭运动的特点,又要使描述火箭运动的方程形式简单且清晰明了,便于运动参数的分析与数值计算。

关于描述火箭运动的各种常用坐标系,以及各坐标系间的转换关系,可参阅火箭飞行力学(或火箭外弹道学)方面的教材,这里不再赘述。

2.4.2　火箭飞行弹道设计

在火箭的总体设计中,为了寻求一个满足各项指标要求的总体方案,需要进行大量的弹道分析与仿真计算,为火箭各分系统设计提供所需弹道数据;核实火箭运载性能;检查飞行方案对弹体结构、制导控制系统的适应性;检查在各种不同飞行条件下,在火箭参数偏离设计值时,火箭能否确保给定的运载性能和弹道精度,并在此基础上确定火箭的总体设计参数。

火箭的主要功能是按精度要求将有效载荷送至预定高度并达到预定速度,或者将有效载荷送至地面预定落点,达到预定射程。一般来说,火箭的飞行弹道曲线由两段组成:一是发动机工作段,火箭在发动机推力作用下做有主动力飞行,称为主动段;二是发动机熄火后的飞行段,火箭在地球引力、地球自转产生的离心惯性力和空气动力的作用下做无主动力飞行,称为被动段。被动段占整个弹道曲线的绝大部分,因此,火箭弹道顶点高度和总射程主要取决于发动机熄火点(主动段终点)的速度 v_k 和弹道倾角 θ_k。

由式(2.46)可知,熄火点速度 v_k 除与有效推进剂质量比 μ_k、火箭海平面推重比 $\bar{F}_0$、箭体横截面载荷 $\bar{G}_0$、发动机比冲 I_s (I_{sv}、I_{s0}) 和气动阻力系数 C_D 等总体参数有关外,还受到熄火点弹道倾角 θ_k 的影响。若火箭的总体参数已经确定,则主动段终点的速度矢量 $\boldsymbol{v}_k$ 主要取决于 θ_k。因此,弹道设计主要是选择 θ_k,并通过数值仿真,确定火箭飞行弹道是满足设计要求的。

对于倾斜发射的无控火箭, θ_k 可通过重力转弯来实现。假设 $t = t_0$ 时,火箭离轨。此时火箭的速度为 v_0、弹道倾角为 θ_0。由式(2.5)可知:

$$\theta_k = \theta_0 - \int_{t_0}^{t_k} \frac{g}{v} \cos\theta \, dt \tag{2.112}$$

因为 θ_0 等于或近似等于发射倾角 φ,所以可通过调整发射倾角 φ,使熄火点 θ_k 满足弹道设计要求。实际上,对于总体参数确定的无控火箭,通过改变发射倾角,即可实现不同的弹道顶点高度和射程。

对于飞行弹道可控的火箭,无论是倾斜发射,还是垂直发射,都可通过控制火箭俯仰角 ϑ,使弹道逐渐转弯,达到熄火点所需弹道倾角 θ_k。在主动段飞行过程中,利用火箭上装载的控制系统,可以实时获取火箭的俯仰角 ϑ。通过设计合理的程序俯仰角 $\vartheta^*(t)$,并使火箭飞行时的俯仰角 $\vartheta(t)$ 按程序俯仰角 $\vartheta^*(t)$ 变化,则飞行时的弹道倾角为

$$\theta(t) = \vartheta^*(t) - \alpha(t) \tag{2.113}$$

这样,通过控制俯仰角,实现弹道控制,使 $t = t_k$ 时,$\theta(t_k) = \theta_k$,满足弹道设计要求。

显然,程序俯仰角 $\vartheta^*(t)$ 的设计还应适应攻角 $\alpha(t)$ 的相关要求。弹道的转弯可通过两种方式来实现:一种是有攻角转弯。转弯所需控制力由控制系统的执行机构产生,能较快改变火箭速度方向,并产生一定的攻角。有攻角转弯一般应在气动力急剧变化的跨声速段($0.85 < Ma < 1.3$)之前结束,以减少气动载荷和气动干扰,而且最大允许攻角的值不宜过大,以避免较大的速度损失。另一种是重力转弯。转弯时,火箭的速度方向在火箭自身重力分量 $mg\cos\theta$ 作用下逐渐变化,其攻角绝对值 $|\alpha| \ll 1$,减少了速度损失,但转弯过程相对缓慢。

弹道设计是火箭总体设计中的重要部分。通过弹道计算与分析,设计出满足各方面约束且合理可行的程序俯仰角 $\vartheta^*(t)$,是弹道设计的主要工作。火箭的程序俯仰角 $\vartheta^*(t)$ 又称为飞行程序。飞行程序的选择是关系到火箭能否正确使用和充分发挥其性能的重要问题。火箭的一些重要性能,如最大射程、最大飞行高度、落点位置及飞行中的承载和承热能力等,都与选择飞行程序有关。若规定了火箭主动段终点的弹道倾角 θ_k,则会有多种不同的主动段弹道。例如:

(1)火箭倾斜发射飞行,控制俯仰角 ϑ,使弹道倾角 $\theta = \theta_k$,直至主动段终点。按这种弹道飞行,火箭穿过稠密大气层的飞行时间较长,气动阻力造成的速度损失较大,箭体承受的气动加热较为严重。而且倾斜发射会使发射装置较为复杂,不利于快速发射。

(2)火箭垂直发射,垂直向上飞行,在接近主动段终点时,使弹道倾角 θ 在很短时间内转到 θ_k。这种弹道的特点是火箭飞过稠密大气层的时间较短,因而气动阻力造成的速度损失较小。但是,在垂直上升过程中,重力造成的速度损失较大。况且在很短时间内弹道倾角 θ 从 $90°$ 变至 θ_k,需要的角速度 $\dot\theta$ 和角加速度 $\ddot\theta$ 数值均较大,这就要求控制系统的执行机构提供较大的控制力和控制力矩,并导致箭体结构承受较大的横向载荷。

(3)火箭垂直发射,向上飞行并逐渐转弯,在主动段终点使弹道倾角 θ 达到 θ_k。垂直发射使发射装置较为简单,逐渐转弯使控制力和横向载荷相对较小。火箭按这种弹道飞行,其速度的阻力损失和重力损失均不会过大,并易于满足控制系统、箭体结构和气动设计方面的约束。

因此,不同的程序俯仰角,会产生不同的飞行弹道,导致不同的飞行性能。弹道设计不仅要使速度的阻力损失、重力损失较小,而且还要考虑箭体结构强度、防热,控制系统能力和发射任务要求等诸多方面的约束条件。

2.5 火箭飞行控制方法

对于飞行弹道可控的火箭,一般要求其沿弹道设计给出的弹道飞行,且要求实际飞行弹道参数相对弹道参数设计值的偏差,不超出精度要求范围。为了达到这一要求,必须对

火箭飞行进行控制。根据力学原理可知,要想控制火箭的运动,就必须控制火箭的受力。通过改变火箭的外力,达到控制火箭飞行的目的。

火箭发射起飞后,作用在火箭上的外力主要有重力 $\boldsymbol{G}$、气动力 $\boldsymbol{Q}$ 和发动机推力 $\boldsymbol{F}$。其中重力 $\boldsymbol{G}$ 的大小和方向不能随意改变。因此,控制火箭飞行轨迹,只能依靠改变气动力 $\boldsymbol{Q}$ 和发动机推力 $\boldsymbol{F}$。用 $\boldsymbol{N}$ 表示 $\boldsymbol{Q}$ 与 $\boldsymbol{F}$ 的合力,称为控制力,即

$$N = Q + F \tag{2.114}$$

将控制力 $\boldsymbol{N}$ 沿速度 v 方向和垂直于速度 v 方向分解成两个分量 N_t 和 N_n,分别称为切向控制力和法向控制力。显然,改变切向控制力 N_t 可使速度 v 的大小发生改变,而改变法向控制力 N_n 会使速度 v 的方向发生变化。

若火箭装有用于大气层内一定高度以下飞行控制的空气舵,则将空气舵偏转 δ_q 角度,即可产生相对火箭质心的操控气动力矩,使火箭发生转动运动,飞行姿态发生变化,由此改变了火箭的攻角和侧滑角,使作用在火箭上的气动力发生改变。若火箭发动机喷管处装有燃气舵或发动机喷管为摆动喷管,则将燃气舵或摆动喷管偏转 δ_F 角度,即可改变推力方向,产生相对火箭质心的操控推力矩,使火箭飞行姿态发生改变。无论是空气舵、燃气舵或摆动喷管,它们都是火箭的操控机构。应用这些操控机构,就可以对火箭的质心运动和绕质心转动进行控制,即对火箭的飞行轨迹和飞行姿态进行控制。而空气舵偏转角 δ_q、燃气舵或摆动喷管偏转角 δ_F 等称为操控变量,可统一用 δ 表示。

假设通过弹道设计,要求火箭在发射平面内飞行时,其飞行高度 h 和箭体俯仰角 ϑ 需满足以下变化规律:

$$\begin{bmatrix} h(t) \\ \vartheta(t) \end{bmatrix} = \begin{bmatrix} h_*(t) \\ \vartheta_*(t) \end{bmatrix} \tag{2.115}$$

式中:$h_*(t)$、$\vartheta_*(t)$ 分别为飞行高度和俯仰角的设计值。

为了实现式(2.115)要求的运动规律,火箭操控机构的操控变量 δ 必须按以下规律变化:

$$\delta(t) = \delta_*(t) \tag{2.116}$$

式中:$\delta_*(t)$ 为弹道设计给出的操控变量变化规律。

因此,从理论上来讲,在火箭系统性能指标满足设计要求的条件下,只要火箭操控机构的操控变量按 $\delta_*(t)$ 规律实施操控,火箭的飞行高度 $h(t)$ 和俯仰角 $\vartheta(t)$ 就会满足弹道设计要求。

2.5.1 火箭弹道参数偏差量与传递函数

火箭在实际飞行中会受到各种各样的随机干扰,致使其弹道参数相对设计值产生偏差。若用 Δx_i 表示第 i 个弹道参数的实际飞行数据相对其设计值的偏差量,则火箭弹道参数偏差量可表示为

$$\begin{bmatrix} \Delta x_1 \\ \Delta x_2 \\ \vdots \\ \Delta x_i \\ \vdots \\ \Delta x_n \end{bmatrix} = \begin{bmatrix} x_1 \\ x_2 \\ \vdots \\ x_i \\ \vdots \\ x_n \end{bmatrix} - \begin{bmatrix} x_{*1} \\ x_{*2} \\ \vdots \\ x_{*i} \\ \vdots \\ x_{*n} \end{bmatrix} \tag{2.117}$$

式中：x_i 为火箭第 i 个弹道参数的实际飞行数据；x_{*i} 为第 i 个弹道参数的设计值。它们都是飞行时间 t 的函数。

为了消除弹道参数的偏差，需要对火箭操控机构的操控变量进行调节。设 $\Delta\delta_k$ 为第 k 个操控变量的调节量，则有

$$
\begin{bmatrix} \Delta\delta_1 \\ \Delta\delta_2 \\ \vdots \\ \Delta\delta_k \\ \vdots \\ \Delta\delta_m \end{bmatrix} = \begin{bmatrix} \delta_1 \\ \delta_2 \\ \vdots \\ \delta_k \\ \vdots \\ \delta_m \end{bmatrix} - \begin{bmatrix} \delta_{*1} \\ \delta_{*2} \\ \vdots \\ \delta_{*k} \\ \vdots \\ \delta_{*m} \end{bmatrix} \tag{2.118}
$$

式中：δ_k 为火箭第 k 个操控变量的实际操控值；δ_{*k} 为由弹道设计确定的第 k 个操控变量的操控值。它们是飞行时间 t 的函数。

因此，在实际飞行中，火箭操控机构的实际操控变量 δ_k 等于其设计值加上调节值，即

$$
\begin{bmatrix} \delta_1 \\ \delta_2 \\ \vdots \\ \delta_k \\ \vdots \\ \delta_m \end{bmatrix} = \begin{bmatrix} \delta_{*1} \\ \delta_{*2} \\ \vdots \\ \delta_{*k} \\ \vdots \\ \delta_{*m} \end{bmatrix} + \begin{bmatrix} \Delta\delta_1 \\ \Delta\delta_2 \\ \vdots \\ \Delta\delta_k \\ \vdots \\ \Delta\delta_m \end{bmatrix} \tag{2.119}
$$

显然，调节量 $\Delta\delta_k$ 的大小要由实际飞行弹道参数的偏差量来决定。

若要求火箭实际飞行高度 h 和箭体俯仰角 ϑ 满足式（2.115）所示设计值，则火箭操控变量的调节量应为

$$
\Delta\delta = K_{\Delta\vartheta}\Delta\vartheta + K_{\Delta h}\Delta h \tag{2.120}
$$

式中：Δh 和 $\Delta\vartheta$ 分别为飞行高度 h 和箭体俯仰角 ϑ 的偏差量；$K_{\Delta h}$、$K_{\Delta\vartheta}$ 为偏差信号放大系数。

为了抑制弹道参数偏差量的变化率，改善火箭受控飞行的动态性能，可在火箭操控变量的调节量 $\Delta\delta$ 中引入偏差量变化率项 $K_{\Delta\dot h}\Delta\dot h$ 和 $K_{\Delta\dot\vartheta}\Delta\dot\vartheta$，产生类似阻尼的作用，即

$$
\Delta\delta = K_{\Delta\vartheta}\Delta\vartheta + K_{\Delta h}\Delta h + K_{\Delta\dot\vartheta}\Delta\dot\vartheta + K_{\Delta\dot h}\Delta\dot h \tag{2.121}
$$

如果火箭在飞行中能够实时测量出自身弹道参数的偏差量 Δx_i，并据此确定出操控变量的调节量 $\Delta\delta_k$，就可按式（2.116）对火箭操控机构进行控制，进而消除弹道参数的偏差。当然，在火箭的实际飞行中，由于各种因素的影响，控制系统不可能完全消除弹道参数偏差。它能做的是将弹道参数的偏差控制在弹道精度要求的范围内。

对于受控飞行的火箭，其受力状态与操控机构的操控变量 δ 相关。因此，火箭的运动方程组可统一写为

$$
\frac{\mathrm{d}x_i}{\mathrm{d}t} = f_i(x_1, x_2, \cdots, x_n, \delta_1, \delta_2, \cdots, \delta_m) \quad (i = 1, 2, \cdots, n) \tag{2.122}
$$

式（2.122）表示火箭有 n 个弹道参数变量、m 个操控变量，其运动方程组共有 n 个方程。

火箭的实际飞行弹道参数 x_i 可表示为

$$\begin{bmatrix} x_1 \\ x_2 \\ \vdots \\ x_i \\ \vdots \\ x_n \end{bmatrix} = \begin{bmatrix} x_{*1} \\ x_{*2} \\ \vdots \\ x_{*i} \\ \vdots \\ x_{*n} \end{bmatrix} + \begin{bmatrix} \Delta x_1 \\ \Delta x_2 \\ \vdots \\ \Delta x_i \\ \vdots \\ \Delta x_n \end{bmatrix} \tag{2.123}$$

假设火箭控制系统工作正常且弹道控制精度满足设计要求,那么火箭实际飞行弹道参数与弹道参数设计值就非常接近,即弹道参数偏差量 Δx_i 和操控变量调节量 $\Delta \delta_k$ 均为小量。由此可以以弹道参数设计值 x_{*i} 和操控变量设计值 δ_{*k} 为基准,对式(2.122)进行线性化处理,得到关于弹道参数偏差量 Δx_i 的小扰动线性微分方程组:

$$\frac{\mathrm{d}\Delta x_i}{\mathrm{d}t} = \sum_{j=1}^{n} \frac{\partial f_i}{\partial x_j} \Delta x_j + \sum_{k=1}^{m} \frac{\partial f_i}{\partial \delta_k} \Delta \delta_k \quad (i = 1,2,\cdots,n) \tag{2.124}$$

用简略符号表示偏导数,即 $a_{ij} = \dfrac{\partial f_i}{\partial x_j}, b_{ik} = \dfrac{\partial f_i}{\partial \delta_k}$。用 X 表示火箭弹道参数偏差量 Δx_i,用 U 表示火箭操控变量调节量 $\Delta \delta_k$,即

$$X = \begin{bmatrix} \Delta x_1 \\ \Delta x_2 \\ \vdots \\ \Delta x_n \end{bmatrix}, \quad U = \begin{bmatrix} \Delta \delta_1 \\ \Delta \delta_2 \\ \vdots \\ \Delta \delta_m \end{bmatrix} \tag{2.125}$$

那么线性化微分方程组可以写为

$$\frac{\mathrm{d}X}{\mathrm{d}t} = AX + BU \tag{2.126}$$

式中:$A = [a_{ij}]$ 为动力系数矩阵($n \times n$ 矩阵),也称为状态矩阵;$B = [b_{ik}]$ 为操控系数矩阵($n \times m$ 矩阵)。

上述对非线性微分方程的处理方法就是飞行力学中的小扰动法。因此,在小扰动假设成立的条件下,火箭飞行时相对弹道参数设计值的小扰动运动 X 可用线性系统方程描述,U 可视为该系统的输入,X 则为该系统的输出或响应。通过对式(2.126)的求解,即可得到火箭弹道参数的偏差量列阵 X。

在火箭飞行中,其质量和转动惯量随着推进剂的消耗不断发生变化,弹道参数也会随飞行时间发生变化。因此,上面得到的线性化微分方程组一般为变系数线性微分方程组。求解变系数线性微分方程,除极简单的情况外,只能利用计算机,采用数值计算方法求得特解。

在研究火箭箭体关于输入 U 的响应 X 时,通常选择弹道设计给出的标准弹道上的某些特征点进行分析。这些特征点可以是火箭级间分离干扰点、程序转弯启控点、可用过载最小点、需用过载最大点、干扰力/力矩最大点等。通过对火箭箭体在特征点的动态响应分析,了解火箭在整个飞行过程中的动态特性。一般来说,弹道设计给出的标准弹道是已知的(列阵 $\{x_{*i}\}$ 和 $\{\delta_{*k}\}$ 是已知量)。若近似认为在弹道特征点附近的小范围内,火箭的理想弹道参数、气动参数、结构参数和控制系统参数等都是不随时间变化的,那么,上面的小扰动线性微分方程中,弹道参数偏差量 Δx_i 和操控变量调节量 $\Delta \delta_k$ 前面的系数,在特征

点附近保持为常量。这种处理方法称为系数冻结法。这样,式(2.126)中的动力系数矩阵 A 和操控系数矩阵 B 均为常值矩阵。方程变成常系数非齐次线性微分方程组,火箭箭体的小扰动运动 X 就可以用定常线性系统方程来描述,并可将箭体称为定常线性系统。

由常微分方程知识可知,非齐次微分方程组的通解是由齐次方程组 $\dot{X} = AX$ 的通解和非齐次方程组 $\dot{X} = AX + BU$ 的特解叠加而成。齐次方程的通解表示在没有操控调节量输入的情况下,由弹道参数偏差量初始值引起的相对标准弹道的自由扰动运动。非齐次方程的特解代表有操控调节量输入的情况下,箭体的受迫扰动运动。它反映了火箭箭体对操控输入的响应特性。

对式(2.126)做拉普拉斯变换,得

$$s\bar{X}(s) = A\bar{X}(s) + B\bar{U}(s) + X(0) \tag{2.127}$$

式中:$\bar{X}(s) = L[X(t)]$,$\bar{U}(s) = L[U(t)]$ 分别为弹道参数偏差量和操控调节量的拉普拉斯变换式;s 为复变量;$X(0)$ 为弹道参数偏差量的初始值。

为了分析箭体对操控输入的响应,可令 $X(0) = 0$,从而得到

$$\bar{X}(s) = (sI - A)^{-1}B\bar{U}(s) \tag{2.128}$$

设

$$G(s) = (sI - A)^{-1}B \tag{2.129}$$

为火箭箭体对操控输入的传递函数矩阵($n \times m$ 矩阵)。它的元素 $G_{ik}(s)$ 是箭体以 $\Delta\delta_k$ 为输入、Δx_i 为输出的传递函数。求解公式得

$$G(s) = \frac{\mathrm{adj}(sI - A)}{|sI - A|}B \tag{2.130}$$

式中:$\mathrm{adj}(sI - A)$ 为 A 的伴随矩阵。

由 $G(s)$,经代数运算,可得

$$\bar{X}(s) = G(s)\bar{U}(s) \tag{2.131}$$

再对 $\bar{X}(s)$ 做拉普拉斯逆变换,即可求出弹道参数偏差量 $X(t)$ 对操控调节量输入 $U(t)$ 的动态响应过程。传递函数 $G(s)$ 与 $X(t)$、$U(t)$ 之间的关系可用图 2.7 表示。

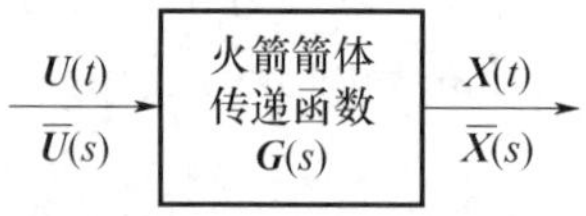

$$\xrightarrow[\bar{U}(s)]{U(t)} \boxed{\begin{array}{c} \text{火箭箭体} \\ \text{传递函数} \\ G(s) \end{array}} \xrightarrow[\bar{X}(s)]{X(t)}$$

图 2.7　传递函数 $G(s)$ 与 $X(t)$、$U(t)$ 的关系图

传递函数 $G_{ik}(s)$ 是经典控制理论研究的主要内容之一。它表明了一个系统输出和输入的关系,或者说如何由已知的输入量求输出量。虽然用微分方程也可以表示输入和输出的关系,但各变量间的关系一般总是显得很复杂。以拉普拉斯变换为基础得出的传递函数,则把输入和输出的关系表示得简单明了。因此,可用传递函数代表系统。传递函数的自变量是复变量 s,所以传递函数是系统的复域描述。此时系统中各变量都以 s 为自变量,称它们处于复域。但需要注意的是,传递函数只适用于定常线性系统,它与常系数线性微分方程一一对应。传递函数与输入量的具体变化形式和大小无关。同一系统选择不同类型的输入、输出量,所得到的传递函数可能不同。所以,对于传递函数,必须指明输入、输出量。另外,传递函数本身不能反映某个系统的学科属性和物理性质。物理性质和

学科类别截然不同的系统可能有完全相同的传递函数。研究某一种传递函数所得到的结论,可以适用于具有这种传递函数的各种系统。

2.5.2　火箭的飞行控制

根据经典控制理论,可将火箭箭体视为箭上控制系统的控制对象,而弹道参数偏差量 X 就是控制系统的控制量。当控制量超出精度要求范围而出现偏差时,箭载计算机发出控制指令,操控机构偏转,改变控制对象输出的控制量,使之满足飞行控制的要求。

典型的飞行控制系统包括两个控制回路:一个是为改善操控执行机构(舵机)性能而将舵机输出的舵偏角反馈至系统输入端所形成的舵回路,又称为伺服回路;另一个是将弹道参数偏差量作为控制量反馈至系统输入端的稳定回路。稳定回路的作用是克服干扰影响,稳定弹体姿态,并使火箭按弹道设计确定的弹道曲线稳定飞行。

假设火箭纵向控制系统的主要任务是对箭体俯仰角 ϑ 和飞行高度 h 进行控制,使其能够按照弹道设计给出的设计值 $\vartheta_*(t)$ 和 $h_*(t)$ 飞行。

为了组成火箭纵向控制系统,可采用三自由度陀螺仪测量箭体俯仰角,用无线电高度表或气压高度表测量飞行高度。然而这些测量装置的输出信号不能直接用于驱动操控机构的舵机,还要经过变换、放大和计算等处理。对信号的处理,可由箭载计算机或专用解算装置完成。

当控制系统对箭体施加控制力/力矩时,由于控制系统和箭体具有惯性,俯仰角和飞行高度一般要经过一个振荡的过渡过程才能达到要求值。为了改善箭体的动态特性,按照式(2.121),可将俯仰角速率偏差量 $\Delta\dot{\vartheta}$ 和铅垂速度偏差量 $\Delta\dot{h}$ 也作为反馈信号。俯仰角速率信号可由角速率陀螺仪测出;铅垂速度信号可由铅垂速度传感器测出(或由电子微分器给出)。

根据式(2.121)建立的火箭纵向控制系统数学模型结构如图 2.8 所示。图中的 K_r 为弹道参数偏差量信号综合放大器的综合放大系数,K_p 为舵偏信号放大器的放大系数,K_ϑ 和 K_h 分别为陀螺仪和高度表的传递函数(或传递系数),$\Delta\delta$ 为舵偏角增量(箭体的输入量)。

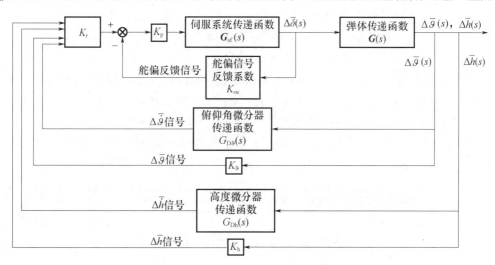

图 2.8　火箭纵向控制系统数学模型结构图

在舵偏角调节规律中引入偏差量变化率项 $\Delta\dot{\vartheta}$ 和 $\Delta\dot{h}$,可以改善箭体运动参数过渡过程的品质。从力学原理上来讲,箭体发生俯仰扰动摆动时,应是先具有俯仰角速度 $\Delta\dot{\vartheta}$,然后才有俯仰角偏离 $\Delta\vartheta$。在调节规律中引入 $\Delta\dot{\vartheta}$ 信号,就可以在俯仰角偏离之前转动控制舵面,使舵面偏转超前于俯仰角的偏离。

2.6　小型固体火箭总体参数设计与分析实例

根据总体设计要求,应用总体参数分析方法,进行总体参数设计,是火箭总体方案研究的基础。火箭的总体参数不仅与火箭的性能指标要求有关,而且彼此之间也存在相互影响。因此,火箭总体参数分析与设计是一个反复计算、分析和验证的迭代过程,即分析与优化的过程。其目的是获取相对最优且能够工程实现的总体参数,进而完成火箭系统总体方案设计。显然,上述分析与设计的迭代过程需要一组满足设计要求的初值,这些设计初值,虽不一定是最优的,但却是总体参数设计的起始点。因此,确定满足设计要求的总体参数设计初值,是火箭总体设计的首要环节。

2.6.1　某型气象火箭总体参数设计与分析

本小节以某型气象探测火箭为背景,通过设计实例,说明如何确定小型无控固体火箭总体参数的设计初值。

1. 气象火箭总体设计要求

气象火箭的飞行任务是将气象探测仪及其降落伞系统送至预定高度,并将其释放出舱,经开伞减速后稳定下降,实现对大气参数的原位探测。火箭总体设计要求:

(1)装有气象探测仪(有效载荷)及其他设备的箭头质量 m_{tb} 为 15kg。

(2)采用单级固体火箭,以大仰角倾斜发射方式发射,无控飞行,弹道顶点高度不低于 70km。

(3)箭体结构系数 N 不应大于 0.14。

(4)气象探测仪及箭上其他电气设备所能承受的最大轴向过载为 20。

(5)固体火箭发动机应达到的技术水平:海平面比冲 I_{s0} 不低于 2290N·s/kg、真空比冲 I_{sv} 达到 2700N·s/kg、质量比 μ_{f} 不低于 0.67。

(6)火箭发射场海拔高度 h_{fs} 为 1000m,发射导轨有效滑行长度 L 为 5m,发射仰角为 85°。为减少发射场地面风对火箭发射离轨速度方向的干扰,要求发射离轨速度 v_0 不低于 35m/s。

火箭的气动外形为"尖锥头 + X 形尾翼"式布局(图 2.9)。在尚未进行气动外形设计及气动力计算之时,火箭的气动力系数参考已有类似气动外形火箭的气动力系数,合理选取。

图 2.9　气象火箭气动外形示意图

（7）总体参数计算所需大气压值如表 2.1 所列。

表 2.1　总体参数计算所需大气压值

海拔高度/km	气压值/Pa	海拔高度/km	气压值/Pa
0	101325	16	10352
1	89876	17	8849.7
2	79501	18	7565.2
3	70121	19	6467.4
4	61660	20	5529.3
5	54048	21	4728.9
6	47217	22	4047.5
7	41105	23	3466.8
8	35651	24	2971.7
9	30800	25	2549.2
10	26499	26	2188.3
11	22699	27	1879.9
12	19339	28	1616.1
13	16579	29	1390.4
14	14170	30	1197
15	12111		

2. 气象火箭总体参数设计初值的计算与选取

根据发射导轨有效滑行长度、发射仰角和火箭离轨速度下限值，确定火箭的海平面推重比 $\bar{F}_0$。由式（2.61）并根据总体设计要求可得

$$\gamma_a = \frac{I_{sv}}{I_{s0}} - \left(\frac{I_{sv}}{I_{s0}} - 1 \right) p_{fs}^* = \frac{2700}{2290} - \left(\frac{2700}{2290} - 1 \right) \times \frac{89876}{101325} \approx 1.02$$

则有

$$\bar{F}_0 = \frac{1}{\gamma_a} \left[\frac{v_0^2}{2g_0 L} + \left(\frac{R}{R + h_{fs}} \right)^2 \sin\varphi \right] = \frac{1}{1.02} \times \left[\frac{35^2}{2 \times 9.81 \times 5} + \left(\frac{6371 \times 10^3}{6371 \times 10^3 + 1000} \right)^2 \times \sin 85° \right]$$

$$\approx 13.22$$

火箭离轨时刻的推进剂质量比为

$$\mu_0 = v_0 \left[I_{sv} - (I_{sv} - I_{s0}) p_{fs}^* - \frac{I_{s0}}{\bar{F}_0} \left(\frac{R}{R + h_{fs}} \right)^2 \sin\varphi \right]^{-1}$$

$$= 35 \times \left[2700 - (2700 - 2290) \times \frac{89876}{101325} - \frac{2290}{13.22} \times \left(\frac{6371 \times 10^3}{6371 \times 10^3 + 1000} \right)^2 \times \sin 85° \right]^{-1}$$

$$\approx 0.0162$$

根据气象探测火箭设计经验，横截面载荷 $\bar{G}_0$ 的取值范围一般在 35 ～ 45kN/m² 。作为初步计算与分析，可取 $\bar{G}_0 = 40 \text{ kN/m}^2$。

熄火点速度 v_k 的估算值可利用真空均匀重力场中抛物线弹道计算公式求得。根据理论力学知识，抛物线弹道的顶点高度为

$$y_D = \frac{{v_0'}^2 \sin^2 \theta_0'}{2g} \qquad\qquad (2.132)$$

式中：v_0' 为抛物线弹道的初始速度值；θ_0' 为抛物线弹道的初始弹道倾角。

根据火箭弹道设计要求，可取上述抛物线弹道顶点高度 $y_D = 70 km$、初始弹道倾角 $\theta_0' = 85°$，进而解出顶点 70km 高的抛物线弹道初始速度值为

$$v_0' = \sqrt{2gy_D}/\sin\theta_0' = 1175.8 m/s$$

考虑到大气层对火箭飞行高度的影响，需要增大 v_0' 的数值，才可使抛物弹道顶点的高度不低于 70km。假设 v_0' 增大 20% 才能克服大气阻力对弹道顶点高度的影响，由此得到火箭熄火点速度 v_k 的估算值为

$$v_k = 1.2v_0' = 1411 m/s$$

以 μ_0 为积分自变量初值、v_k 作为积分终止条件，利用数值积分方法，求解常微分方程组 (2.46)（积分变量初值 $v_0 = 35 m/s$，$\theta_0 = 85°$，$x_0 = 0$，$y_0 = h_{fs}$），得到火箭飞行速度达到 $v_k = 1411 m/s$ 时的熄火点有效推进剂质量比的估算值为

$$\mu_k = 0.51$$

根据火箭有效推进剂质量比 μ_k 和已知条件，可以求出火箭的起飞质量（初始质量）m_0，即

$$m_0 = \frac{m_{tb}}{1 - N - \dfrac{\mu_k}{\mu_f}} = \frac{15}{1 - 0.14 - 0.51 \div 0.67} \approx 152 (kg)$$

而火箭倾斜发射时，飞离导轨瞬时的质量 m_0' 应为起飞质量减去火箭在导轨上滑行所耗推进剂质量，即

$$m_0' = m_0 - \mu_0 m_0 = 152 - 0.0162 \times 152 = 149.5 (kg)$$

火箭发动机的推进剂质量 m_{ft} 和总质量 m_f 分别为

$$m_{ft} = \mu_k m_0 = 0.51 \times 152 = 77.52 (kg)$$

$$m_f = m_{ft}/\mu_f = 77.52 \div 0.67 \approx 115.7 (kg)$$

发动机的海平面总冲 I_0 为

$$I_0 = m_{ft} \cdot I_{s0} = 77.52 \times 2290 \approx 177.52 (kN \cdot s)$$

一般地，发动机推力会随工作高度的增加而有所增大。因此，火箭发动机在实际飞行中所产生的总冲 I 不会低于其海平面总冲 I_0。作为设计初值，可选取发动机的总冲为 $I = 180 kN \cdot s$。

发动机海平面推力为

$$F_0 = \bar{F}_0 m_0 g_0 = 13.22 \times 152 \times 9.81 = 19.71 (kN) \approx 20 (kN)$$

若发动机推力值取 20kN，经估算可知，火箭在熄火点的最大轴向过载将大于 20，无法满足火箭轴向过载的设计要求。因此，单推力发动机无法同时满足发射离轨速度和最大轴向过载的要求。解决这一问题的方法是采用单室双推力发动机方案。其第一推力大，持续时间短；第二推力小，持续时间长。这样，既可满足发射离轨速度的要求，又可使最大轴向过载不超限制值。

单室双推力发动机燃烧室装药形式选择内孔燃烧形式。综合考虑发动机总冲要求、固体推进剂燃速及肉厚、火箭横截面载荷 $\bar{G}_0$ 等方面的因素，发动机外径设计初值 D_0 定为

220mm。因此,火箭箭体的外径也初步选为 220mm。

考虑到火箭发射离轨速度的要求,发动机第一推力值取为 20kN,以保证火箭发射离轨速度不低于 35m/s,并使火箭离轨后能够较快地增速。取发动机第一推力值与第二推力值的比值为 2,并考虑发动机总冲的要求,确定出发动机推力特性设计初值如下所示。

第一推力:$F_1 = 20$kN,作用时间 $t_{F_1} = 2$s。

第二推力:$F_2 = 10$kN,作用时间 $t_{F_2} = 14$s。

发动机工作时间:$t_{\mathrm{f}} = 16$s。

综上所述,并经参数协调,确定出气象火箭总体参数设计初值(表 2.2)。

表 2.2　气象火箭总体参数(初值)设计结果

参数	设计结果
火箭起飞质量/kg	152
箭体外径/mm	220
发动机外径/mm	220
发动机总冲/(kN·s)	180
发动机第一推力值/kN	20
第一推力作用时间/s	2
发动机第二推力值/kN	10
第二推力作用时间/s	14
发动机工作时间/s	16

3. 气象火箭弹道参数仿真计算

上述总体参数设计初值所描述的火箭能否满足总体要求中的飞行特性,还需通过弹道仿真计算来验证。为此,应用数值积分方法求解下面的火箭质心平面运动方程(包含动力学方程和运动学方程)。

$$\begin{cases} m\dfrac{\mathrm{d}v}{\mathrm{d}t} = \delta(F) - mg\sin\theta - D \\ mv\dfrac{\mathrm{d}\theta}{\mathrm{d}t} = -mg\cos\theta \\ \dfrac{\mathrm{d}x}{\mathrm{d}t} = v\cos\theta \\ \dfrac{\mathrm{d}y}{\mathrm{d}t} = v\sin\theta \\ \dfrac{\mathrm{d}m}{\mathrm{d}t} = -\dot{m}_{\mathrm{f}} \end{cases} \qquad (2.133)$$

其中

$$\delta(F) = \begin{cases} \dot{m}_{\mathrm{f}}[I_{sv} - (I_{sv} - I_{s0})p_{\mathrm{a}}(h)/p_0], & \text{主动段} \\ 0, & \text{被动段} \end{cases} \qquad (2.134)$$

式中:$\delta(F)$ 为火箭推力值;x 为火箭射程;y 为火箭相对发射点水平面的垂直高度;$h = h_{\mathrm{fs}} + y$(h_{fs}为发射场海拔高度)为海拔高度。

由于火箭飞行的初始状态为发射离轨瞬时的运动状态,因此,积分变量的初值为

$$\begin{cases} v_0 = 35\,\text{m/s} \\ \theta_0 = 85° \\ x_0 = 0 \\ y_0 = 0 \\ m_0' = 149.5\,\text{kg} \end{cases}$$

气象火箭弹道参数仿真计算结果如图 2.10 ~ 图 2.13 所示、如表 2.3 所列。

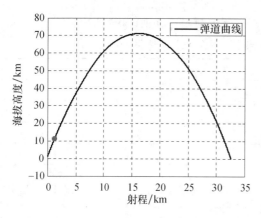

图 2.10　气象火箭弹道曲线　　　　图 2.11　气象火箭弹道倾角(速度倾角)曲线

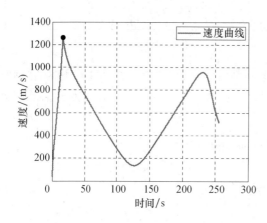

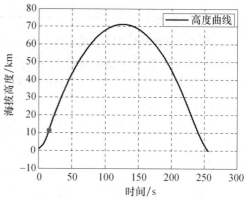

图 2.12　气象火箭速度曲线　　　　　图 2.13　气象火箭高度曲线

表 2.3　气象火箭弹道参数表

时间 /s	质量 /kg	速度 /(m/s)	弹道倾角 /(°)	海拔高度 /km	射程 /km	轴向 过载	说明
0	152	0	85	1	0	0	发动机点火
0.283	149.5	35.3	85	1	0	13.9	火箭离轨起飞
2	134.7	260.8	84.2	1.25	0.025	15.3	火箭轴向过载达到最大值
16	74	1264	82.7	11.3	1.23	12.4	发动机熄火
126.5	74	134.9	0	71.2	16.4	0	火箭飞至弹道顶点

弹道仿真计算结果表明,火箭发射离轨速度为 35.3m/s,弹道顶点高度为海拔 71.2km(>70km),最大飞行速度为 1264m/s(Ma 为 4.28),最大轴向过载为 15.3(<20),熄火点弹道倾角为 82.7°,熄火点高度为海拔 11.3km,射程为 1.23km。弹道参数可以满足总体设计要求。因此,表 2.3 中的参数可以作为气象火箭总体参数的设计初值。

气动、发动机、结构等分系统设计人员应根据上述设计初值,结合箭上有效载荷及设备的要求,进行发动机和箭体结构方案初步设计,完成火箭气动特性计算,并将设计计算修正值反馈给总体设计人员。总体设计人员依此再对总体设计参数进行分析、修正和仿真验证。如此反复,直至全部总体参数收敛至一个相对最优且能够工程实现的设计方案。

2.6.2　小型飞航式火箭总体参数设计与分析

本小节以某型教学实验用小型飞航式火箭为背景,通过设计实例,说明如何确定小型可控固体火箭总体参数的设计初值。

1. 小型飞航式火箭总体设计要求

小型飞航式火箭是用于教学实验的简易可控火箭。其飞行任务是在有限的实验场地范围内,通过飞行控制,实现火箭平飞运动,并利用降落伞回收火箭残骸。

教学实验火箭是低成本、高可靠性火箭。其箭上设备均为现有成熟产品。设计人员应通过总体设计与设备集成,完成火箭的研制。该火箭总体设计要求如下:

(1)火箭起飞质量为 60kg;

(2)采用单级固体火箭,以倾斜发射方式发射,通过飞行控制,实现平飞;

(3)火箭发射离轨速度 30～35m/s;

(4)火箭发射导轨有效滑行长度为 5m;

(5)火箭发射场地海拔高度为 0m;

(6)火箭平飞段的飞行距离不小于 800m,飞行高度不低于 350m;

(7)火箭残骸利用降落伞回收,残骸物着陆速度不大于 15m/s;

(8)在不打开降落伞的情况下,火箭总射程不大于 2500m;

(9)发动机地面比冲为 2000N·s/kg;

(10)火箭控制系统的执行机构为空气舵;

(11)为保证舵系统的结构安装,火箭外径为 200mm;

(12)火箭主动段最大轴向过载不超过 15;

(13)火箭的气动外形采用"尖锥头 + 水平翼 + X 形尾舵"式布局(图 2.14)。

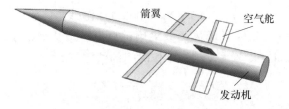

图 2.14　小型飞航式火箭气动外形示意图

2. 小型飞航式火箭总体参数设计初值的计算与选取

火箭熄火点速度 v_k 的估算值,仍可利用真空均匀重力场中抛物线弹道计算公式求

得。根据理论力学知识,当抛物线弹道的初始弹道倾角为45°时,射程达到最大。最大射程 x_{Dmax} 的表达式为

$$x_{Dmax} = \frac{v_0'^2}{g} \tag{2.135}$$

式中: v_0' 为抛物线弹道的初始速度。

根据小型飞航式火箭弹道设计要求,可取上述抛物线弹道的最大射程 $x_{Dmax} = 2500m$,进而解出抛物线弹道初始速度:

即

$$v_0' = \sqrt{x_{Dmax}g} = \sqrt{2500 \times 9.8} \approx 156.5(m/s)$$

考虑到火箭实际飞行弹道是有平飞段、带攻角的方案弹道,而非抛物线弹道,以及空气阻力和发射仰角对火箭射程的影响,故需要增大 v_0' 的数值,以满足实际弹道设计要求。假设 v_0' 需增大15%才能满足设计要求,由此得到火箭熄火点速度 v_k 的估算值为

$$v_k = 1.15 v_0' = 180m/s$$

由于火箭发射时,其在发射导轨上的滑行时间非常短,因此,在初步设计计算时,可以忽略火箭在轨滑行时质量变化的影响。同时,假设在轨滑行时发动机推力为常数。这样,火箭在发射导轨上的滑行就为等加速运动。其滑行加速度 a 为常数,即

$$a = \left(\frac{F}{m_0 g} - \sin\varphi\right)g \tag{2.136}$$

式中: F 为发动机推力; φ 为发射仰角。

而导轨有效滑行长度 L 与火箭发射离轨速度 v_0 之间应满足以下关系式:

$$v_0 = \sqrt{2\left(\frac{F}{m_0 g} - \sin\varphi\right)gL} \tag{2.137}$$

取发射仰角 $\varphi = 60°$,离轨速度 $v_0 = 32.5m/s$,得到发动机推力为

$$F = m_0 g\left(\frac{v_0^2}{2gL} + \sin\varphi\right) = 60 \times 9.8 \times \left(\frac{32.5^2}{2 \times 9.8 \times 5} + \sin 60°\right) \approx 6847(N)$$

利用数值积分方法,求解常微分方程组(2.46)(积分变量初值 $v_0 = 32.5m/s$, $\theta_0 = 60°$, $x_0 = 0$, $y_0 = 0$),得到火箭飞行速度达到 $v_k = 180m/s$ 时的熄火点有效推进剂质量比为

$$\mu_k = 0.093$$

那么,火箭发动机推进剂质量为

$$m_{ft} = \mu_k m_0 = 0.093 \times 60 = 5.58(kg)$$

发动机总冲为

$$I = m_{ft}I_s = 5.58 \times 2000 = 11.16(kN \cdot s)$$

为降低火箭成本,发动机的固体装药采用可自由装填的多根实心棒料,并在棒料前、后加装挡药板,用以固定装药。发动机工作时间的估算值为

$$t_f = \frac{I}{F} = \frac{11160}{6847} \approx 1.63(s)$$

对于固体装药采用自由装填实心棒料的小型发动机来说,其质量比一般较低。假设质量比 $\mu_f = 0.4$,则发动机质量为

$$m_f = \frac{m_{ft}}{\mu_f} = \frac{5.58}{0.4} = 13.95(kg)$$

设火箭的轴向气动力为 D_a,那么主动段的最大轴向过载为

$$(n_{xt})_{max} = \frac{F - D_a}{(m_0 - m_{ft})g} < \frac{F}{(m_0 - m_{ft})g} = \frac{6847}{(60 - 5.58) \times 9.8} \approx 12.84$$

满足最大轴向过载不超过 15 的设计要求。

发动机熄火后,火箭做无动力飞行,并按预设弹道实现等高平飞。在火箭的平飞段,其气动升力应与重力相等,即

$$qC_Y A = G \tag{2.138}$$

因此

$$C_Y = \frac{G}{qA} \tag{2.139}$$

式中:q 为动压;C_Y 为升力系数;A 为火箭特征面积。

假设在火箭平飞段,攻角 α 和空气舵俯仰舵偏角 δ_z 均比较小,那么升力系数可表示为

$$C_Y = C_{Y0} + \frac{\partial C_Y}{\partial \alpha}\alpha + \frac{\partial C_Y}{\partial \delta_z}\delta_z \tag{2.140}$$

式中:C_{Y0} 为攻角 α 和俯仰舵偏角 δ_z 均为零时的升力系数,在初步设计时,可采用工程计算的方法给出升力系数 $C_Y(\alpha, \delta_z)$ 的估算值。

火箭做定高平飞时,其弹道倾角 θ 应为零,相对预定平飞高度的高度变化量 Δh 也应为零。当这两个量不为零时,就需要偏转空气舵,操控火箭姿态,使火箭保持定高平飞状态。因此,俯仰舵偏角可表示为

$$\delta_z = K_{\Delta\theta}\Delta\theta + K_{\Delta h}\Delta h \tag{2.141}$$

式中:$K_{\Delta\theta}$、$K_{\Delta h}$ 为控制系统中的偏差信号放大系数。

火箭发射后,需通过程序转弯进入平飞弹道。因此,在火箭的爬升段中,需对弹道倾角 θ 进行控制。对于小型飞航式火箭,可取爬升段程序控制时的弹道倾角变化规律为

$$\theta = (\theta_1 - \theta_2)e^{-\frac{t - t_1}{K}} + \theta_2 \quad (t_1 \leqslant t < t_2) \tag{2.142}$$

式中:θ_1 为转弯启控点弹道倾角;θ_2 为转弯控制结束点应达到的弹道倾角;K 为控制参数;t_1,t_2 分别为控制弹道倾角的起始时间和终止时间。

火箭完成平飞段飞行后,需利用降落伞进行残骸物回收。物 – 伞系统平衡下落时应满足以下关系式:

$$\frac{1}{2}\rho v_s^2 C_s A_s = G \tag{2.143}$$

式中:ρ 为空气密度;v_s 为物 – 伞系统平衡落速;C_s 为降落伞阻力系数;A_s 为降落伞特征面积。

假设火箭残骸物着陆速度为 15m/s,降落伞伞形选为圆锥形伞,其阻力系数 C_s 为 0.75,则降落伞的特征面积为

$$A_s = \frac{2G}{\rho v_s^2 C_s} = \frac{2 \times (60 - 5.58) \times 9.8}{1.225 \times 15^2 \times 0.75} \approx 5.16 \, (m^2)$$

综上所述,可确定出小型飞航式火箭总体参数(初值)设计结果,如表 2.4 所列。

表 2.4 小型飞航式火箭总体参数(初值)设计结果

参数	设计结果
起飞质量/kg	60
箭体外径/mm	200
发动机质量/kg	13.95
发动机装药量/kg	5.58
发动机总冲/(kN·s)	11.16
发动机推力/N	6847
降落伞特征面积/m^2	5.16

3. 小型飞航式火箭弹道参数仿真计算

根据总体设计要求,进行弹道仿真计算与设计。选取合适的弹道控制规律,应用数值积分方法求解小型飞航式火箭的质心平面运动方程,可以得到火箭的飞行弹道参数。

1)火箭定高平飞仿真计算结果

火箭倾斜发射,通过程序转弯,进入定高平飞状态。平飞段结束后,弹出降落伞,回收火箭残骸。不同发射仰角下的火箭平飞弹道曲线如图 2.15 所示。弹道仿真计算结果表明,发射仰角 55°的弹道可以满足总体设计要求。

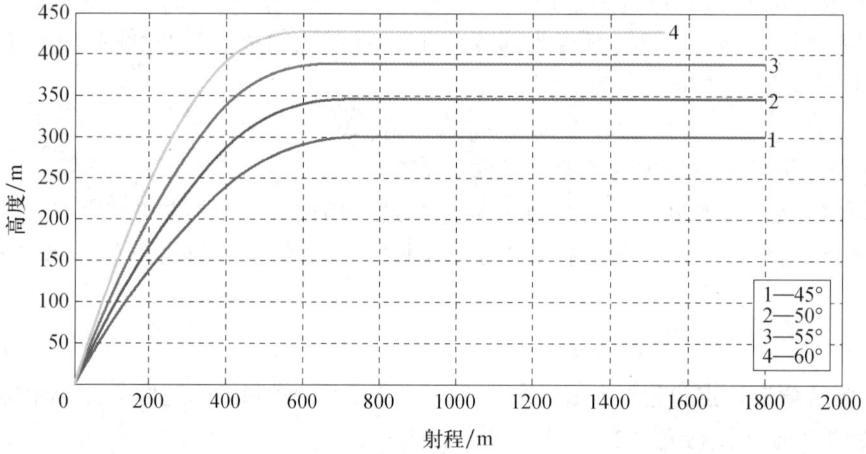

图 2.15 不同发射仰角下的小型飞航式火箭平飞段弹道曲线

2)火箭无控飞行仿真计算

若箭上控制系统在发射试验中出现故障,使火箭做不开伞的无控飞行,则需了解火箭的总射程,以便确定发射试验的安全区范围。

小型飞航式火箭无控飞行的弹道曲线如图 2.16 所示。弹道仿真计算结果表明,火箭的最大射程为 2500m,可以满足总体设计要求。

经弹道参数仿真计算验证,表 2.4 中的参数可以作为小型飞航式火箭总体参数的设计初值。控制、气动、发动机和结构等分系统设计人员可根据上述设计初值,结合教学发射试验的具体要求,进行技术方案的初步设计,通过多轮迭代设计,最终完成小型飞航式火箭总体参数分析与设计。

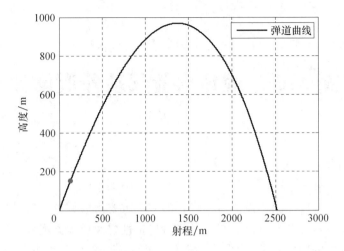

图 2.16　发射仰角为 55°的小型飞航式火箭无控飞行弹道曲线

思考题

1. 简述固体火箭总体设计的主要技术要求和使用要求。
2. 简述固体火箭总体设计的主要阶段及内容。
3. 固体火箭主动段造成速度损失的主要因素有哪些?
4. 简述火箭总体主要相对量参数及其含义,并分析其对火箭总体性能的影响规律。
5. 试推导相对量表示的多级火箭起飞质量表达式。

参考文献

[1]张晓今,张为华,江振宇. 导弹系统性能分析[M]. 北京:国防工业出版社,2013.

第3章　固体火箭气动外形设计

3.1　概述

气动外形设计是固体火箭总体方案设计的一个重要组成部分。气动外形设计直接影响固体火箭的弹道特性、结构静动力特性、飞行稳定性以及总体方案和参数。气动外形设计需解决两个方面的问题:一是依据火箭总体性能要求,确定气动外形;二是预测火箭的气动特性,包括各种气动系数、压力分布和箭体表面温度分布,为火箭性能计算和结构、控制系统设计提供依据。

火箭总体方案设计阶段,用于气动特性分析的常用手段有工程计算、数值计算和风洞试验。其中,工程计算方法是在研究空气运动规律的基础上,建立简化的数学模型,形成控制方程,在一定假设条件下,推导得到问题的解析解或简化解,或通过大量试验、经验数据整理出相关计算公式和图线。数值计算方法是采用数值求解方法求解空气动力基本方程,获取各种条件下空气运动的数据和作用在火箭上的载荷、力矩、流动图画等。风洞试验通过试验设备直接测量空气运动参数,获取压力、载荷、力矩等相关数据。在总体方案设计阶段,火箭外形和气动特性依赖于其他分系统方案,如有效载荷尺寸、推进系统方案和发射装置等,设计师需要针对大量可行方案快速准确地预测气动特性。因此,在此阶段的气动设计中,一般以工程计算或数值计算结果为基础,运用风洞试验对外形参数和气动特性进行检验和修正,最后确定火箭的气动外形,给出气动特性[1]。

本章主要介绍工程计算方法。

3.2　箭体外形设计及气动特性计算

箭体外形一般由若干锥面和柱面组合而成。箭体的长细比、直径、锥面和柱面的轴向布局、锥面的角度以及箭体表面粗糙度和凸出物等外形特征均与箭体的气动特性有关。这种影响涉及法向力、轴向力和它们的轴向分布、箭体表面的热流密度分布以及火箭稳定性。因此箭体外形设计和火箭总体设计、结构设计紧密相关。本章中所述的"箭体"是指包括火箭头部在内的火箭箭体全部组合[2]。

3.2.1　箭体气动外形设计的考虑因素

火箭的箭体外形一般呈细长的旋成体。单级火箭箭体通常由箭头、圆柱段及尾段三部分组成。为了提高火箭的飞行速度和高度,也可在单级火箭箭体末端加连不同直径的助推器,形成多级火箭,如图3.1所示。

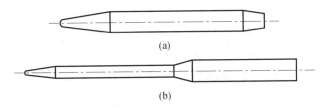

图 3.1 火箭箭体外形示意图

(a)单级火箭箭体;(b)两级火箭箭体。

1. 箭头及圆柱段

火箭头部外形有多种选择,包括锥形、尖拱形、椭圆形、抛物线形和冯·卡门形等,如图 3.2 所示。在火箭头部外形设计中,除了应满足装载有效载荷要求外,必须考虑减小阻力、避免烧蚀、改善结构强度、便于加工制造以及为提高无控火箭的静稳定性而使箭头产生的升力不宜过大等综合因素。

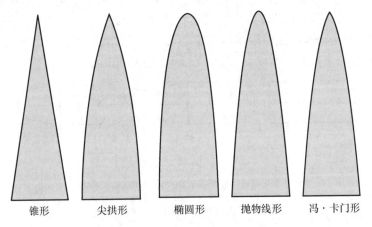

锥形　　　尖拱形　　　椭圆形　　　抛物线形　　　冯·卡门形

图 3.2 火箭头部外形示意图

火箭的阻力包括压差阻力和摩擦阻力。在亚声速飞行时,摩擦阻力在火箭总阻力中占极大比例,而在超声速飞行时,压差阻力却远大于摩擦阻力。火箭头部的压差阻力大小取决于头部长细比、端头钝度比与头部母线形状。在相同头部、底部直径下,增大长细比、减小端头钝度均能减小压差阻力。对头部母线形状而言,在亚声速时,曲线头部的压差阻力(这里不包括底部压差阻力,简称"底阻")较小,其原因是在相同的长细比下,曲线头部顶角显然大于锥形头部,在端头附近的压差阻力较大,然而曲线头部的母线斜率是变化的,气流的膨胀使阻力又趋于减小,且后者作用明显。在超声速飞行时,随着马赫数的增加,接近头部末端的物体侧表面上的空气动力作用降低,头部压差阻力大小取决于头部锥角,锥角大则压差阻力大,反之则相反。总之,在相同的头部长细比情况下,锥形头部一般具有较好的阻力特性。

选择最小阻力的火箭头部外形是气动研究设计人员感兴趣的问题,如著名的空气动力学家冯·卡门在给定旋成体长度和底面积的条件下,经过理论分析提出了最小压差阻力(不含底阻)的头部外形,该外形定名为卡门头部。此外,其他学者在另外约束条件下也确定了最小头部阻力的外形。因此选择最佳头部外形是相对的,需根据实际情况而定。

由理论分析可知,当气流以小攻角对旋成体做非对称绕流时,火箭圆柱段的法向力为零。但试验表明,在超声速飞行时,靠近头部的圆柱部分也会产生一定的升力效应,一旦攻角增大,横流效应更加显著。因此,攻角量值、箭体直径和长度均能直接影响箭体升力效应、气动力布局和压力中心位置的变化。一般来说,箭体圆柱段法向力增加使压力中心后移。

在火箭跨声速飞行时,在箭头 - 圆柱段横截面剧变的部位,逆压梯度引起的气流分离以及激波振荡、激波 - 边界层的干扰等往往会产生严重的非定常脉动压力,它可能引起箭体局部区产生很大的抖振与噪声载荷。而这样的非定常载荷难以从理论上给出可靠数据,需依靠风洞试验来确定。为减小这种非定常载荷,一般火箭头部和裙部的半锥角取小于 15°为宜,且凸出物应设置在远离箭体肩部的圆柱面上。

2. 尾段

尾段外形的变化能让尾段压差阻力有较大差异。图 3.3 表示了三种典型的火箭尾段,其中柱形尾段的底阻较大,因为在拐角附近气流突然膨胀会使空气稀薄程度显著增加。为了减小阻力,常将尾段设计成收缩裙状,此时尾段上的法向力为负值,尽管这个负法向力并不大,但是仍有可能使箭体压力中心明显前移,减小了火箭的静稳定性,有时只得增大稳定翼面积来补偿。所以,在选择收缩裙的裙锥角时应综合分析其利弊。

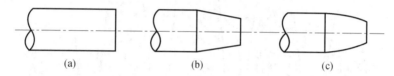

图 3.3　典型火箭尾段

(a)柱形尾段;(b)锥形收缩尾段;(c)曲线形收缩尾段。

3.2.2　箭体升力

理论和试验研究表明,气流在以攻角 α(以度计)绕流箭体时,其升力主要产生于箭体头部。单独箭体的升力系数可表示为

$$C_{L \cdot B} = C_{N \cdot B}\cos\alpha - C_{A \cdot B}\sin\alpha \tag{3.1}$$

式中:$C_{N \cdot B}$为单独箭体法向力系数;$C_{A \cdot B}$为单独箭体轴法向力系数。

1. 箭体头部法向力

当气流以攻角 α 流经箭体时(图 3.4),横向流 $v_\infty \sin\alpha$ 绕流箭体产生了法向力。

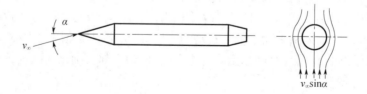

图 3.4　有攻角的绕流箭体

由于头部是尖锐的光滑母线的旋成体,试验证明接近头部的附面层基本不分离,因此法向力可以用理想流体理论计算。根据细长体理论,相对于最大截面积而言的头部法向

力系数为

$$C_{\mathrm{N}\cdot\mathrm{n}} = \sin 2\alpha$$

当为小攻角时,其法向力系数对攻角的导数(在 $\alpha = 0°$ 处)近似为

$$C_{\mathrm{N}\alpha\cdot\mathrm{n}} = \left(\frac{\partial C_{\mathrm{N}\cdot\mathrm{n}}}{\partial\alpha}\right)_{\alpha=0°} \approx \frac{2}{57.3} \approx 0.035$$

试验表明,在超声速时,紧接着头部后面 2 ~ 3 倍直径的圆柱段上也产生部分法向力,所以头部的法向力系数可表示为半经验公式:

$$C_{\mathrm{N}\cdot\mathrm{n}} = 57.3 C_{\mathrm{N}\alpha\cdot\mathrm{n}}\sin\alpha\cos\alpha$$

式中的 $C_{\mathrm{N}\alpha\cdot\mathrm{n}}$ 实际为加上圆柱段法向力影响的头部法向力系数导数,该值取决于头部和圆柱段的长细比与来流马赫数。

2. 扩张锥裙法向力

扩张锥裙的法向力系数导数 $C_{\mathrm{N}\alpha\cdot\mathrm{f}}$,可按图 3.5 所示的假想锥外形参数,并用锥形头部的相同方法计算假想锥法向力系数导数 $C_{\mathrm{N}\alpha\cdot\mathrm{ns}}$,然后应用下式计算近似值:

$$C_{\mathrm{N}\alpha\cdot\mathrm{f}} = C_{\mathrm{N}\alpha\cdot\mathrm{ns}}\left[1 - \left(\frac{d_{\mathrm{B}}}{d_{\mathrm{B}\tau}}\right)^2\right] \tag{3.2}$$

式中: $C_{\mathrm{N}\alpha\cdot\mathrm{ns}}$ 为假想锥的法向力系数导数/(°); d_{B} 为主火箭的箭体直径(m); $d_{\mathrm{B}\tau}$ 为火箭助推器的直径(m)。

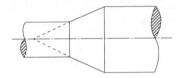

图 3.5　扩张裙的假想锥

如果裙部离头部很近,在进行截锥法计算时,应取用头部激波后的马赫数替代来流马赫数。在小攻角情况下,为便于计算,可以认为 $C_{\mathrm{N}\alpha\cdot\mathrm{f}} \approx C_{\mathrm{L}\alpha\cdot\mathrm{f}}$。

$$C_{\mathrm{N}\cdot\mathrm{f}} = -\sin 2\alpha\left[1 - \left(\frac{d_{\mathrm{b}}}{d_{\mathrm{B}}}\right)^2\right] \tag{3.3}$$

式中: d_{b} 为收缩锥裙底部直径(m)。

考虑到尾段边界层增厚和气流分离的影响,引入经验修正系数 ξ, ξ 值近似为 0.15 ~ 0.20。显然, ξ 值取决于雷诺数、马赫数、尾部形状以及有无尾翼等因素,于是式(3.3)变为

$$C_{\mathrm{N}\cdot\mathrm{f}} = -\xi\sin 2\alpha\left[1 - \left(\frac{d_{\mathrm{b}}}{d_{\mathrm{B}}}\right)^2\right] \tag{3.4}$$

3. 黏性法向力

气流以大攻角绕流箭体时,因黏性影响在箭体背风面将发生边界层分离现象,计算箭体法向力系数时必须考虑黏性修正,此黏性引起的法向力系数可用如下经验公式表示:

$$C_{\mathrm{N}\cdot\mathrm{v}} \approx 0.624 f^2 C_{\mathrm{Dc}}\sin^2\alpha\tan\alpha$$

式中: f 为箭体细长比; C_{Dc} 为横向气流绕过圆柱体的阻力系数,在湍流边界层时取 0.35,在层流边界层时取 1.2。

4. 箭体总升力

组合前述各部分法向力系数即可得到 $C_{N \cdot B}$，代入式（3.1）得到单级火箭箭体升力系数表达式

$$C_{L \cdot B} = \left\{ 57.3 C_{N\alpha \cdot n} - 2\xi \left[1 - \left(\frac{d_b}{d_B} \right)^2 \right] \right\} \sin\alpha\cos^2\alpha + 0.624 f^2 C_{Dc} \sin^3\alpha - C_{A \cdot B} \sin\alpha \quad (3.5)$$

当 α 趋向于 $0°$ 时，其升力系数导数为

$$C_{L\alpha \cdot B} = C_{N\alpha \cdot n} - 0.035 \xi \left[1 - \left(\frac{d_b}{d_B} \right)^2 \right] - 0.0175 C_{A \cdot B} \quad (3.6)$$

式（3.6）可近似以箭体零攻角阻力系数 $C_{D0 \cdot B}$ 代之。所述的系数及其导数的参考面积为箭体最大横截面积 S_B。上述公式在攻角 α 小于 $0° \sim 80°$ 时也能近似适用。

对于两级火箭，只需在式（3.5）中用扩张裙法向力系数替代等式右边的收缩裙项，修正长细比 f 值就可得到箭体升力系数表达式，这里不再赘述。

3.2.3 箭体压力中心

由细长体理论可知，在小攻角时箭头压力中心距头部顶端的距离为

$$x_{cp \cdot n} = l_n - \frac{V_n}{S_n} \quad (3.7)$$

式中：l_n 为头部长度（m）；V_n 为头部体积（m³）；S_n 为头部最大横截面积（m²）。

对于细长圆锥形头部压力中心为

$$x_{cp \cdot n} = \frac{2}{3} l_n \quad (3.8)$$

当头部锥角较大时，其压力中心应由下式计算：

$$x_{cp \cdot n} = \frac{2}{3} \sec^2 \theta_c l_n \quad (3.9)$$

式中：θ_c 为圆锥形头部半锥角（°）。

试验表明，随着马赫数增大，箭体压力中心位置后移，箭体圆柱段长细比越大，压力中心后移量越大。考虑上述马赫数和箭体圆柱段长细比的关系，可按下式计算带有圆柱段的箭体压力中心位置：

$$x_{cp \cdot B} = \left(\frac{2}{3} \sec^2 \theta_c + \frac{\Delta x_{cp}}{l_n} \right) l_n \quad (3.10)$$

式中：Δx_{cp} 为圆柱段引起的压力中心后移植，其相对后移值 $\Delta x_{cp}/l_n$ 由图 3.6 确定。

按上述相同的处理方法，可得二次抛物线头部加圆柱段压力中心位置的近似表达式

$$x_{cp \cdot B} = \left(0.533 + \frac{\Delta x_{cp}}{l_n} \right) l_n \quad (3.11)$$

式中，$\Delta x_{cp \cdot B}$ 从箭体顶端算起。

扩张锥裙的压力中心可近似取其子午面的面心：

$$x_{cp \cdot f} = \frac{l_f}{3} \left(1 + \frac{1}{1 + \frac{d_B}{d_{B\tau}}} \right) l_n \quad (3.12)$$

式中：l_f 为扩张锥裙长度（m）；$x_{cp \cdot f}$ 为扩张锥裙的压力中心位置，它从锥裙前端截面算起。

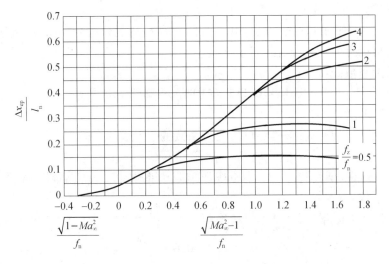

图 3.6　头部压力中心相对后移值

注:f_n 为箭体头部长细比;f_z 为圆柱段长细比。

收缩锥裙的压力中心近似取在裙长的中点,即

$$x_{cp \cdot f} \approx 0.5 l_f$$

由黏性引起的法向力的压力中心近似取箭体全长的中点,即

$$x_{cp \cdot v} \approx 0.5 l$$

3.2.4　箭体阻力

火箭箭体的阻力系数由零攻角阻力系数 $C_{D0 \cdot B}$ 和攻角引起的阻力系数 $C_{Di \cdot B}$ 两部分组成,其一般式为

$$C_{D \cdot B} = C_{D0 \cdot B} + C_{Di \cdot B} \tag{3.13}$$

1. 箭体零攻角阻力

假设箭体为光滑的旋成体,由于轴对称的原因,当攻角为零时旋成体只受到轴向力的作用,此时轴向力即为零攻角阻力。

1)亚声速阻力

以亚声速飞行的旋成体零攻角阻力系数可由下式近似计算:

$$C_{D0 \cdot B} = C_{D0f \cdot B} + C_{Db} \tag{3.14}$$

按修正平板计算公式近似计算旋成体的摩擦阻力系数,其由两种流态分别确定。

当全部为层流边界层时,有

$$C_{D0f \cdot B} = \frac{1.328}{\sqrt{Re}} (1 + 0.03 Ma_\infty^2)^{-\frac{1}{3}} \frac{S_\sigma}{S_B} \tag{3.15}$$

当全部为湍流边界层时,有

$$C_{D0f \cdot B} = \frac{0.455}{(\log Re)^{2.58}} (1 + 0.12 Ma_\infty^2)^{-0.5} \frac{S_\sigma}{S_B} \tag{3.16}$$

式中:Re 为雷诺数$\left(Re = \dfrac{\rho_\infty v_\infty l}{\mu_\infty}\right)$,其中,$\rho_\infty$ 为气流密度(kg/m^3),μ_∞ 为空气黏性系数($Pa \cdot s$),

v_∞ 为气流速度(m/s);S_σ 为箭体侧表面积(m^2)。

火箭在飞行中,通常流态为层流和湍流同时存在的混合边界层,且层流区并不大,因此在计算时可以近似作为湍流状态来定值。

底部阻力系数的计算式为

$$C_{\text{Db}} = 0.115 + (10Ma_\infty - 2)^3 \times 10^{-4} \tag{3.17}$$

2)超声速阻力

以超声速飞行的旋成体,其零攻角阻力系数的一般表达式为

$$C_{0 \cdot \text{B}} = C_{\text{DP} \cdot \text{n}} + C_{\text{DP} \cdot \text{t}} + C_{\text{Db}} + C_{\text{D0f} \cdot \text{B}} \tag{3.18}$$

式中:$C_{\text{DP} \cdot \text{n}}$ 为头部波阻系数;$C_{\text{DP} \cdot \text{t}}$ 为尾段压差阻力系数;C_{Db} 为底部阻力系数;$C_{\text{D0f} \cdot \text{B}}$ 为箭体摩擦阻力系数。

锥形头部的波阻系数,由锥形流精确理论的数据整理后得到下面近似公式:

$$C_{\text{DP} \cdot \text{n}} = \bar{P} = \left(0.0016 + \frac{0.002}{Ma_\infty^2}\right)\theta_{\text{c}}^{1.7} \tag{3.19}$$

式中:$\bar{P}$ 为锥面压力系数。

抛物线形头部波阻系数由下式求得

$$C_{\text{DP} \cdot \text{n}} = 0.3(1 + 2Ma_\infty)/(f_{\text{n}}^2 \sqrt{Ma_\infty^2 - 1}) \tag{3.20}$$

式中:f_{n} 为头部长细比。

上述两种头部波阻系数也可从图 3.7 查得。

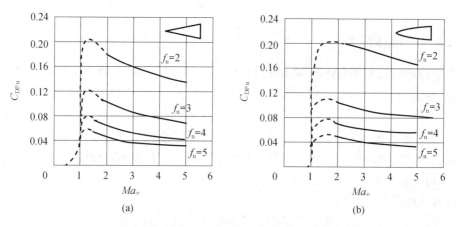

图 3.7 锥形与抛物线形头部波阻系数

(a)锥形头部;(b)抛物线形头部。

锥形收缩尾部的压差阻力系数,可利用式(3.19)做截锥法处理后,得到下列近似计算公式:

$$C_{\text{DP} \cdot \text{t}} = \left(0.0016 + \frac{0.002}{Ma_\infty^2}\right)\theta_{\text{c}}^{1.7}\left[1 - \left(\frac{d_{\text{b}}}{d_{\text{B}}}\right)^2\right] \tag{3.21}$$

箭体底部阻力是指底部的空气稀薄区所形成的压差阻力,在箭体尾部不收缩时,其经验计算公式为

$$C_{\text{Db}} = 0.255 - 0.135\ln Ma_\infty \quad (1.1 \leqslant Ma_\infty < 5) \tag{3.22}$$

若尾部装有稳定翼则底部阻力增大,附加的底阻按下列公式计算:

$$\Delta C_{\mathrm{Db}} = n \frac{t_{\mathrm{p}}}{C_{\mathrm{r}}} \left(\frac{0.825}{Ma_{\infty}^2} - \frac{0.05}{Ma} \right) \tag{3.23}$$

式中：n 为稳定翼的片数；t_{p} 为翼型厚度（m）；C_{r} 为稳定翼根弦长（m）。

前述底部阻力计算式均适用于底部无喷流的情况。在有喷流时，喷流的引射作用将导致底部环形旋涡分成内、外两个旋涡。内部旋涡旋转方向和无喷流时旋涡流动方向相反，使底部径向压力分布有很大变化，底部阻力也因此发生变化，目前此部分的可靠数据主要来自根据底部外流和喷流条件的风洞试验结果。在方案设计时可近似认为底部压力仅作用于扣除喷口面积的底部环形区上。

超声速的摩擦阻力可按式(3.15)、式(3.16)计算。

2. 箭体诱导阻力

所谓诱导阻力，可近似认为法向力在未扰动的来流方向上的投影。在小攻角时，诱导阻力系数的量值取决于法向力系数与攻角的乘积，并由下式确定

$$C_{\mathrm{Di} \cdot \mathrm{B}} = C_{\mathrm{N} \cdot \mathrm{B}} \alpha$$

试验表明，当攻角不为零度时，箭体除了由法向力产生的诱导阻力外，还应考虑在收缩尾部由边界层厚度增加和气流分离使法向力减小所引起的诱导阻力损失。在攻角大于 4° 时，还需考虑由黏性气体的横向分量绕流旋成体而引起的附加法向力影响，它导致诱导阻力增值。于是箭体诱导阻力系数的计算式为

$$C_{\mathrm{Di} \cdot \mathrm{B}} = (1 + \xi) \left\{ 57.3 C_{\mathrm{N}\alpha \cdot \mathrm{n}} - 2\xi \left[1 - \left(\frac{d_{\mathrm{b}}}{d_{\mathrm{B}}} \right)^2 \right] \right\} \sin^2\alpha\cos\alpha + 0.624 f^2 C_{\mathrm{Dc}} \sin^3\alpha\tan\alpha$$

$$\tag{3.24}$$

式中：ξ 为由试验得到的修正系数；

当 $Ma_{\infty} > 1.2$ 时，$\xi \approx \dfrac{1.5}{1 + f_{\mathrm{n}}}$；当 $Ma_{\infty} \approx 0.2$ 时，$\xi \approx -0.2$。

式中：ξ 为经验修正系数，取值同式(3.4)。

3.3　稳定翼外形设计及气动计算

3.3.1　火箭静稳定性

对于具有稳定飞行性能的火箭，当其纵轴偏离飞行方向，即出现攻角时，应该产生一个恢复力矩。气动稳定火箭飞行稳定性的获得，取决于选择合适的外形，使火箭压心位于质心之后。由于气动力与攻角成比例，任何一个偏向都将产生一个力矩，使火箭纵轴恢复到正确状态，这种火箭我们认为具有静稳定性。

依据经验，通常设计合理的无控制火箭静稳定度变化范围为 7% ~ 15%。火箭刚飞离发射架时，静稳定度宜略大于 10%，在高马赫数飞行时静稳定度可低于 10%。无控制火箭的稳定性依靠稳定翼来保证。火箭稳定翼在箭体上的布置形式如图 3.8 所示，一般有三种形式：对称的四片翼（又称十字翼）、均匀分布的三片翼及环形翼。其中十字翼使用广泛，本节仅对十字翼进行讨论。本书所述的稳定翼均指单独翼，它由对称的两片翼面并合而成。

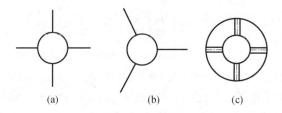

图 3.8　稳定翼装置形式
(a)四片翼；(b)三片翼；(c)环形翼。

3.3.2　稳定翼气动外形设计的考虑因素

稳定翼的设计应在保证火箭静稳定度要求的前提下,合理选取具有高升阻比、能产生所需的稳定力矩的稳定翼面。过大的翼面虽能产生大的稳定力矩,却不能达到预期的良好稳定效果,因为力矩过大将造成长时间的攻角衰减过程,从而影响火箭飞行性能。

稳定翼平面形状的选取主要取决于火箭飞行速度,同时还和箭体升力分布及总体结构布置有关。如图 3.9 所示,稳定翼的平面形状大致分为三角形、矩形、梯形、缺角三角形及后掠形等。

空气流动方向

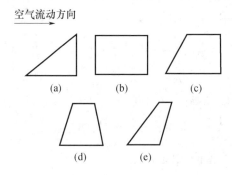

图 3.9　稳定翼平面形状
(a)三角形；(b)矩形；(c)梯形；(d)缺角三角形；(e)后掠形。

三角形稳定翼的主要优点是,可充分按照超声速性能的要求降低展弦比和相对厚度,而不致引起结构上的困难;其另一特点是翼面升力效率高,压力中心随马赫数变化的影响很小。在亚声速时,压力中心在距翼根弦前缘的 52% ~62% 处,在超声速时,压力中心在距翼根弦前缘的 65% ~67% 处,因此较容易满足火箭纵向稳定性要求。其缺点是在限定翼根弦和翼展条件下,它的翼面面积比其他翼面形状的小。

矩形稳定翼的主要优点是,在相同展弦比条件下具有最大的翼面面积,从而产生较大的升力。此外,还有在高超声速飞行时阻力小和在大攻角飞行时气流不易分离的特点。其缺点是压力中心随马赫数变化的影响很大,在亚声速飞行时其压力中心距翼根弦前缘点仅约25%的弦长距离,而在超声速时其压力中心距翼根弦前缘点约50%的弦长距离。

梯形翼的升力效率介于三角翼和矩形翼之间。在限定翼展的条件下,它既能产生较大的升力,又具有三角形翼的压力中心位移较小的特点,因而此种翼面形状常为设计者所采用。

缺角三角形翼外形实际是梯形翼的后缘前掠之翼形,该翼形升力效率略低于梯形翼,其优点是在相同翼展情况下,翼型刚度比梯形翼更好。

后掠翼一般适用于马赫数小于 2 的跨、超声速范围。其最大优点是压力中心比其他翼形相对靠后,但压力中心的相对位移比三角翼大,在大攻角时翼尖气流容易分离,此外结构质量比其他翼形大。

飞行速度不大的火箭宜采用后掠角较小的稳定翼,在相同根梢比条件下展弦比相对要大,使它在亚声速区有较好的气动特性。对于飞行速度大的火箭,为不使火箭在整个飞行过程中压力中心位移过大,宜选用小展弦比的三角翼或梯形翼。火箭稳定翼的翼展不宜超过箭体直径的 2 倍,因为小翼展的翼面在飞行中和箭体的相互干扰能产生较大的附加升力。同时翼展过大,不但刚性差而且会导致结构质量的增加。

火箭稳定翼多采用薄的对称翼剖面,剖面相对厚度不大于 5%,过大的翼剖面厚度不仅增加波阻,同时还增加了火箭的结构质量。

两级火箭通常带有前、后翼,此时后翼处于前翼的下洗流场,使后翼的实际攻角小于原来的气流攻角,前翼对后翼干扰的结果降低了后翼的升力效率。工程计算的分析表明,增加前翼的展弦比,使前翼尾涡远离箭体纵轴可减小下洗影响,或者使前翼尾涡处于远离后翼翼尖的横向位置,也能达到减小下洗影响的效果。必要时,需增大后翼的面积,以提高火箭的稳定性,弥补下洗影响的升力损失。

3.3.3 稳定翼升力

火箭稳定翼的展弦比通常是较小的,应作为有限翼展的三维翼来处理,以便考虑翼端效应。由于火箭正常飞行时攻角较小,且常采用薄的对称的翼剖面形状,因此使用线化理论计算气动特性能接近实际飞行情况。在亚声速区可采用升力面线化理论,此时升力面以一系列不连续的附着涡代替,通过对环量积分求得升力系数。在超声速区通常应用小扰动位流理论,以点源法求得超声速前缘稳定翼的升力系数,以偶极子法求得亚声速前缘稳定翼的升力系数[2]。

当为小攻角时,对称翼剖面的平板翼升力系数为

$$C_{L \cdot w} = C_{L\alpha \cdot w} \cdot \alpha$$

且

$$\frac{C_{L\alpha \cdot w}}{A_W} = f\left(A_W \sqrt{|Ma_\infty^2 - 1|}, A_W \tan\Lambda_{0.5}, \eta_W, A_W \sqrt[3]{\bar{t}_p}\right) \tag{3.25}$$

式中:A_W 为稳定翼展弦比;$\Lambda_{0.5}$ 为稳定翼弦中点连线的后掠角(°);η_W 为稳定翼根梢比;$\bar{t}_p$ 为翼型相对厚度。

稳定翼的升力系数可用下式表示:

$$C_{L \cdot w} = \left(\frac{C_{L\alpha \cdot w}}{A_W}\right) A_W \alpha \tag{3.26}$$

3.3.4 稳定翼压力中心

理论分析表明,应用单独翼理论计算的压力中心作为露出箭体外的稳定翼压力中心是合适的。图 3.10 给出了由线化理论计算的单独翼压力中心系数 $\bar{x}_{cp \cdot w}$,此系数取翼根弦长 C_r 为参考长度(从翼根弦和前缘交点算起)[2]。

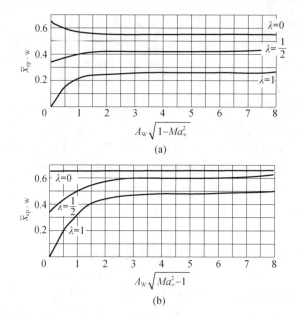

图 3.10 单独翼压力中心

(a)亚声速(后缘无后掠与前掠);(b)超声速(后缘无后掠与前掠)。

3.3.5 稳定翼阻力

稳定翼阻力系数的一般式为[2]

$$C_{D \cdot w} = C_{D0 \cdot w} + C_{Di \cdot w} \qquad (3.27)$$

式中:$C_{D0 \cdot w}$ 为稳定翼零攻角阻力系数;$C_{Di \cdot w}$ 为稳定翼诱导阻力系数。

零攻角阻力系数 $C_{D0 \cdot w}$ 由压差阻力系数 $C_{Dp \cdot w}$ 和摩擦阻力系数 $C_{D0f \cdot w}$ 两部分组成,即

$$C_{D0 \cdot w} = C_{DP \cdot w} + C_{D0f \cdot w}$$

在亚声速时可近似忽略压差阻力。超声速时压差阻力即是稳定翼的厚度波阻,按照有限翼展机翼理论,此波阻系数与马赫数、翼剖面厚度及剖面形状相关。如果稳定翼翼面形状不变而改变翼剖面形状,其波阻系数可以作为菱形剖面翼的波阻系数的函数。十字形稳定翼波阻系数为

$$C_{DP \cdot w} = C_{DP \cdot wd}[1 + \varphi(K - 1)]\frac{2S_W}{S_B} \qquad (3.28)$$

式中:$C_{DP \cdot wd}$ 为菱形剖面稳定翼的波阻系数;φ 为翼面形状辅助修正函数;K 为翼剖面形状系数,由表 3.1 确定。

翼面摩擦阻力系数应按层流边界层和湍流边界层分别计算。

层流边界层时,有

$$C_{D0f \cdot w} = \frac{1.328}{\sqrt{Re}}(1 + 0.03Ma_\infty^2)^{-0.5}\eta_c \frac{4S_W}{S_B} \qquad (3.29)$$

湍流边界层时,有

$$C_{D0f \cdot w} = \frac{0.455}{(\log Re)^{2.58}}(1 + 0.12Ma_\infty^2)^{-0.5}\eta_c \frac{4S_W}{S_B} \qquad (3.30)$$

式中:η_c 为稳定翼厚度修正系数;Re 为按翼面平均弦长计算的雷诺数。

表 3.1　典型翼剖面的 K 值

翼剖面	略图	K 值
菱形		1
四角形		$\dfrac{1}{4\dfrac{x_c}{b}\left(1-\dfrac{x_c}{b}\right)}$
六角形		$\dfrac{1}{1-\dfrac{a}{b}}$
圆弧或抛物线形		$\dfrac{4}{3}$
亚声速翼剖面		$2.5 \sim 4$

由攻角引起的翼面诱导阻力系数,在亚声速时按经验公式计算:

$$C_{\mathrm{Di \cdot w}} = \frac{0.38 C_{\mathrm{L \cdot w}}^2 (A_{\mathrm{W}} + 4\cos\Lambda_{0.5})}{[A_{\mathrm{W}} - 0.8 C_{\mathrm{L \cdot w}}(A_{\mathrm{W}} - 1)](A_{\mathrm{W}} + 4)\cos\Lambda_{0.5}} \frac{S_{\mathrm{W}}}{S_{\mathrm{B}}} \tag{3.31}$$

在超声速时,有

$$C_{\mathrm{Di \cdot w}} = C_{\mathrm{L \cdot w}} \alpha \frac{S_{\mathrm{W}}}{S_{\mathrm{B}}} \tag{3.32}$$

3.4　全箭气动力特性计算

3.4.1　全箭升力

翼 – 体组合的空气动力特性不等于各部件气动力的简单叠加,尤其在升力效应上更为明显。稳定翼对称地安装在箭体上,由于上洗的干扰影响,稳定翼和箭体的连接部分均会产生附加升力。对两级探空火箭而言,在飞行过程中前翼的尾涡对后翼和后箭体产生下洗的干扰影响,于是在后翼和后箭体上附加一个负升力效应。因此,在全箭升力计算中必须考虑上述各项干扰引起的附加升力效应[2]。

1. 有箭体存在时的稳定翼升力

考虑箭体干扰影响的稳定翼升力系数可由下式给出

$$C_{\mathrm{L \cdot W(B)}} = k K_{\mathrm{W(B)}} C_{\mathrm{L \cdot w}} \tag{3.33}$$

式中:k 为考虑箭体对稳定翼效率影响的速度阻滞修正系数($k = 0.85 \sim 0.90$);$K_{\mathrm{W(B)}}$ 为有箭体存在时,对前翼升力影响的干扰因子。

按照细长体理论并考虑经验修正的 $K_{\mathrm{W(B)}}$ 表示式为

$$K_{\mathrm{W(B)}} = \frac{1}{5}\left\{\left[\frac{d_{\mathrm{B}}}{d_{\mathrm{B}} + b_{\mathrm{W}}}\left(1.2 - \frac{0.2}{\eta_{\mathrm{W}}}\right) + 2\right]^2 + 1\right\} \tag{3.34}$$

式中:b_{W} 为稳定翼翼展长(m);η_{W} 为稳定翼根梢比。

2. 有稳定翼存在时的箭体干扰升力

有稳定翼存在时的箭体干扰升力系数可由下式给出

$$C_{L \cdot B(W)} = K_{B(W)} C_{L \cdot W} \tag{3.35}$$

式中：$K_{B(W)}$ 为有稳定翼存在时，对箭体升力影响的干扰因子。

在亚声速和超声速区的翼面参数 $BA_W(1+\lambda_W)\left(\dfrac{1}{mB}+1\right) < 4$ 时可应用细长体理论计算，参数 λ_W 为稳定翼的尖削比，B 为 $\sqrt{|Ma_\infty^2 - 1|}$，m 为稳定翼前缘后掠角余切（$m = \cot\Lambda_{LE}$）。

$$K_{B(W)} = \left[1 + \frac{d_B}{d_B + b_W}\left(1.2 - \frac{0.2}{\eta_W}\right)\right]^2 - K_{W(B)} \tag{3.36}$$

在超声速区，翼面参数 $BA_W(1+\lambda_W)\left(\dfrac{1}{mB}+1\right) > 4$（相当于大展弦比稳定翼不考虑翼端效应的条件）时，因为有无后体关系到稳定翼对箭体干扰所产生的箭体附加升力能否完全实现，所以有无后体应取不同的 $K_{B(W)}$ 值，图 3.11 表示了无后体和有后体的两种情况的 $K_{B(W)}$ 值。

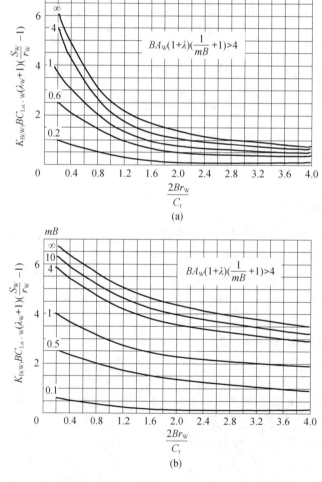

图 3.11　超声速情况下，大展弦比稳定翼确定 $K_{B(W)}$ 的设计图

（a）无后体；（b）有后体。

3. 前翼旋涡引起后翼、后箭体的干扰升力

前翼对后翼和后箭体的干扰是由前翼旋涡下洗所产生。工程上一般采用涡线理论计算下洗和干扰升力。旋涡模型如图 3.12 所示。考虑每片前翼有一根尾涡,在箭体内尾涡的镜像位置上引入镜像涡线以满足边界条件,于是在前翼后面形成马蹄形旋涡。为计算方便,建立一个只与涡位置有关而与强度无关的无量纲系数 i,此参数称为尾涡下洗干扰因子,它为一负值,由下式给定:

$$i = f\left(\lambda_T, \frac{r_T}{S_T}, \frac{b_{TA}}{S_T}, \frac{h_T}{S_T}\right) \tag{3.37}$$

式中:λ_T 为后翼尖削比;r_T 为在后翼处的箭体半径;S_T 为后翼和箭体组合时的最大半翼展(m);b_{TA} 为在后翼处的前翼旋涡至箭体纵轴距离(m);h_T 为后翼压力中心处前翼旋涡在箭体轴上面的高度(m)。

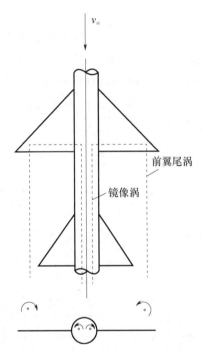

图 3.12　在决定前、后翼干扰时采用的旋涡模型

确定 i 值后,应用下式计算受前翼旋涡影响的后翼升力系数:

$$C_{L \cdot T(V)} = \frac{C_{L\alpha \cdot W} C_{L\alpha \cdot T} K_{W(B)} \alpha i (S_T - r_T)}{2\pi A_T (b_{WA} - r_W)} \tag{3.38}$$

式中:b_{WA} 为在前翼后缘处的前翼旋涡至箭体纵轴的距离(m);r_W 为在前翼处的箭体半径(m)。

受前翼旋涡影响的后体升力系数由下式给定:

$$C_{L \cdot B(V)} = -\frac{C_{L \cdot B(W)}}{r_W - b_{WB}}\left(\frac{b_{WA}^2 - r_W^2}{b_{WA}} - b_{TA} + \frac{r_T^2}{\sqrt{b_{TA}^2 + h_T^2}}\right) \tag{3.39}$$

式中:$b_{WB} = \dfrac{r_W}{b_{WA}}$ 为在前翼处的镜像涡至箭体纵轴的距离(m)。

4. 全箭升力

考虑翼体干扰后的单级火箭升力系数由下式确定:

$$C_L = C_{L \cdot B} + (C_{L \cdot W(B)} + C_{L \cdot B(W)}) \frac{S_W}{S_B} \tag{3.40}$$

考虑各种干扰影响后的两级火箭升力系数由下式确定:

$$C_L = C_{L \cdot B} \frac{S_B}{S_{BT}} + (C_{L \cdot W(B)} + C_{L \cdot B(W)}) \frac{S_W}{S_B} + C_{Lf} + \tag{3.41}$$

$$(C_{L \cdot T(B)} + C_{L \cdot B(T)} + C_{L \cdot T(V)} + C_{L \cdot B(V)}) \frac{S_T}{S_{BT}}$$

式中:S_T 为后翼翼面积(m^2);S_{BT} 为火箭助推器最大横截面积(m^2)。

3.4.2 全箭压力中心

前两节中已叙述了箭体和稳定翼的压力中心。在计算全箭压力中心时,可将单独外露翼的压力中心近似作为翼体干扰后的稳定翼压力中心,但是需要考虑箭体受干扰后的压力中心变化。受稳定翼干扰后的箭体压力中心与翼体组合段后面有无后体相关。有后体的压力中心要略靠后些。图 3.13 给出了亚声速时的箭体压力中心系数 $\bar{x}_{cp \cdot B(W)}$;图 3.14 给出了超声速时的压力中心系数 $\bar{x}_{cp \cdot B(W)}$[2]。

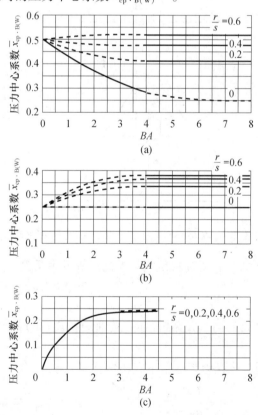

图 3.13 亚声速时的 $\bar{x}_{cp \cdot B(W)}$

(a)后缘无后掠(或前掠),$\lambda = 0$;(b)后缘无后掠(或前掠),$\lambda = \frac{1}{2}$;(c)后缘无后掠(或前掠),$\lambda = 1$。

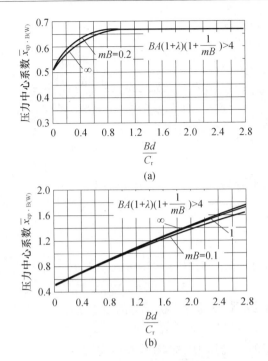

图 3.14　超声速时的 $\bar{x}_{cp\cdot B(W)}$

（a）无后体；（b）有后体。

图 3.15 所示为典型的火箭外形简图,按此图形可写出从火箭顶端算起、以箭体全长 l' 为参考长度的火箭各部分的压力中心系数。

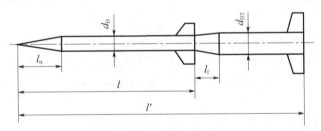

图 3.15　典型火箭外形

（1）箭体压力中心系数为

$$\bar{x}'_{cp\cdot B} = \frac{l_n\left(\dfrac{2}{3}\sec^2\theta_c + \dfrac{\Delta x_{cp}}{l_n}\right)}{l'} \tag{3.42}$$

（2）有箭体存在时,前翼压力中心系数为

$$\bar{x}'_{cp\cdot W(B)} = \frac{l_W + \bar{x}_{cp\cdot W}C_{r\cdot W}}{l'} \tag{3.43}$$

式中:l_W 为从火箭顶端到前翼前缘和箭体相接处的距离(m)。

（3）前翼影响的箭体部分干扰力的压力中心系数为

$$\bar{x}'_{cp\cdot B(W)} = \frac{l_W + \bar{x}_{cp\cdot B(W)}C_{r\cdot W}}{l'} \tag{3.44}$$

（4）扩张裙压力中心系数为

$$\bar{x}'_{cp \cdot f} = \frac{l + \dfrac{l_f}{3}\left(1 + \dfrac{1}{1 + \dfrac{d_B}{d_{BT}}}\right)}{l'} \tag{3.45}$$

（5）有箭体存在时后翼压力系数为

$$\bar{x}'_{cp \cdot T(B)} = \frac{l_T + \bar{x}_{cp \cdot T}C_{r \cdot T}}{l'} \tag{3.46}$$

式中：l_T 为从火箭顶端到后翼前缘和箭体相接处的距离（m）。

（6）后翼影响的箭体部分干扰升力的压力中心系数为

$$\bar{x}'_{cp \cdot B(T)} = \frac{l_T + \bar{x}_{cp \cdot B(T)}C_{r \cdot T}}{l'} \tag{3.47}$$

（7）前翼旋涡影响的后翼干扰力的压力中心系数为

$$\bar{x}'_{cp \cdot T(V)} \approx \bar{x}'_{cp \cdot T(B)} \tag{3.48}$$

（8）前翼旋涡影响的后翼体部分干扰升力的压力中心系数为

$$\bar{x}'_{cp \cdot B(V)} \approx \bar{x}'_{cp \cdot T(B)} \tag{3.49}$$

于是小攻角情况下的全箭压力中心系数表达式为

$$\bar{x}'_{cp} = \frac{C_{L \cdot B}\bar{x}'_{cp \cdot B}\dfrac{S_B}{S_{BT}} + \left[C_{L \cdot W(B)}\bar{x}'_{cp \cdot W(B)} + C_{L \cdot B(W)}\bar{x}'_{cp \cdot B(W)}\right]\dfrac{S_W}{S_{BT}} + C_{L \cdot f}\bar{x}'_{cp \cdot f} + \left[C_{L \cdot T(B)}\bar{x}'_{cp \cdot T(B)} + C_{L \cdot B(T)}\bar{x}'_{cp \cdot B(T)} + C_{L \cdot T(V)}\bar{x}'_{cp \cdot T(V)} + C_{L \cdot B(V)} + C_{L \cdot B(V)}\bar{x}'_{cp \cdot B(V)}\right]\dfrac{S_T}{S_{BT}}}{C_{L \cdot B}\dfrac{S_B}{S_{BT}} + \left[C_{L \cdot W(B)} + C_{L \cdot B(W)}\right]\dfrac{S_W}{S_{BT}} + C_{Lf} + \left[C_{L \cdot T(B)} + C_{L \cdot B(T)} + C_{L \cdot T(V)} + C_{L \cdot B(V)}\right]\dfrac{S_T}{S_{BT}}}$$

$$\tag{3.50}$$

3.4.3 全箭阻力

考虑了火箭部件之间的气动力相互干扰的因素，全箭阻力系数可由各部件阻力系数之和乘上一个修正系数 k_1 而得到。单级火箭的阻力系数可由下式表示[2]：

$$C_D = k_1(C_{D0 \cdot B} + C_{D0 \cdot W} + C_{Di \cdot B} + D_{Di \cdot W}) \tag{3.51}$$

式中：$k_1 \approx 1.1$。

用相同的处理方法可得到两级火箭的全箭阻力系数。

上述计算式系指理想的光滑箭体，但由于火箭总体布局需要，箭体外表面上难免带有某些凸出物，如分离螺栓形成的鼓包、固体发动机顶盖处和喷管，筒身连接处可能出现的逆气流台阶、在导轨上滑行的滑块以及有时为了限制火箭的使用高度所特设的阻力环等，诸如此类的箭体凸出物都是火箭阻力增加的因素，除在计算中做适当修正外，需要通过风洞试验以取得可靠的数据。

3.4.4 全箭力矩与阻尼力矩

1. 稳定力矩

在有攻角时，静稳定的火箭的各部分升力对火箭质心所产生的合力矩使攻角衰减，并最终使火箭轴线与飞行速度方向相一致，此合力矩称为稳定力矩，其表达式为[2]

$$M = C_m \frac{\rho_\infty v_\infty^2}{2}S_B l \tag{3.52}$$

式中:C_m 为稳定力矩系数。

单级火箭(尾部不收缩情况)的稳定力矩系数导数可用下式表示:

$$C_{m\alpha} = C_{L\alpha \cdot B} \frac{x_{cm} - x_{cp \cdot B}}{l} + C_{L\alpha \cdot W(B)} \frac{x_{cm} - x_{cp \cdot W(B)}}{l} \frac{S_W}{S_B} + C_{L\alpha \cdot B(W)} \frac{x_{cm} - x_{cp \cdot B(W)}}{l} \frac{S_W}{S_B}$$

式中:x_{cm} 为火箭质心离火箭顶端的距离(m)。

这里,定义相对于质心的抬头力矩为正值。在有攻角情况下,当 $C_{m\alpha} < 0$ 时火箭为静稳定,反之为静不稳定。

2. 俯仰阻尼力矩

当火箭以速度 v_∞ 飞行,且以角速度 q 绕通过质心横轴转动时,火箭表面上的每一点均获得一个附加速度,其方向垂直于连接质心与该点的矢径 r,其量值为 q_r。此附加速度使攻角发生变化(图 3.16),从而产生了附加的空气动力及其相对于通过质心横轴的力矩,此力矩影响火箭的动态特性,在计算中必须考虑,而附加的空气动力本身量值很小,可以忽略不计。

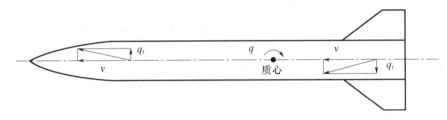

图 3.16　火箭绕通过质心横轴转动时各点速度方向的改变

这个附加力矩总是阻碍火箭转动,故称为俯仰阻尼力矩。当角速度 q 为正时,阻尼力矩为负值,反之亦然。假设火箭各部分所产生的附加升力均作用在该部分压力中心上,于是得到全箭俯仰阻尼力矩系数 C_{mq} 计算式为

$$C_{mq} = -57.3 \left[C_{L\alpha \cdot B} \left(\frac{x_{cm} - x_{cp \cdot B}}{l} \right)^2 + C_{L\alpha \cdot W(B)} \left(\frac{x_{cm} - x_{cp \cdot W(B)}}{l} \right)^2 \frac{S_W}{S_B} + C_{L\alpha \cdot B(W)} \left(\frac{x_{cm} - x_{cp \cdot B(W)}}{l} \right)^2 \frac{S_W}{S_B} \right]$$

$$(3.53)$$

式中:C_{mq} 为俯仰阻尼力矩系数 $\left(C_{mq} = \dfrac{\partial C_m}{\partial q^*} \right)$,其中,$q^*$ 为无量纲俯仰角速度 $\left(q^* = \dfrac{ql}{v_\infty} \right.$,且 q 为俯仰角速度(rad/s))。

3. 滚转力矩

迎面气流不对称地绕流火箭时,产生相对于火箭纵轴的力矩称为滚转力矩。火箭做侧滑飞行或火箭稳定翼安装偏差均破坏了流动对称性,就会产生滚转力矩。滚转力矩的表达式为

$$L = C_l \frac{\rho_\infty v_\infty^2}{2} S_B l \tag{3.54}$$

式中:C_l 为滚转力矩系数。

1) 火箭侧滑飞行引起的滚转力矩

火箭侧滑飞行时,水平稳定翼左右两边的实际后掠角与展弦比将不相同,于是两边产

生的升力也不相等,导致滚转力矩的产生。其无量纲滚转力矩系数由风洞试验结果整理
得到如下近似公式为

$$C_l = -\frac{0.04 C_{L\alpha \cdot W}}{(\eta+1)^3 A_W} \beta \alpha \frac{S_W}{S_B} \qquad (3.55)$$

式中:β 为侧滑角(°)。

2)稳定翼安装角引起的滚转力矩

如果稳定翼剖面对称轴和火箭纵轴不在同一平面上,由此出现了安装角。在左右(或
上下)两片翼面安装角不对称时,将使火箭在飞行中产生滚转力矩。假设每片翼面有大小
相等、方向相反的安装角 δ,其滚转力矩系数由下式近似计算:

$$C_l = C_{L\alpha \cdot W} K_{W(B)} \delta \frac{z_{cp \cdot W} + \frac{d_B}{2}}{l} \frac{S_W}{S_B} n \qquad (3.56)$$

式中:δ 为稳定翼面安装角(°);$z_{cp \cdot W}$ 为稳定翼平均气动弦至翼根弦距离(m);n 为翼片数。

3)稳定翼上反角引起的滚转力矩

水平稳定翼的左右两片翼面有上反角存在时,火箭侧滑飞行将使左右两片翼面出现
方向相反的附加攻角,导致滚转力矩产生,其计算式为

$$C_l = -C_{L\alpha \cdot W} K_{W(B)} \frac{\beta \Gamma}{57.3} \frac{z_{cp \cdot W} + \frac{d_B}{2}}{l} \frac{S_W}{S_B} \qquad (3.57)$$

式中:Γ 为稳定翼上反角(°)。

4. 滚转阻尼力矩

当火箭以速度 v_∞ 飞行,且以角速度 p 绕其纵轴旋转时,火箭的稳定翼面增加一个附
加速度 Δv,Δv 的产生导致稳定翼面增加一个附加攻角 $\Delta \alpha$,于是在左右两片翼面上产生大
小相等、方向相反的附加升力。由此附加升力引起的对火箭纵轴的力矩总是阻碍火箭的
旋转,故称此力矩为滚转阻尼力矩。如果假设每片翼面的压力中心在其平均气动弦上,则
滚转阻尼力矩系数 C_{lp} 的计算式为

$$C_{lp} = -2 \left(\frac{z_{cp \cdot W} + \frac{d_B}{2}}{l} \right)^2 C_{L\alpha \cdot W(B)} \qquad (3.58)$$

式中:C_{lp} 为滚转阻尼力矩系数 $\left(C_{lp} = \frac{\partial C_l}{\partial p^*} \right)$,其中,$p^*$ 为无量纲滚转角速度($p^* = pl/v_\infty$,且 p
为滚转角速度(rad/s))。

3.5 气动力工程估算软件

本节主要介绍以部件组拆法为核心的气动特性工程估算软件 Missile Datcom(以下简
称 DATCOM)的使用。DATCOM 是美国空军研究实验室研发的一套用于导弹/火箭气动
特性估算的软件,采用模块化方法,用户可根据特定外形及飞行条件选择合适方法。软件
在已知导弹/火箭几何外形和来流条件前提下能够估算导弹/火箭纵向和横向气动力系数
及动导数。

软件能够估算的气动力系数与动导数(作为攻角的函数)如表3.2 所列。

表 3.2　DATCOM 能够估算的气动力系数与动导数

符号	名称	符号	名称
速度坐标系			
C_L	升力系数	C_D	阻力系数
C_Y	侧力系数	$C_{Y\beta}$	侧力系数对侧滑角的导数
C_{Yr}	侧力系数对偏航速度的导数	C_{Yp}	侧力系数对滚转速度的导数
箭体坐标系			
C_N	法向力系数	C_A	轴向力系数
C_m	稳定力矩系数	x'_{cp}	压力中心系数
C_n	偏航力矩系数	C_l	滚转阻尼力矩系数
$C_{m\alpha}$	稳定力矩系数导数	$C_{N\alpha}$	法向力系数对攻角导数
C_{mq}	俯仰阻尼力矩系数	C_{Nq}	法向力系数对俯仰速度的导数
$C_{m\alpha'}$	稳定力矩系数对攻角变化率的导数	$C_{N\alpha'}$	法向力对攻角变化率的导数
C_{lr}	滚转力矩系数对偏航速度的导数	C_{nr}	偏航力矩系数对偏航速度的导数
C_{lp}	滚转阻尼力矩系数	C_{np}	偏航力矩系数对滚转速度的导数
$C_{l\beta}$	滚转力矩系数对侧滑角的导数	$C_{n\beta}$	偏航力矩系数对侧滑角的导数

3.5.1　估算方法

本节主要介绍单独箭体、单独弹翼及翼身组合体的气动估算方法。

1. 单独箭体气动估算方法

箭体分圆截面箭体(旋成体)及非圆截面箭体两大类。由于固体火箭多为旋成体,因此仅介绍旋成体气动估算方法,如表3.3 所列。

表 3.3　DATCOM 中旋成体气动估算方法

	亚声速($Ma \leq 0.8$)	跨声速($0.8 < Ma \leq 1.2$)	超声速($Ma > 1.2$)
$C_{N\alpha}$、$C_{m\alpha}$(头部+柱段)	MBB TN WE 2.97/69 及 WE12.88/70		NSWC TR-81-156(HYBRID/SOSE)
$C_{N\alpha}$、$C_{m\alpha}$(收缩段)	NSWC TR-81-156		
$C_{N\alpha}$、$C_{m\alpha}$(扩张段)	AMCP 706-280		
比例系数	*MODERN DEVELOPMENT IN FLUID DYNAMIC*(GOLDSTEIN)	AEDC TR-75-124	值不变
横流阻力	NASA T-DE-6996 及 AEDC TR-75-124		
摩擦阻力	BLASIUS(层流)、TRANSITION(经验方法)、VAN DRIEST Ⅱ(湍流)		

续表

	亚声速($Ma \leqslant 0.8$)	跨声速($0.8 < Ma \leqslant 1.2$)	超声速($Ma > 1.2$)
压差阻力 (头部 + 柱段)	*FLUID DYNAMIC DRAG*(HOERNER)		不适用
压差阻力 (收缩段)	DTNSRDC/ASED – 80/10		
压差阻力 (扩张段)	AMCP 706 – 280		
波阻 (头部 + 柱段)	不适用	NSWC TR – 80 – 346	NSWC TR – 81 – 156 (HYBRID/SOSE)
波阻(收缩段)		DTNSRDC/ASED – 80/10	
波阻(扩张段)		AMCP 706 – 280	
底部阻力 (头部 + 柱段)	NASA TR R – 100		
底部阻力 (收缩段)	NSWC TR – 81 – 156		
底部阻力 (扩张段)	AMCP 706 – 280		

2. 单独弹翼气动估算方法

DATCOM 估算单独翼板气动力系数所选方法如表 3.4 所列。

表 3.4　DATCOM 中单独弹翼气动估算方法

	亚声速($Ma \leqslant 0.6$)	跨声速($0.6 < Ma \leqslant 1.4$)	超声速($Ma > 1.4$)
翼型气动力	WEBER ANALYSIS CONFONMAL MAPPING ARC R&M 2918、 ARC R&M 3026		不需要
$C_{N\alpha}$	DATCOM 4.1.3.2	R. A. S DATA SHEETS	DATCOM 4.1.3.2
$C_{m\alpha}$	DATCOM 4.1.4.2		
$C_{N\dot{\alpha}}$	DATCOM 4.1.3.3、4.1.3.4		
$C_m(\alpha)$	工程方法(非线性平面中心)——*Aerodynamic Standard Routine Handbook*		
摩擦阻力	BLASIUS(层流)、TRANSITION(经验方法)、VAN DRIEST Ⅱ(湍流)		
压差阻力	*FLUID DYNAMIC DRAG*(HOERNER)		不适用
波阻	不适用	NWL TR – 3018	NWL TR – 3018 ($Ma \geqslant 1.05$)
钝前缘阻力	DATCOM 4.1.5.1(经验方法)		
后缘阻力	NWL TR – 2796(经验方法)		
$C_A(\alpha)$	DATCOM 4.1.5.2		值不变

3. 翼身组合体气动估算方法

DATCOM 估算翼身组合体气动力系数所选方法如表 3.5 所列。

表 3.5　DATCOM 中翼身组合体气动估算方法

	亚声速($Ma\leqslant0.8$)	跨声速($0.8<Ma\leqslant1.2$)	超声速($Ma>1.2$)
干扰系数	AIAA TOURNAL JUN/AUG 1982		
箭体涡	NWC TP-5761(经验方法)		
弹翼涡	NACA1307		
翼板负载	AIAA PAPER 77-1153		

3.5.2　软件流程图

DATCOM 主程序、计算外形几何参数及气动参数的流程如图3.17～图3.19所示。

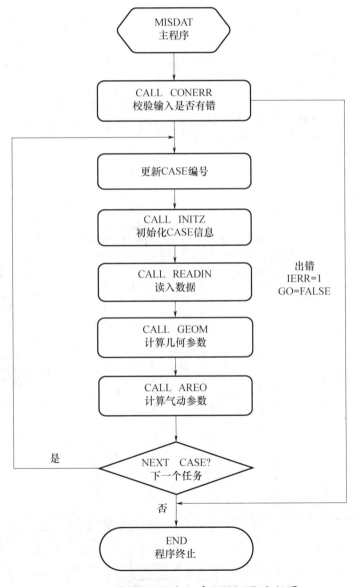

图 3.17　DATCOM 主程序 MISDAT 流程图

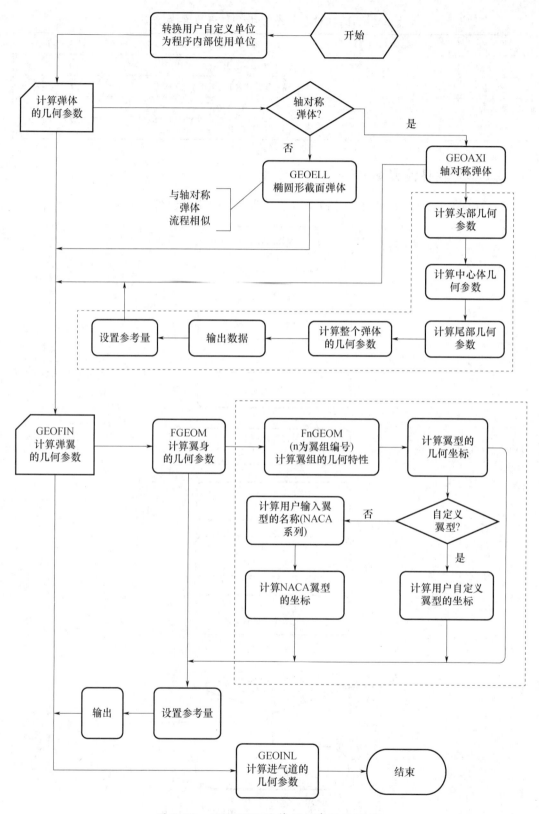

图 3.18　DATCOM 计算几何参数流程图

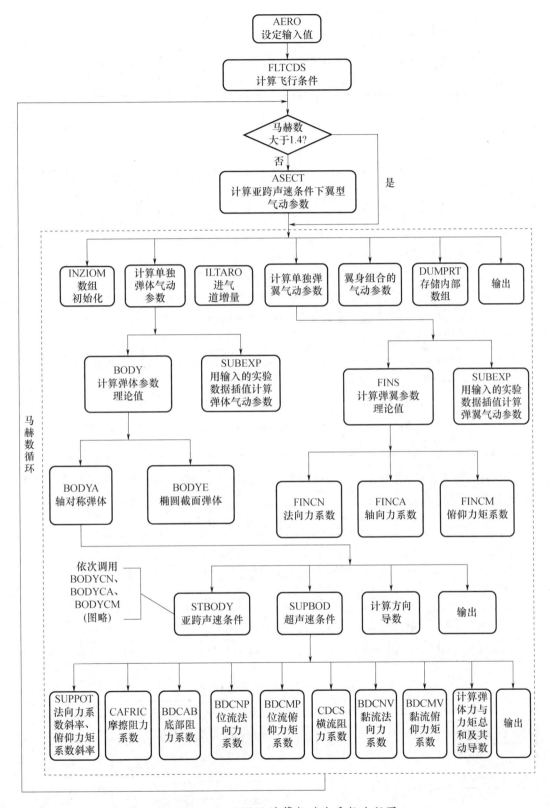

图 3.19　DATCOM 计算气动力系数流程图

固体火箭设计方法与实例

3.5.3 软件输入输出

软件通过对 11 个单元的读写实现其功能,各单元名与用法如表 3.6 所列。

表 3.6 程序输入输出单元

名字	用法
for002. dat	从第 8 单元读出输入事件的列表名,通过子程序 READIN 写入第 2 单元,事件的列表名从第 2 单元读出
for003. dat	气动数据的图文件,根据用户要求(使用 PLOT 语句)通过子程序 PLOT3、PLTTRM 或者 PLTUT9 写入第 3 单元
for004. dat	公用块数据,根据用户要求(使用 WRITE 插件),通过子程序 SAVEF 写入第 4 单元
for005. dat	用户输入文件,通过子程序 CONERR 从第 5 单元读出
for006. dat	程序输出文件,写入第 6 单元
for007. dat	FORMAT 和 WRITE 控制语句通过子程序 CONTROL 被写入第 7 单元,通过子程序 SAVEF 读出
for008. dat	从第 5 单元读出用户输入语句在被检测无误后通过子程序 CONERR 写入第 8 单元
for009. dat	箭体几何数据,根据用户要求(使用 PRINT GEOM BODY 语句)通过子程序 SOSE、VANDYK 或者 HYPERS 写入第 9 单元
for0010. dat	各迎角下箭体压力系数数据,根据用户要求(使 PRESSURES 语句)通过子程序 SOSE、VANDYK 或 HYPERS 写入第 10 单元
for0011. dat	弹翼压力系数根据用户要求(使用 PRESSURES 语句)通过子程序 FCAWPF 写入第 11 单元
for0012. dat	零攻角下箭体压力系数和当地马赫数根据用户要求(使用 PRESSURES 语句)从子程序 SOSE 写入第 12 单元

DATCOM 输入(for005. dat)包括列表名与控制语句两部分。可用列表名如表 3.7 所列,可用控制语句如表 3.8 所列。

表 3.7 列表名输入定义

列表名	输入定义	列表名	输入定义
$ FLTCON	飞行条件(攻角、高度等)	$ FINSETn	按翼组的弹翼描述(n 为翼组编号)
$ REFQ	参考量	$ DEFLCT	翼板偏转
$ AXIBOD	轴对称箭体的定义	$ TRIM	配平信息
$ ELLBOD	椭圆截面箭体的定义	$ EXPR	试验数据
$ PROTUB	凸起部种类及几何参数	$ INLET	进气道几何参数

表 3.8 控制语句输入定义

控制语句	定义
BUILD	输出构型各部分计算结果
CASEID	自定义输出页的标题
DAMP	计算动导数并输出
DELETE name	删除 SAVE 保存的列表名

控制语句	定义
DERIV DEG	指定导数单位为度
DERIV RAD	指定导数单位为弧度
DIM CM	输入数据单位为厘米
DIM FT	输入数据单位为英尺
DIM IN	输入数据单位为英寸
DIM M	输入数据单位为米
DUMP CASE	输出内部数据模块
FORMAT	指定"for004. dat"输出数据的格式(与 WRITE 联合使用)
HYPER	指定箭体在马赫数大于 1.4 时选择牛顿流方法
INCRMT	设置构型增量标记
NACA	指定 NACA 翼型名称
NAMELIST	输出所有列表名的数据
NO LAT	不计算由侧滑角引起的侧向导数
NOGO	不计算气动参数
PART	输出部分气动参数
PLOT	为快速绘图处理程序提供数据文件
PRESSURES	输出超声速下箭体弹翼的压力系数分布
PRINT AERO name	输出气动参数(若使用 PART 则自动选择)
PRINT GEOM name	输出几何参数(若使用 PART 则自动选择)
SAVE	顺次保存列表输入
SOSE	指定轴对称箭体在超声速下使用二阶激波膨胀法
SPIN	计算箭体旋转导数
TRIM	执行配平计算
WRITE	与 FORMAT 语句对应。将公用块数据写入第 4 单元

3.6　气动外形参数优化实例

本节以 2.6.2 节所示小型飞航式火箭为实例,开展气动外形设计优化。

3.6.1　气动外形设计输入

小型飞航式火箭采用倾斜发射方式,全程三通道控制,实现火箭平飞。综合考虑各方面因素,取其气动布局为"－·×"布局,根据总体与其他分系统要求,总长取为 2000mm,头部长度取为 450mm,发动机长度取为 320mm,弹翼、空气舵皆为矩形,空气舵紧贴仪器舱后端面安装,如图 3.20 所示。

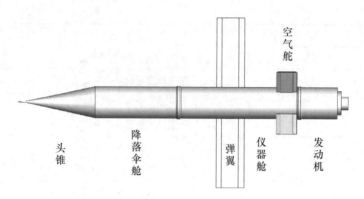

图 3.20　小型飞航式火箭气动布局

3.6.2　气动外形优化问题

1. 设计变量

适当简化气动外形,忽略了箭体尾段发动机的喷管、翼和舵与箭体的连接等细节部分。箭体尺寸、空气舵安装位置、翼舵厚度等参数已经确定,如图 3.21 所示。需要确定的气动外形参数主要有翼前缘距头部距离 d_f、翼弦长 b_1、翼展长 l_1、舵弦长 b_2、舵展长 l_2 等参数。5 个尺寸参数如图 3.22 所示,其取值范围如表 3.9 所列。

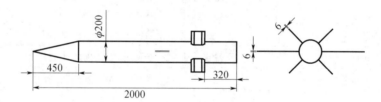

图 3.21　总体初步方案尺寸参数

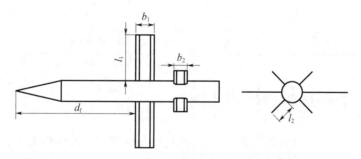

图 3.22　待优化的尺寸参数

表 3.9　设计变量取值范围

设计变量	翼前缘距头部距离 d_f	翼弦长 b_1	翼展长 l_1	舵弦长 b_2	舵展长 l_2
最小值/mm	800	120	300	100	150
最大值/mm	1500	500	600	200	200

2. 目标函数

以标准弹道平飞(高度 600m、速度 125m/s、攻角 5°)状态下配平阻力最小为目标函数。

3. 约束条件

小型飞航式火箭气动外形设计优化约束条件为:

(1)飞行包线($Ma = 0 \sim 0.4$,$\alpha = 0° \sim 12°$,质心系数为 0.53 ~ 0.56)内静稳定度不小于 0.05。

(2)飞行包线($Ma = 0 \sim 0.4$,$\alpha = 0° \sim 12°$)内调整比值介于 0.5 ~ 2 之间。

(3)标准弹道平飞(高度为 600m、速度为 125m/s,$\alpha = 5°$)状态下火箭配平升力不小于600N。

3.6.3 优化结果与分析

采用粒子群算法求解小型飞航式火箭气动外形优化问题,得到最优外形对应的设计变量取值如表 3.10 所列,外形尺寸如图 3.23 所示。

表 3.10 设计变量的优化结果

设计变量	翼前缘距头部距离 d_f	翼弦长 b_1	翼展长 l_1	舵弦长 b_2	舵展长 l_2
尺寸/mm	1554.8	174.6	434.8	125.2	178.1

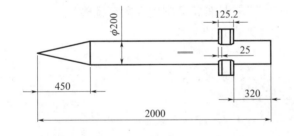

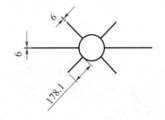

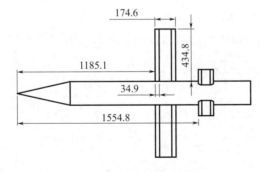

图 3.23 小型飞航式火箭气动外形

优化得到的气动外形飞行包线内静稳定度最小值为 0.051,飞行包线内调整比值介于 0.76 ~ 1.63,标准弹道平飞状态下火箭配平升力为601.4N,满足设计约束条件。

取参考面积为 0.0314m²,计算得到不同马赫数、不同攻角状态下优化外形气动特性如图 3.24 所示。

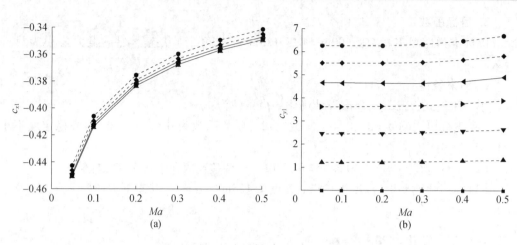

图 3.24　小型飞航式火箭气动力特性

(a)轴向力系数;(b)法向力系数。

— ■ — α=0°; - - ▲ - - α=2°; - - ▼ - - α=4°; - - ▶ - - α=6°; — ◀ — α=8°; - - ◆ - - α=10°; - - ● - - α=12°。

思考题

1. 在火箭总体方案设计阶段,用于气动特性分析的常用手段有哪些?
2. 设计箭体气动外形时,考虑的主要因素是什么?
3. 火箭静稳定度一般如何选择?
4. 设计稳定翼气动外形时,考虑的主要因素是什么?
5. 单级火箭全箭阻力系数一般如何表示?

参考文献

[1] 雷娟棉,吴甲生. 制导兵器气动特性工程计算方法[M]. 北京:北京理工大学出版社,2015.
[2] 宋忠宝. 探空火箭设计[M]. 北京:宇航出版社,1993.

第 4 章　固体火箭发动机总体设计

固体火箭发动机(以下简称"固体发动机")是火箭的动力装置,它把化学推进剂的化学能转化为热能,形成高温燃气经喷管高速喷出,产生反作用推力。固体发动机主要由燃烧室、装药、喷管、点火装置等部分组成,根据火箭需要,有些固体发动机还包含推力终止装置、推力矢量装置等,如图 4.1 所示。与液体火箭发动机及其他化学能火箭发动机相比,固体火箭发动机具有结构简单、工作可靠、使用方便、反应快速和可长期贮存等特点,但同时,其能量较低,推力难调,工作时间较短,初温影响大。

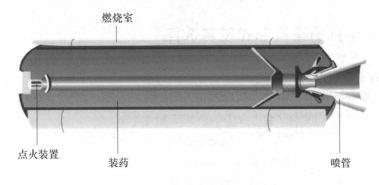

图 4.1　固体发动机结构组成示意图

随着高性能固体推进剂、高强度壳体材料和烧蚀材料及先进装药设计等相关技术的发展,固体火箭发动机的性能也不断得到提高,功能日臻完善,其在航天运载火箭、固体助推器、导弹/火箭武器及探空火箭中的应用越来越广泛。

4.1　总体设计任务

固体发动机的设计通常是根据火箭总体提出的技术要求进行的,包括满足发动机用途、性能指标、约束条件、环境要求和使用要求等。固体发动机总体设计对固体发动机的性能有着决定性的影响,其主要任务包括选择发动机的结构形式、壳体材料、推进剂方案、装药形式,确定发动机直径与长径比、燃烧室压强和喷管扩张比等主要设计参数。

火箭总体对发动机提出的技术要求都反映在设计任务书中,一般包括以下内容[1]。

1. 发动机用途

发动机用途是指发动机用在哪种类型的火箭上,发动机是用于主发动机还是助推器。

2. 性能指标

性能指标是描述发动机动力特性的技术指标,其参数主要有:

(1)发动机总冲及其偏差。

(2)推力特性,包括是等推力还是变推力,在使用温度范围内的最大推力及最小推力等。

（3）发动机工作时间。

在上述三个参数中选取两个作为设计的原始参数,另一个可作为约束性条件。

3. 约束条件

为了保证火箭总体布局和主要技术指标的实施,火箭总体要对发动机的总长、直径、总质量、质心位置、级间分离等提出约束条件。

4. 环境条件

环境条件表征发动机在贮存、运输和使用中应满足的环境适应性指标,具体环境条件如下:

（1）贮存环境,如库房和阵地的温度、湿度,以及发动机贮存状态及年限。

（2）运输环境,如运输方式、运输距离和运行速度等。

（3）飞行环境,如飞行高度、速度、加速度、振动和冲击等。

（4）使用环境,包括发射方式、发射与飞行区间的天候,发动机点火程序和高度等。

4.2　发动机的结构形式及其选择

1. 发动机的结构形式

固体发动机的结构形式很多,可以按照药柱种类、药柱装填方式、喷管数目、喷管形式和推力级数等来分类。固体发动机分类如图 4.2 所示[1]。

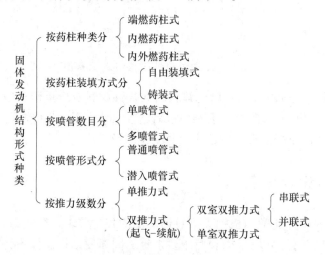

图 4.2　固体发动机分类

按药柱种类分,可分为端燃药柱发动机、内燃药柱发动机和内外燃药柱发动机。

按药柱装填方式分,可分为自由装填式和铸装式。自由装填式的药柱通常采用压伸成形,有时也采用模具浇铸成形,然后将它们自由地装入燃烧室内。自由装填式药柱承压强度高,生产经济性好,贮存时安全性好,但药柱通常需要有轴向支承,内外燃药柱发动机多属于此类,端燃和内燃药柱发动机有时也采用这种结构形式。铸装式是将推进剂直接浇注到燃烧室内再经过固化成形。铸装式药柱尺寸可不受工艺条件的限制,燃烧室壳体不与高温燃气直接接触,药柱和壳体互为支承,因而多用于推力大、工作时间长的大型发动机,但此类药柱易出现裂纹以及与壳体脱黏等。

按喷管数目分,可分为单喷管式和多喷管式。一般发动机多为单喷管式,当发动机长度受限,或发动机需要高或低速旋转,以及需要利用喷管来控制火箭旋转时,可采用多喷管的结构形式。

按喷管形式分,可分为普通喷管式和潜入喷管式两种。一般发动机多为普通喷管式,当发动机长度受到限制时,可采用潜入喷管的结构形式。

按推力级数分,可分为单推力式和双推力式两种。双推力式常用在一些小型火箭上,发动机中第一级大推力用于起飞,第二级小推力用于续航,因而具有较好的飞行性能。双推力方案中,单室双推力方式结构简单,重量轻,但两级之间工作特性会相互影响。双室双推力方式可采用串联式,起飞级在前,续航级在后,也可采用并联式,结构紧凑,但径向尺寸增大。

实现单室双推力的方法有[1]:

(1)不改变喷管喉径,采用不同燃速的两种推进剂药柱,这两种药柱可前后放置,也可同心并列放置。前者推力比受燃速比的限制较小,后者较大。

(2)不改变喷管喉径,采用一种推进剂的两种药形,通过燃面变化实现双推力。该方法简单易行,但推力比调节范围较小。

(3)采用不同燃速的推进剂和不同药形,即同时用调节燃速和燃面的方法实现双推力。该方法有较大的灵活性,推力比调节范围宽,实际应用较为广泛。

(4)采用可调喷管改变推力大小,可得到较宽的推力比调节范围,但结构复杂。典型的单室双推力发动机的推力–时间曲线如图 4.3 所示,图中 t_a 和 t_b 分别为工作时间和燃烧时间。

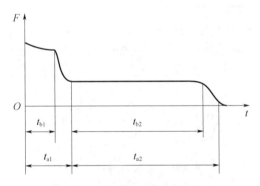

图 4.3　单室双推力发动机的推力–时间曲线

双室双推力发动机分两种:两个串联燃烧室共用一个外喷管(图 4.4(a))和两个或两个以上(多室多推力)独立的串联发动机(图 4.4(b))。这类发动机的推力比不受限制,但热防护较困难。图 4.4(a)所示的种类应用得较少,图 4.4(b)所示的种类应用得较多。推力比大于 8 时采用双室双推力为宜,推力比小于 8 时可采用单室双推力发动机。

双推力发动机广泛应用于探空火箭、战术导弹等。双推力发动机的主要优点是结构简单、工作可靠、无极间分离、成本低;缺点是转级时助推级的消极质量无法去掉,单室双推力在续航段的能量损失较大。

2. 发动机结构与药柱的关系

药柱的形状在很大程度上是根据发动机用途和性能来确定的。药柱按形状可以分为端面燃烧(一维)、侧面燃烧(二维)和端侧面同时燃烧(三维)三种。

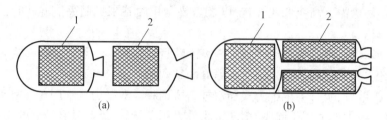

图4.4 双室双推力发动机

1—续航药柱;2—助推药柱。

1)端面燃烧药柱发动机

端面燃烧药柱发动机如图4.5所示。其特点是工作时间长,推力小;燃气直接与室壁接触,因此室壁必须采取良好的绝热措施;发动机工作过程中,质心位置变化大,会影响导弹控制性能。为了减小这种影响,若采用这种发动机作为串联的续航发动机,可将其置于助推发动机前靠近导弹质心处。为了解决排气问题,可采用斜喷管(图4.6)或长尾喷管(图4.5)结构。

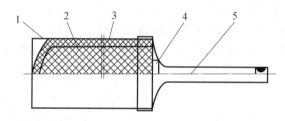

图4.5 端面燃烧药柱发动机

1—燃烧室壳体;2—药柱;3—绝热层;4—点火器;5—长尾喷管。

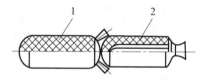

图4.6 串联的两级发动机

1—燃烧室壳体;2—药柱。

2)侧面燃烧药柱发动机

侧面燃烧药柱发动机是一种广泛应用的发动机,可分为下述两种。

(1)内孔燃烧药柱发动机,如图4.7所示。由于药柱本身具有隔热作用,这就解决了壳体工作时的受热问题,而且发动机采取贴壁浇铸,这既解决了壳体受热问题,也解决了大直径药柱的制造工艺和支撑问题。这种发动机可用于燃面较大、工作时间较长的情况,因此常将其作为各类导弹的主发动机。

(2)内外侧面燃烧药柱发动机,如图4.8所示。典型的是单根或多根管型药柱发动机。由于药柱的内外表面可同时燃烧,故这种发动机可用于推力较大、工作时间较长的情况,常作为各类导弹的主发动机。

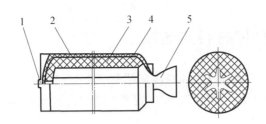

图 4.7　内孔燃烧药柱发动机

1—点火器;2—燃烧室壳体;3—药柱;4—绝热层和衬层;5—喷管。

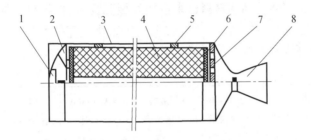

图 4.8　内外侧面燃烧药柱发动机

1—点火器;2—前支撑;3—燃烧室壳体;4—药柱;5—径向支撑;6—端面限燃层;7—挡药板;8—喷管。

这种发动机的最大优点是药形简单,制造容易,燃面恒定,可获得等推力。由于燃气与室壁直接接触,壳体受热严重,因此工作时间较长时应采取防热措施。由于药柱是自由装填到燃烧室中的,因此需解决其支撑和固定问题。

3)三维药柱发动机

三维药柱发动机的药柱燃烧方向是三维的,这类药柱有翼柱形、锥柱形、开槽管形,以及变截面和端面燃烧的星形、车轮形等。

翼柱形和锥柱形药柱发动机是同期发展起来的一种高装填分数、无余药发动机,适用于长时间工作的大中型发动机。

3. 发动机结构形式的选择

选择发动机结构形式应遵循下列原则。

1)发动机性能应满足规定的技术要求

从发动机角度进行分析,影响火箭最大飞行速度的因素有 I_{sp} 和质量比。而 I_{sp} 不仅与推进剂能量有关,而且与发动机结构形式有关。因此,确定发动机结构形式时,应设法使药柱的能量得到充分利用,即要合理地设计药形、燃烧室和喷管结构形式,尽量减小能量损失,满足火箭总体提出的技术要求。质量比与推进剂质量和发动机结构质量有关,要使质量比大,应尽量减小发动机结构质量。

2)发动机结构应紧凑、质量应轻

发动机质量应轻。结构紧凑,既减轻了发动机消极质量,也充分利用了有效空间,减小了箭体尺寸。为此,可采用贴壁浇铸内孔燃烧药柱、纤维缠绕壳体、潜入喷管等结构形式。

3)工艺性良好、研制费用少、研制周期短

在满足上述两项要求的前提下,应有良好的工艺性,易于加工,降低研制费用和缩短研制周期。

4.3　发动机壳体材料的选择

发动机壳体材料包括燃烧室壳体材料和喷管壳体材料。由于燃烧室壳体材料对发动机的结构质量、加工方法及经济性有着决定性的影响,因此本节主要讨论燃烧室壳体材料。

火箭总体都对固体发动机提出性能要求,加之发动机本身工作条件严苛,对其结构材料的要求也越来越苛刻,从而有力地推动着发动机新材料和新工艺的不断发展。现在固体火箭发动机燃烧室壳体的结构材料已由金属发展到复合材料,材料的比强度(σ_b/ρ)和比模量(E/ρ)大为提高,见表 4.1[1]。目前,发动机燃烧室壳体所使用的材料主要是高强钢、超高强钢、玻璃纤维和有机纤维增强复合材料。

表 4.1　金属和复合材料的性能

性能	IM6 石墨/环氧树脂	凯芙拉 – 49/环氧树脂	S – 玻璃/环氧树脂	35SiMnCrMoV 合金钢	LC4 铝合金	铍	Ti – 6Al – 4V 钛合金
比强度/(10^5 J/kg)	21.4	20.7	10.6	2.1	1.8	2.65	2.37
比模量/(10^7 J/kg)	13.5	7.2	2.4	2.6	2.46	15.7	2.39
密度/(g/cm^3)	1.73	1.45	2.48	7.81	2.85	1.85	4.62

1. 常用的壳体材料

1) 钢

钢作为燃烧室壳体材料应用得最早,也最广泛,人们在关于它设计和制造方面都具有丰富的经验。早期的固体火箭发动机主要采用超高强钢制造,如美国的"民兵"系列导弹和法国的 M – 4 导弹第一级发动机的壳体均采用超高强钢制造。航天飞机的固体助推器(直径 ϕ3.7m,长 38.1m)的壳体也是用超高强钢 D6AC 制造的,设计规定,这种壳体应能重复使用 20 次以上,因此对材料的断裂韧性要求很高($K_{IC}=98.98MN/m^{3/2}$)。

用于战术导弹的固体发动机壳体材料一直以金属材料为主,其原因:一是战术导弹射程短,发动机质量对总体性能影响不明显;二是战术导弹多为全天候的,所处环境较恶劣,复合材料性能难以满足要求;三是生产批量大,成本问题至关重要,目前复合材料成本尚偏高。

下面简单讨论目前国内常用的钢材。

(1) 优质碳素结构钢。常用的优质碳素结构钢为 45 钢、50 钢和 55 钢,其优点是价格低廉、来源丰富、工艺性好,可大批量生产,缺点是强度和耐热性能低,见表 4.2[1]。优质碳素结构钢多用于小直径的野战火箭武器。

表 4.2　各种钢的力学性能

材料		σ_b/MPa	σ_s/MPa	δ_s/%	ψ/%	ρ/(10^3 kg/m^3)
碳素钢	45	≥589	≥294	≥15	≥38	7.81
	50	≥648	≥363	≥15	≥40	7.81
	55	≥687	≥385	≥13	≥35	7.81

续表

材料		σ_b/MPa	σ_s/MPa	δ_s/%	ψ/%	ρ/(10^3kg/m³)
合金钢	40Mn2	≥834	≥687	≥12	≥45	7.81
	40MnB	≥981	≥785	≥11	≥45	7.81
	25CrMnSiA	≥1079	≥932	≥10	≥40	7.76
	30CrMnSiA	≥1079	≥883	≥10	≥45	7.75
	30SiMnCrMoVA	≥1618	≥1324	≥8	≥30	7.81
	32SiMnMoV	1805	1470~1550	12	46	7.81

(2)合金钢。合金钢分为一般合金钢和超高强钢，一般合金钢包括锰钢、锰硼钢和铬锰硅钢，而超高强钢中增加了能细化晶粒和降低回火脆性的合金元素，如钼、钒、钨等，并且降低了硫、磷等有害元素的含量。

锰钢和锰硼钢属中强钢，有较高的强度和韧性，冷、热加工和焊接性能均好，常作为野战火箭武器发动机的壳体材料。

铬锰硅钢是常用的高强合金钢，其最大优点是强度较高，短时高温性能、成形工艺和焊接性能均较好，且不含我国稀有的成本较高的镍元素，缺点是有回火脆性，故需在高温回火后缓慢冷却。这类钢常作为小型固体火箭发动机的壳体。

表4.2中的30SiMnCrMoVA钢和32SiMnMoV钢是根据我国资源特点自行研制的超高强钢，前者具有较高的断裂韧性。这类超高强钢主要用于制造大中型固体火箭发动机的壳体，一些质量比要求高的小型发动机壳体也可采用。

2)铝合金和钛合金

铝合金具有一定的比强度和比模量，同时有良好的成形工艺性和抗腐蚀能力，但耐热性能和焊接性能较差。因此，通常铝合金限制在120℃以下使用。用作固体火箭发动机壳体时，只有在壳体内壁贴有内绝热层，药柱为贴壁内孔燃烧，且工作时间较短时才采用。铝合金LC4管材的力学性能如表4.3所列[1]。

表4.3 铝合金LC4的力学性能

材料类型		σ_b/MPa	$\sigma_{0.2}$/MPa	δ/%	ρ/(g/cm³)
管材	外径≤120mm	≥530	≥40	6	2.85
	外径>120mm	≥510	≥40	5	2.85
板材	板厚1.0~2.5mm	481	40	7	2.85
	板厚2.6~10mm	490	41	7	2.85

钛合金的比强度是金属中较高的，可在-253~650℃温度范围内工作，有良好的耐腐蚀性和冲击韧性，并有良好的旋压工艺性能。钛合金的缺点是切削和焊接工艺性能差、弹性模量低(约1.1×10^5MPa)、成本昂贵。如今在复合材料广为应用之际，钛合金在固体火箭发动机上的应用受到限制，目前主要应用于航天发动机，如远地点和顶级发动机。国外常用的钛合金是Ti-6Al-4V，其性能如表4.4所列[1]。

表4.4 钛合金性能

材料	σ_e/MPa	σ_s/MPa	E/GPa	δ/%	ρ/(g/cm³)
Ti-6Al-4V	—	1034	110.3	—	4.62
TC₄	931	—	—	10	—

3）纤维增强复合材料

燃烧室壳体使用的纤维增强复合材料是由一种或几种纤维（如玻璃纤维、有机纤维、碳纤维或石墨纤维，以及它们中两种或两种以上纤维混合组成的纤维）浸渍树脂（基体）缠绕而成的结构材料。

除上述纤维增强复合材料外，最近又研制出碳化硅纤维、氧化铝纤维和硼纤维；基体材料有金属基（如铝基和铝的金属化物基——Ti3A1 + Nb）和陶瓷基，形成新的碳化硅纤维/陶瓷、氧化铝纤维/陶瓷、硼纤维/铝、石墨纤维/铝、碳化硅纤维/铝、碳化硅纤维/（Ti3A1 + Nb）等复合材料。它们具有较高的使用温度。

纤维增强复合材料的优点：比模量高，结构质量小；成形工艺简单，易实现机械化和自动化。

图 4.9 所示为几种复合材料与金属材料比模量的比较。图 4.10 所示为几种增强纤维的抗拉强度和抗拉模量[1]。

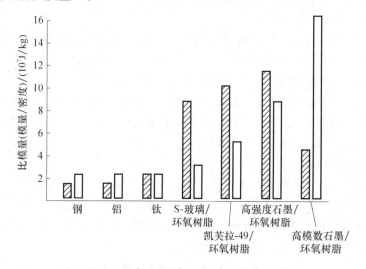

图 4.9　几种复合材料与金属材料的比模量

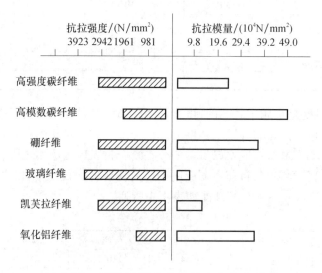

图 4.10　增强纤维的抗拉强度和抗拉模量

复合材料壳体的特征因子（PV_c/m_c）远高于金属壳体的特征因子,见表 4.5[1]。例如,凯芙拉 -49/环氧树脂的壳体特征因子是超高强钢的 4~6 倍。

表 4.5　几种材料的壳体特征因子

材料	$PV_c/m_c/(10^4 J/kg)$
超高强度钢	4.9 ~ 7.84
钛合金	6.57 ~ 10.78
S994/环氧树脂	19.6 ~ 21.56
凯夫拉 -49/环氧树脂	429.4 ~ 32.34
IM7/环氧树脂	40.18 ~ 42.14

2. 选择壳体材料的原则

1）材料的力学性能应满足结构可靠性和质量小的要求

在考虑设计安全系数后,壳体结构的最低机械性质应不低于临界工作温度下各种载荷所要求的机械性质。

材料的韧性要好,确保壳体不会发生脆性破坏。通常用冲击韧性 α_k 和断裂韧性 K_c 来表征材料的韧性,前者只能相对地表征材料韧性的优劣,后者可用以判别壳体会不会发生脆性断裂。一般来说,金属材料强度越高,其对材料的裂纹和缺陷越敏感,亦即其断裂韧性越低。因此对于金属壳体,尤其是钢壳体,选材时不能单纯追求高强度,还应考虑有足够的断裂韧性。复合材料的断裂问题远比金属复杂,它与增强纤维、树脂基本的性能及其相互间的相容性,以及材料所处环境和历程诸多因素有关。

所设计的壳体应具有足够的刚度。壳体的刚度与材料的弹性模量有关,也与壳体的形状、直径和壁厚有关。尤其在采用比强度高的材料时,更应保证壳体有足够的壁厚,以免在外载荷作用下出现屈曲(失稳)。

所设计的壳体质量应尽量小,以满足发动机质量比的要求。

当有几种材料满足壳体结构的强度、刚度、韧性和质量要求时,则应根据成本最低的原则来选材。

2）材料应有良好的加工工艺性

材料的良好加工工艺性包括两方面:一是加工简单;二是适应加工工厂的研制和生产能力。对于金属材料,要求有一定的塑性,以便冲压、旋压和锻造成形,相应的热处理规范应简单,易于机械加工。对于复合材料,要求成形和固化工艺简单,有利于降低生产成本,缩短生产和研制周期。

3）材料来源丰富,经济性好

所选材料应价格低廉,且其原材料来源丰富,立足国内。例如:选用超高强钢,稀有元素镍应尽量少用,而多采用锰、钼、铬;复合材料的纤维和树脂配方也应建立在国产基础上。

4.4　发动机推进剂的选择

固体推进剂的性能直接影响发动机的性能,而不同发动机对推进剂的要求也不尽相同,因此,选择推进剂的种类是一个非常复杂的问题。

1. 固体推进剂的种类及其特性

固体推进剂有双基推进剂(DB)、复合推进剂和复合改性双基推进剂(CMDB)三大类,如图4.11所示。

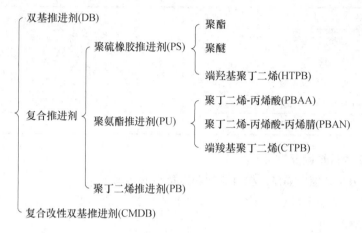

图4.11　固体推进剂分类

1)双基推进剂

双基推进剂的基本成分是硝化棉和硝化甘油,它是早期发展的一种推进剂,其能量、密度和力学性能均较低,安定性也不好。

若想提高双基推进剂的能量特性,可在双基基础上加入一些炸药成分,如黑索金(RDX)、吉纳等,以及适量的铝粉。

为了改善内弹道特性,在推进剂配方中加入各种铅盐,如氧化铅、水杨酸铅等,这样可以降低压强指数,得到$n \approx 0$的具有平台效应的推进剂,甚至可以得到n为负值的推进剂,这种现象称为麦撒效应。

2)复合推进剂

复合推进剂的基本成分是氧化剂、黏合剂和金属燃料,还有少量的其他成分,用以改善推进剂的某些性能。

可用作氧化剂的有过氯酸铵、过氯酸钾、过氯酸锂、过氯酸硝酰、过氯酸肼、硝酸铵、硝酸锂等。目前应用最广泛的是过氯酸铵,它具有多方面的特性。

可用作黏合剂(也是燃料)的有聚硫橡胶、聚氨酯、聚丁二烯、聚氯乙烯等。

可用作金属燃料的有铝、铍、锆等粉末,其中铝粉得到广泛的应用。

3)复合改性双基推进剂

复合改性双基推进剂也称复合双基或改性双基推进剂,它具有较高的能量特性,其火焰温度高,燃烧效率高。最近研制成功的一种称为硝酸酯增塑聚醚的推进剂(NEPE)具有更高的能量,其理论比冲可达2670~2800N·s/kg,力学性能也优于一般的CMDB推进剂。

2. 选择推进剂的原则[1]

1)具有所需的能量特性

能量特性是以比冲与密度来表征的。发动机总冲为

$$I = I_{sp}m_p g = I_{sp}\rho_p g V_p \tag{4.1}$$

式中:I_{sp}、ρ_p、V_p分别为推进剂的比冲、密度和体积。

当 V_p 一定时,$I_{sp}\rho_p$ 越大,则 I 越大。反之,当 I 一定时,$I_{sp}\rho_p$ 越大,则 V_p 越小,燃烧室体积也越小,燃烧室壳体质量也就越小。同时,由于 I_{sp} 越大,推进剂质量 m_p 也越小,发动机总质量也越小。因此,通常要求推进剂应该具有尽量高的能量特性。

由火箭最大速度公式

$$v_{max} = -I_{sp}g\ln\mu_k \qquad (4.2)$$

可得

$$\mu_k = \exp\left(-\frac{v_{max}}{I_{sp}g}\right) \qquad (4.3)$$

且

$$\frac{\mathrm{d}v_{max}}{\mathrm{d}I_{sp}} = g\ln\frac{1}{\mu_k} \qquad (4.4)$$

远程火箭 μ_k 较小,比冲增大将使 v_{max} 增加较多,因此应选比冲大的推进剂,如高能复合推进剂和改性双基推进剂;对于近程火箭,比冲增大使 v_{max} 增大不多,可选比冲稍低、其他性能优越(如经济性好、可大量生产、贮存性能好)的推进剂,如一般双基推进剂。

2)具有所要求的内弹道特性

内弹道特性通常以推进剂的燃速、燃速压强指数和温度系数来表征。

(1)推进剂应具有所需的燃速。

对于助推器来讲,其推力大、工作时间短,因此往往选择高燃速的推进剂;对于主发动机来讲,其工作时间长,则选燃速低的推进剂。推进剂的燃速是可调节的。例如,一般双基推进剂可用加入燃烧催化剂和改变其含量的方法调节燃速,复合推进剂还可用改变氧化剂颗粒大小和颗粒匹配的方法调节燃速。

(2)燃速压强指数应低。

发动机的平衡压强为

$$p = \left(C^*\rho_p a\frac{S}{A_t}\right)^{\frac{1}{1-n}} \qquad (4.5)$$

故

$$\frac{\mathrm{d}p}{p} = \frac{1}{1-n}\left(\frac{\mathrm{d}C^*}{C^*} + \frac{\mathrm{d}\rho_p}{\rho_p} + \frac{\mathrm{d}a}{a} + \frac{\mathrm{d}S}{S} - \frac{\mathrm{d}A_t}{A_t}\right) \qquad (4.6)$$

由式(4.6)可见,若压强指数 n 值小,则压力波动、推力波动就小,性能再现性好。n 值也是可以调节的。

(3)燃速对温度的响应低。

定义燃速温度系数为

$$\sigma_p = \frac{\partial\ln r}{\partial T}\bigg|_p = \frac{\partial r}{r\partial T}\bigg|_p \qquad (4.7)$$

解方程得

$$r = r_0 e^{\sigma_p(T-T_0)} \approx r_0[1 + \sigma_p(T - T_0)] \qquad (4.8)$$

定义压力温度系数为

$$\pi_k = \frac{\partial\ln p}{\partial T}\bigg|_{K_N} = \frac{\partial p}{p\partial T}\bigg|_{K_N} \qquad (4.9)$$

解方程得

$$p = p_0 e^{\pi_k(T-T_0)} \approx p_0 [1 + \pi_k(T - T_0)] \tag{4.10}$$

因为

$$r = ap^n \tag{4.11}$$

$$\frac{\partial \ln r}{\partial T} = \frac{\partial \ln a}{\partial T} + n \frac{\partial \ln p}{\partial T}$$

得

$$\sigma_p = \frac{\partial \ln r}{\partial T}\bigg|_p = \frac{\partial \ln a}{\partial T} \tag{4.12}$$

因为

$$p = (C^* \rho_p \alpha K_N)^{\frac{1}{1-n}}$$

$$\frac{\partial \ln p}{\partial T} = \frac{1}{1-n} \left(\frac{\partial \ln C^*}{\partial T} + \frac{\partial \ln \rho_p}{\partial T} + \frac{\partial \ln a}{\partial T} + \frac{\partial \ln K_N}{\partial T} \right)$$

最后得

$$\pi_k = \frac{\partial \ln p}{\partial T}\bigg|_{K_N} = \frac{1}{1-n} \left(\frac{\partial \ln C^*}{\partial T} + \frac{\partial \ln \rho_p}{\partial T} \right) + \frac{1}{1-n} \sigma_p \tag{4.13}$$

由式(4.13)可知,π_k不仅反映了燃速随温度的变化,而且也反映了特征速度和密度随温度的变化。通常,温度每变化$100℃$,C^*值变化$0.5\% \sim 0.75\%$,而ρ_p基本不变,故可取

$$\pi_k \approx \frac{1}{1-n} \sigma_p$$

3) 具有良好的燃烧特性

(1)推进剂的侵蚀燃烧效应低。推进剂的侵蚀燃烧效应越强,初始压力峰越高,发动机的结构重量越大。侵蚀燃烧效应可用经验公式表达,例如,勒努尔 – 罗比拉德(Lenoir – Robillard)公式:

$$r = ap^n + \frac{\alpha}{x^{0.2}} \left(\frac{\dot{m}}{A_p} \right)^{0.8} \exp\left(-\frac{\beta r \rho_p A_p}{\dot{m}} \right) \tag{4.14}$$

式中:α、β为侵蚀燃烧参数;x为距药柱前端的距离;A_p为通气面积;$\dot{m}$为燃气质量流率。

侵蚀效应通常只发生在初始阶段,其与推进剂的性质(T_f、ρ_p)有关,推进剂火焰温度T_f越高,侵蚀燃烧效应越低,$T_f < 3000K$的所有推进剂都有明显的侵蚀燃烧效应。此外,侵蚀效应还与装填系数η_V有关,η_V越大,侵蚀燃烧效应越明显。

(2)推进剂正常燃烧的临界压力低。临界压力p_{cr}是指固体推进剂在低压下燃烧时常会出现断续燃烧(反常燃烧)的现象。这种非声振低频燃烧会随燃烧室压力的增大而增加频率,当压力达到某一定值p_{cr}后,便会消失。因此,发动机的工作压力应该大于p_{cr}。通常,p_{cr}与推进剂配方、初温、通气参数等有关。一般情况下,双基药的p_{cr}为$4 \sim 6MPa$,复合药的$p_{cr} \leqslant 3MPa$。

(3)推进剂具有良好的燃烧稳定性。这里指的是振荡燃烧,其中有声振和非声振两种。振荡燃烧与推进剂固有性质有关,可通过T形燃烧器进行试验研究;振荡燃烧会造成燃烧室超载和系统振动。控制振荡燃烧的方法是:测定推进剂在各工作压力下的响应函数,通过在推进剂中加入金属粉末或金属氧化物来抑制振荡燃烧。如复合推进剂、改性双基推进剂可以通过改变铝粉的含量、颗粒大小来改善燃烧稳定性。

4）具有足够的力学特性

力学特性包括延伸率、抗拉强度、抗压强度和松弛模量等。推进剂应具有的力学特性可由药柱结构完整性分析来确定。对于铸装式发动机，如果抗拉强度不太低，力学特性中主要考虑延伸率；对于自由填装式发动机，如果延伸率不太低，力学特性中主要考虑抗压强度。通常，推进剂的延伸率在低温下最低，其机械强度在高温下最低。因此，经常以低温下的延伸率、高温下的机械强度来评定推进剂的力学特性。双基药和改性双基药的低温延伸率低，但高温下具有高的机械强度；复合药在低温下通常具有相当高的延伸率，但在高温下其机械强度却较低。

发动机推进剂选择的其他要求还有：推进剂应具有良好的物理、化学安定性；推进剂应具有最小的危险性；推进剂的生产经济性好。

4.5　药柱形状及其选择

药柱是固体火箭发动机的重要组成部分，决定发动机的主要弹道性能。药柱形状选择是发动机总体设计的重要内容之一。

1. 药柱种类及其特点[1]

药柱种类很多，设计者可根据总体设计要求，合理选择药柱形状，如图 4.12 所示。

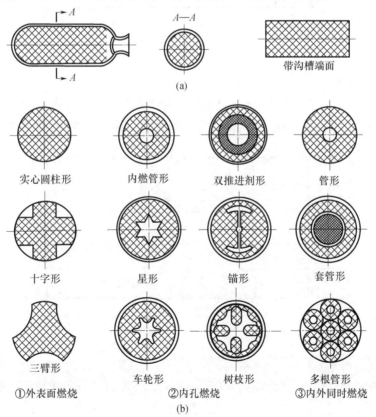

图 4.12　典型的药柱形状

（a）端燃药柱（一维药柱）；（b）侧燃药柱（二维药柱）。

药柱的分类方法很多:按燃面变化规律分为等(恒)面燃烧药柱、减面燃烧药柱和增面燃烧药柱;按燃面所处位置分为端面燃烧药柱、侧面燃烧药柱和端 - 侧面燃烧药柱;按主燃烧方位的维数分为一维药柱、二维药柱和三维药柱;按几何形状分为管形药柱、星形药柱、车轮形药柱、槽柱形药柱、球形药柱、锥柱形药柱和翼柱形药柱等。

1)端面燃烧药柱

端面燃烧药柱的几何尺寸通常以药柱外径 D、长度 L_p 来表征。这种药柱只适用于工作时间长而推力小的发动机,如防空导弹的续航发动机、燃气发生器等。

端面燃烧装药有其独特的特性,它装填密度最高,只沿轴向燃烧,使较大直径的发动机(直径大于 0.6m)呈现递增的推力特性。如图 4.13 所示,端面燃烧药柱燃烧后不久便形成一个锥形,引起压力和推力的上升。尽管这种现象的机理还没有完全弄清楚,但至少有两个因素会造成贴近黏接面处的燃速增大:一是燃烧催化剂向壁面的化学迁移;二是黏接面处较高的应力应变而产生的裂纹。

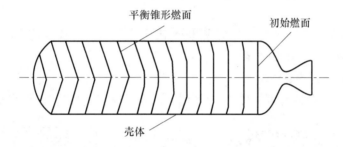

图 4.13　端面燃烧药柱

2)侧面燃烧药柱

(1)管形药柱。管形药柱(图 4.14)的主要几何参数有药柱外径 D、内孔直径 d、药柱长度 L_p 和肉厚 e_1,通常写成 $D/d - L_\mathrm{p}$。若为多根药柱,应注明根数 n,即 $D/d - L_\mathrm{p}n$。

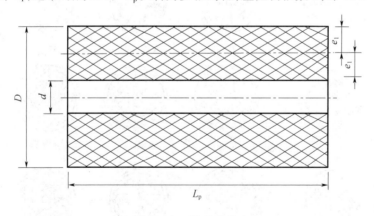

图 4.14　管形药柱

内外侧面同时燃烧时,其肉厚 $e_1 = (D - d)/4$,其体积装填分数或容积系数可表示为

$$\eta_\mathrm{V} = \frac{V_\mathrm{p}}{V_\mathrm{c}} = \frac{A_\mathrm{T}L_\mathrm{p}}{A_\mathrm{c}L_\mathrm{c}} \approx \frac{A_\mathrm{T}}{A_\mathrm{c}} = \eta$$

即

$$\eta_{\mathrm{V}} \approx \eta = \frac{\frac{\pi}{4}(D^2 - d^2)}{\frac{\pi}{4}d_{\mathrm{c}}^2} = \bar{D}^2 - \bar{d}^2 = 4\bar{e}_1(\bar{D} + \bar{e}_1) \tag{4.15}$$

式中:η 为截面装填分数;A_{T} 为药柱截面积;A_{c} 为燃烧室空腔截面积;d_{c} 为燃烧室内径;V_{p} 为药柱体积;V_{c} 为燃烧室内腔容积;$\bar{e}_1 = 2e_1/d_{\mathrm{c}}$ 为药柱肉厚分数;$\bar{D} = D/d_{\mathrm{c}}$,$\bar{d} = d/d_{\mathrm{c}}$。

由式(4.15)可见,体积装填分数 η_{V} 取决于肉厚分数 $\bar{e}_1$,因此,考虑 η_{V} 时必须考虑 $\bar{e}_1$ 的要求。式(4.15)表明,$\bar{e}_1$ 越大,η_{V} 也越大,而 η_{V} 受燃烧室初始自由通气面积的限制。多根管形药柱的 η_{V} 还与根数 n 有关,一般 $\bar{e}_1 < 0.1$,$\eta_{\mathrm{V}} = 0.60 \sim 0.70$。对于内燃管形药柱,当其长径比小于2时,可取 $\bar{e}_1 = 0.5 \sim 0.9$,$\eta_{\mathrm{V}} = 0.85 \sim 0.95$。

管形药柱具有几何形状简单、无余药、无应力集中现象、肉厚和燃面变化较大、制造工艺成熟及使用方便等特点。除直接浇铸在燃烧室中的内侧燃烧管形药柱外,燃烧过程中的燃气均与燃烧室内壁接触,所以必须采取防热措施,从而增加了发动机的消极质量。药柱需要支承装置,这也增加了发动机的消极质量。

多根装填的管形药柱适用于工作时间不长、推力较大的各种助推器。

(2)星形药柱。星形药柱(图4.15)的主要几何尺寸有药柱外径 D、肉厚 e_1、星角数 n、星边夹角 θ、星槽过渡圆弧半径 r、角分数 ε、特征尺寸 l 和药柱长度 L_{p} 等。几何形状及肉厚不同时,其燃面及装填分数的变化范围都比较大。由于星形药柱外侧面不参加燃烧,故其装填分数通常比同类型的单根管形药柱大。

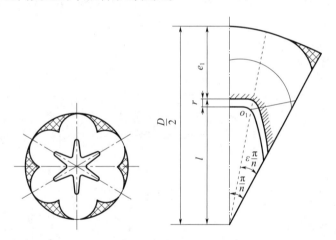

图4.15　星形药柱

星形药柱由于解决了壳体的热防护和大型药柱的支承及生产工艺等问题,大大推动了固体火箭技术的发展。这种药柱具有的突出优点,使其在导弹、运载火箭、探空火箭等各级发动机上得到广泛应用。

星形药柱的缺点是有余药,致使药柱利用率降低,同时使得燃烧室压强和发动机推力曲线有较长的拖尾现象(图4.16)。可以通过合理选取药柱几何参数,或用轻质泡沫塑料条代替余药等办法来减少或消除余药。另外,星形药柱几何形状复杂,星角处往往产生应力集中,对推进剂力学性能要求较高,并且其芯模制造比较困难。要减小星角处的应力集中,可以采取增大过渡圆弧半径 r、星槽宽度和用分隔式或积木式药柱的办法,如图4.17所示。

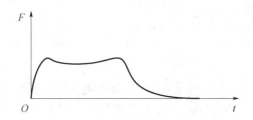

图 4.16　有拖尾现象的推力曲线

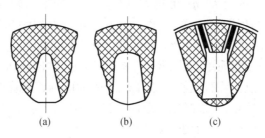

图 4.17　减小星角应力集中的措施

(a)圆角形;(b)平角形;(c)分隔形。

3)端面－侧面燃烧药柱

这种端面和侧面同时燃烧的药柱属于三维药柱。

(1)开槽管形药柱。开槽管形药柱又称管槽形药柱或槽柱形药柱(图 4.18),其开槽数及其长度可随不同的设计要求而变化。这种药柱由外径 D、内径 d、长度 L_p、开槽长度 l、开槽宽度 $2h$、开槽数 n、相邻槽间夹角 θ 等主要几何参数来表征。该药柱的体积装填分数与内燃管形药柱相近,$\bar{e}_1$ 大,η_V 也大。

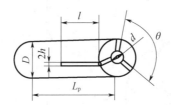

图 4.18　开槽管形药柱

管槽形药柱的优点:

① 可利用开槽长度、宽度或开槽数来调节燃面变化规律,如 l 短为增面性,l 长为减面性,l 适中($l<0.5L_\mathrm{p}$)可获得近似恒面燃烧;

② 药柱形状简单,无余药;

③ 开槽可改善药柱受力状态,减小应力集中,提高药柱强度;

④ 采取后端开槽,使通气面积增大,可使药柱内径做得小些,药柱肉厚相对增大,从而提高体积装填分数,延长工作时间;

⑤ 由于燃烧方向具有多向性,提高了燃烧稳定性。

由于槽的存在,需对燃烧室壳体采取绝热措施,致使发动机消极质量增加。

管槽形药柱适用于长径比大、工作时间较长、体积装填分数高的中小型发动机。对于大型发动机,管槽形药柱可做成分段式的,各段间以限燃层或弹性物隔开。

（2）锥柱形药柱。如图 4.19 所示，锥形环向槽呈减面燃烧，圆柱内孔呈增面燃烧，二者适当配合可得到近乎恒面的燃烧。锥柱形药柱的主要几何参数有外径 D、内径 d、长度 L_p、锥角 θ、锥面之间的距离 $2h$ 等。

该药柱有较宽的肉厚分数和较高的体积装填分数，适用于长径比 L_p/D 为 2~4、工作时间较长的发动机。

这种药柱的锥槽有利于改善药柱的受力状态，无余药；但是其工艺困难，锥槽部分需要采用可拆卸、可熔化或可燃烧芯模。

（3）翼柱形药柱。翼柱形药柱是一种由圆柱形内孔和轴向翼槽或凹槽星孔组合成的三维药柱（图 4.20），其沿药柱轴线的通道截面是变化的，一段是圆孔形，一段是翼槽形。圆孔柱段提供增面燃烧，翼槽段提供减面燃烧，两者适当配合可得到近似恒面燃烧。翼槽可置于药柱头部、后部或者前后都有。

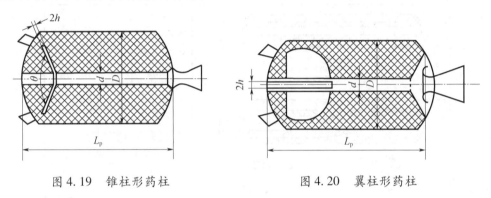

图 4.19　锥柱形药柱　　　　　图 4.20　翼柱形药柱

翼柱形药柱由外径 D、内径 d、长度 L_p、翼槽数 n、翼槽宽 $2h$ 和翼的几何形状来表征，其燃面变化规律除与上述几何参数有关外，还与封头形状及喷管潜入深度有关。这种药柱的结构完整性好，体积装填分数高，燃面可调范围大，适用于长径比 L_p/D 为 1~2、长时间工作的发动机。

4）特殊药柱

（1）球形药柱。球形药柱是外壳为球形的发动机药柱，该药柱的内孔形状很多，有星形、翼柱形、轴向或径向开槽、翼锥形等，以及各种几何形状的组合。球形药柱适用于空间发动机，如航天器入轨、制动、变轨等采用的球形发动机。

（2）双推进剂药柱。双推进剂药柱又称组合药柱或双燃速药柱。采用两种不同燃速的推进剂可以改善药柱的设计，既可以消除余药，又可以在大肉厚下得到平稳的推力、压强曲线。

（3）双推力药柱。在火箭工作初期需要一个较大的推力来加速，但是随着推进剂的消耗，火箭质量减小，期望推力有所降低。这样，可以限制火箭最大加速度，尤其是针对一些敏感载荷。另外，还可降低阻力损失，获得较大的射程或末速度。

双推力药柱是用于单室双推力发动机的药柱。双推力（助推－续航）发动机的推力方案，可以借助采用两种不同肉厚的药柱形状来实现；当两级推力比大时，还可以借助采用不同燃速的推进剂和不同肉厚的药柱形状来实现。图 4.21 中就列出了一些双推力药柱的方案。

由于大部分推进剂在续航阶段消耗，因此单室双推力发动机的续航段决定了发动机的设计。

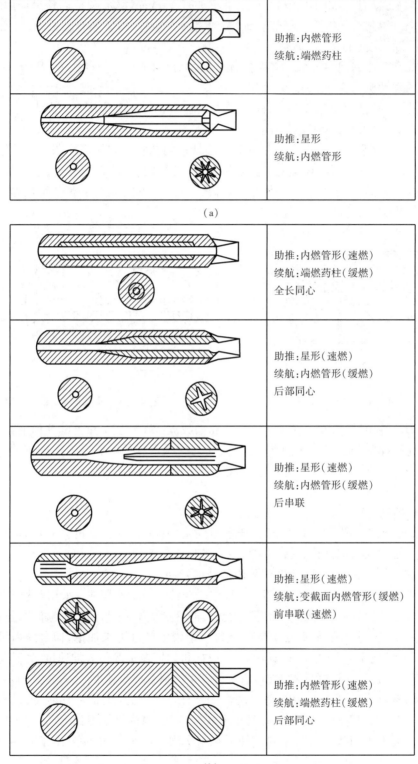

图 4.21　单室双推力发动机

(a)单推进剂;(b)双推进剂。

2. 选择药柱形状的原则

药柱形状选择得是否合适,将严重影响发动机的性能和质量指标。选择药柱形状时,一般应遵从如下原则:

(1)所选药柱形状的燃面变化规律应符合主要技术要求中规定的推力随时间变化的方案;

(2)所选药柱形状应具有足够的燃烧面积,以获得所要求的推力;

(3)所选药柱形状应使发动机具有较高的 η_V,以保证发动机具有较高的冲质比;

(4)尽量无余药,以减少能量损失或推力拖尾现象;

(5)所选药柱形状应具有足够的强度,有较好的结构完整性。

选择药柱形状的基本原则,归纳起来有三个,即能量特性及内弹道特性、结构完整性和工艺性,再综合考虑其他方面的原则。

4.6　发动机主要设计参数的选择

发动机的主要设计参数包括发动机直径、工作压力和扩张比等。

4.6.1　发动机直径的选择

通常发动机直径由总体根据弹体的结构刚度、气动外形、发射等条件确定,如总体规定范围,可根据发动机结构质量最小的原则来确定。图 4.22 为发动机壳体示意图[1]。

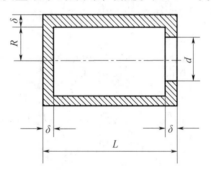

图 4.22　发动机壳体示意图

发动机的结构质量为

$$m_m = m_c + m_n + m_s + m_{ign} + m_a \tag{4.16}$$

m_c 主要受 D 影响。

初估燃烧室壳体的质量为

$$m_c = 2\pi R\delta L\rho_m + 2\pi R^2\delta\rho_m - A_p\delta\rho_m \tag{4.17}$$

$$\delta = \frac{\varphi p_{max} R}{[\sigma]}, \quad L = \frac{V_p}{\pi R^2 - A_p}$$

$$m_c = \frac{\varphi p_{max}\rho_m}{[\sigma]}\left(\frac{2\pi R^2 V_p}{\pi R^2 - A_p} + 2\pi R^3 - A_p R\right) \tag{4.18}$$

R 存在最优值,将式(4.18)对 R 求导,并令其等于0,则

$$(6\pi R^{*2} - A_p)(\pi R^{*2} - A_p)^2 = 4\pi R^* A_p V_p \tag{4.19}$$

式中:R^* 为某一装药量和通气面积下的燃烧室最优半径。

由燃烧室半径及壳体厚度即可求出发动机直径。

4.6.2 发动机工作压力的选择

发动机工作压力不仅影响到发动机是否能够正常与稳定工作,而且影响到发动机工作性能,包括比冲的大小、工作时间、装药尺寸、结构质量等。通常可按照如下原则选择发动机工作压力[1]。

1. 要保证推进剂能正常燃烧

发动机工作时可能出现的最小平衡压力 p_{eqmin} 应高于或等于该推进剂在最低使用温度下的临界压力 $p_{cr(-T)}$(T 的单位为℃),即

$$p_{eqmin} \geqslant p_{cr(-T)} \tag{4.20}$$

影响临界压力的因素主要有 3 点。①初温:初温越高,临界压力越低;反之,则高。②推进剂种类:双基药较高(4～6MPa),复合药较低(2～3MPa)。③特征长度 L^*:特征长度 L^* 有如下关系式。

$$p_{cr}^{2n} L^* = \text{const} \tag{4.21}$$

2. 要使重量比冲尽可能大

发动机总质量 m 由推进剂质量 m_p、燃烧室壳体质量 m_c、喷管质量 m_n 和其他结构质量 m_{oth} 组成,即

$$m = m_p + m_c + m_n + m_{oth} \tag{4.22}$$

一般情况下,工作压力对喷管质量 m_n 的影响不大,其他结构质量 m_{oth} 可认为与工作压力无关。对式(4.22)求导,得

$$\begin{cases} \left(\dfrac{dm}{dp_c}\right)_l \approx \left(\dfrac{dm_c}{dp_c} + \dfrac{dm_p}{dp_c}\right)_l = 0 \\[3mm] \left(\dfrac{dm_p}{dp_c}\right)_l = -\dfrac{I}{gI_{sp}^2}\dfrac{dI_{sp}}{dp_c} = -\dfrac{m_p}{I_{sp}}\dfrac{dI_{sp}}{dp_c} \\[3mm] \dfrac{1}{m_p}\left(\dfrac{dm_c}{dp_c}\right) - \dfrac{1}{I_{sp}}\dfrac{dI_{sp}}{dp_c} = 0 \end{cases} \tag{4.23}$$

求解方程(4.23)可得到工作压力的最优值。

4.6.3 喷管扩张比的选择

喷管扩张比 ε_A 指喷管出口面积 A_e 与喷管临界截面积 A_t 的比值,即

$$\varepsilon_A = A_e / A_t$$

当扩张比一定时,压力比 p_e / p_c 也是一定的(扩张段内无激波和气流分离),它影响发动机的比冲及其结构质量。扩张比选择可以按以下原则[1]。

1. 发动机推力或比冲最大

对于低空飞行的火箭,工作高度变化不大,应使喷管出口压强等于外界大气压强,即 $p_e = p_a$,此时喷管处于完全膨胀状态下工作,从而获得最大推力或比冲。对于工作高度变化较大的火箭,相应的 p_a 变化也较大。当喷管出口压力一定时,低空时喷管常处于过膨胀状态($p_e < p_a$),高空时喷管又处于欠膨胀状态($p_e > p_a$)。由于 p_a 的变化,发动机推力也发生相应变化。此时,在发动机工作时间 t_a 内的平均推力为

$$\bar{F} = \frac{1}{t_a} \int_0^{t_a} F \mathrm{d}t \tag{4.24}$$

显然,对这类工作高度变化大的发动机,其喷管扩张比应使该平均推力最大。将推力公式 $F = \dot{m}v_e + A_e(p_e - p_a)$ 代入式(4.24),得

$$\bar{F} = \dot{m}v_e + A_e p_e - \frac{A_e}{t_a} \int_0^{t_a} p_a \mathrm{d}t$$

将上式对 p_e 求导,并令其等于 0,得

$$\dot{m}\frac{\mathrm{d}v_e}{\mathrm{d}p_e} + A_e + p_e\frac{\mathrm{d}A_e}{\mathrm{d}p_e} - \frac{A_e}{t_a}\frac{\mathrm{d}}{\mathrm{d}p_e}\Big(\int_0^{t_a} p_a \mathrm{d}t\Big) - \frac{1}{t_a}\int_0^{t_a} p_a \mathrm{d}t \frac{\mathrm{d}A_e}{\mathrm{d}p_e} = 0 \tag{4.25}$$

由一维稳定伯努利方程得

$$v_e \mathrm{d}v_e = -\frac{\mathrm{d}p_e}{\rho_e}$$

故

$$\frac{\mathrm{d}v_e}{\mathrm{d}p_e} = -\frac{1}{\rho_e v_e}。$$

把连续方程 $\dot{m} = \rho_e v_e A_e$ 代入上式,得

$$\dot{m}\frac{\mathrm{d}v_e}{\mathrm{d}p_e} = -A_e$$

将上式代入式(4.25),同时令式(4.25)左边第 3 项为 0,于是得

$$\frac{\mathrm{d}A_e}{\mathrm{d}p_e}\Big(p_e - \frac{1}{t_a}\int_0^{t_a} p_a \mathrm{d}t\Big) = 0$$

其中,$\mathrm{d}A_e/\mathrm{d}p_e \neq 0$,故有

$$p_e = \frac{1}{t_a}\int_0^{t_a} p_a \mathrm{d}t = \bar{p}_a \tag{4.26}$$

ε_A 应使 p_e 等于发动机工作时间内外界压力的平均值。在多级火箭中,第一级火箭其高度变化较大,可用上述方法选取;第二级和第三级火箭,火箭飞行高度较高或已在大气层外飞行,则 $p_e = p_a \approx 0$,此时喷管扩张比将较大。

2. 发动机重量比冲最大

1)喷管质量随扩张比的变化

扩张比变化主要会引起扩张段质量变化,图 4.23 所示喷管的锥形扩张段的表面积为

$$A = \pi(R_e + R_t)l = \frac{\pi R_e^2 - \pi R_t^2}{\sin\alpha} = \frac{1}{\sin\alpha}(A_e - A_t) = \frac{A}{\sin\alpha}(\varepsilon_A - 1) \tag{4.27}$$

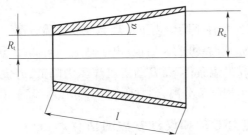

图 4.23　喷管的锥形扩张段

因此,喷管扩张段的质量可近似为

$$m'_{n} = \frac{1}{\sin\alpha} A_{t}(\varepsilon_{A} - 1)\bar{\delta}_{n}\rho_{n} \tag{4.28}$$

式中:$\bar{\delta}_{n}$ 为扩张段壳体平均厚度;ρ_{n} 为壳体材料密度。

2) 装药质量随扩张比的变化

装药质量为

$$m_{p} = \frac{I}{gI_{sp}} \tag{4.29}$$

其中

$$gI_{sp} = C^{*}\left\{ \Gamma\sqrt{\frac{2k}{k-1}\left[1 - \left(\frac{p_{e}}{p_{c}}\right)^{\frac{k-1}{k}}\right]} + \frac{A_{e}}{A_{t}}\left(\frac{p_{e}}{p_{c}} - \frac{p_{a}}{p_{c}}\right) \right\} \tag{4.30}$$

$$\varepsilon_{A} = \frac{\left(\frac{2}{k+1}\right)^{\frac{1}{k-1}}\sqrt{\frac{k-1}{k+1}}}{\sqrt{\left(\frac{p_{e}}{p_{c}}\right)^{\frac{2}{k}} - \left(\frac{p_{e}}{p_{c}}\right)^{\frac{k+1}{k}}}} \tag{4.31}$$

推进剂选定后,C^{*}、k 及 Γ 均为已知。当发动机在 20km 以下工作时,可取 $p_{a} = \bar{p}_{a}$;当发动机在 20km 以上工作时,取 $p_{a} = 0$。给出一系列 p_{e}/p_{c} 值,由式(4.29)~式(4.31)计算出装药质量,得到 m 随扩张比 ε_{A} 的变化曲线,曲线的极值即最优扩张比 ε_{A}^{*}。

由图 4.24 可见,$\varepsilon_{A}^{*} < \varepsilon_{A}'$。当喷管质量占发动机结构质量很小部分时,可取 $\varepsilon_{A}^{*} = \varepsilon_{A}'$,这时 $p_{e} = p_{a}$。当所占比例达 10%~20% 或更高时,不能简单地追求比冲或推力最大,而应力求重量比冲最大。

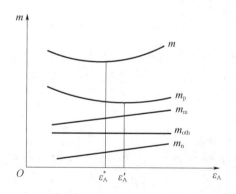

图 4.24 发动机质量 m 与扩张比 ε_{A} 的关系

3. 在高空和低温工作条件下喷管内不出现激波和气流分离

当按 $p_{a} = \bar{p}_{a}$ 确定扩张比时,可能会出现:由于高空下 p_{a} 低,出现过膨胀,甚至扩张段出现激波,导致气流分离;在低温条件下,发动机工作压力降低,p_{e}/p_{c} 下降,同样也会引起过膨胀。为保障喷管内不出现气流分离,通常限制 p_{emin}/p_{a} 为 0.3~0.4。

4.6.4 发动机热力参数和设计参数的估算

推进剂选定后,原理中给出了热力参数的计算,从而得到了理论值。这里要估算 I_{sp}、

C^*、C_F、T_g 和 k 等在发动机中的实际值,为装药设计提供参数。

1. 发动机热力参数的估算

比冲效率:

$$\eta_{I_{sp}} = I_{sp}/I_{sp0}$$

燃烧室效率:

$$\eta_{C^*} = C^*/C_0^*$$

喷管效率:

$$\eta_{cf} = C_F/C_{F0}$$

则有

$$\begin{cases} I_{sp} = \eta_{I_{sp}} I_{sp0} \\ C^* = \eta_{C^*} C_0^* \\ C_F = \eta_{cf} C_{F0} \end{cases} \tag{4.32}$$

已知

$$I_{sp0} = C_0^* C_{F0}/g$$

$$I_{sp} = C^* C_F/g$$

故

$$\eta_{I_{sp}} = \eta_{C^*} \eta_{cf} \tag{4.33}$$

1) 实际特征速度 C^* 的估算

要估算实际特征速度,必须求得燃烧室内的各种损失,如散热损失、金属燃烧剂燃烧不完全损失、化学动力学滞后损失、两相流损失(热动力学滞后损失)等。

估算方法:理论估算法、经验估算法、试验测定法。

理论估算:目前只有散热损失可以理论估算。

(1)双基药管形药柱发动机的燃烧室效率。这种发动机的燃烧室损失主要是散热损失,散热方式有对流和辐射两种,而其中对流损失是主要的,可采用理论估算。

单位时间内燃气对燃烧室壁的热交换为

$$\dot{Q} = \frac{Q}{t} = \alpha(T_g - T_w)S_c \tag{4.34}$$

以 χ 表示考虑了散热损失后的能量损失修正系数,则有

$$\chi = \frac{\dot{m}H_0 - \dot{Q}}{\dot{m}H_0} = 1 - \frac{\dot{Q}}{\dot{m}H_0} \tag{4.35}$$

式中:H_0 为燃气的理论热焓,可取 $H_0 \approx Q_w$,Q_w 为推进剂的爆热。

工作时间内总热量损失为

$$Q = \int_0^{t_a} \dot{Q}\mathrm{d}t = \int_0^{t_a} \alpha(T_g - T_w)S_c\mathrm{d}t = \bar{\alpha}(T_g - \bar{T}_w)S_c t_a \tag{4.36}$$

式中:$\bar{T}_w$ 为工作时间内平均内壁温度,可取 $\bar{T}_w \approx T_0$。

平均能量损失修正系数为

$$\bar{\chi} = \frac{m_p H_0 - Q}{m_p H_0} = 1 - \frac{Q}{m_p H_0} \tag{4.37}$$

χ 也可以利用经验公式估算,即

$$\chi = 1 - \frac{a}{1 + b\dfrac{m_i}{m_p}} \tag{4.38}$$

式中:m_i 为燃烧掉的推进剂质量;a、b 为常数。

理论质量流量:

$$\dot{m}_0 = \frac{1}{C_0^*} A_t p_c = \frac{\Gamma}{\sqrt{\dfrac{R_0}{M}T_g}} A_t p_c$$

实际质量流量:

$$\dot{m} = \frac{1}{C^*} A_t p_c = \varphi_2 \frac{\Gamma}{\sqrt{\dfrac{R_0}{M}\chi T_g}} A_t p_c = \frac{\varphi_2}{\sqrt{\chi}} \frac{1}{C_0^*} A_t p_c$$

故

$$\eta_c^* = \frac{C^*}{C_0^*} = \frac{\sqrt{\chi}}{\varphi_2} \tag{4.39}$$

式中:φ_2 为喷管的流量损失系数,可按下面的经验公式估算,即

$$\varphi_2 = \left[1 - 0.31 \left(\frac{d_t}{d_g} \right)^4 \right] (1 - 0.112\beta) \tag{4.40}$$

其中:d_g 为挡药板通气面积的折算直径;d_t 为喷管喉部直径;β 为喷管收敛段半锥角。

(2)复合药和改性双基药内燃药柱发动机的燃烧室效率。这种装药散热损失很小,主要是金属燃烧剂的燃烧效率。而这一效率与燃气在燃烧室内的停留时间、火焰温度、燃烧室压力、金属液滴的尺寸和氧化剂/燃烧剂比值等有关。

燃气在燃烧室内的停留时间定义为

$$t_r = \frac{V_g \rho_g}{\dot{m}_0} = \frac{V_g \rho_g}{\dfrac{1}{C_0^*} A_t p_c} = \left(\frac{V_g}{A_t} \right) \left(\frac{C_0^*}{\dfrac{R_0}{M}T_g} \right) \tag{4.41}$$

式中:V_g 为燃烧室自由容积。

将 $C_0^* = \sqrt{T_g R_0 / \bar{M}} \Big/ \Gamma$ 代入式(4.41),得

$$t_r = \frac{V_g}{A_t} \frac{1}{C_0^* \Gamma^2} = L^* \frac{1}{C_0^* \Gamma^2} \tag{4.42}$$

式中:L^* 为特征长度。

当 $t_r < 10\text{ms}$($L^* < 4\text{m}$)时,η_{Isp} 明显下降,故常用发动机的 $L^* > 4\text{m}$。

燃烧环境的影响:T_f 越高,燃烧效率越高,η_{Isp} 也越高,3200K 以上才有比较好的燃烧效率。

p_c 升高,燃烧反应加速,火焰温度升高,金属液滴尺寸减小,燃烧效率升高,从而使比冲效率增大;金属液滴尺寸越小,燃烧效率越高。而金属液滴的尺寸与燃速、工作压力、氧化剂颗粒大小和金属燃烧剂颗粒大小等因素有关。

燃烧室效率可表示为燃速的函数：

$$\eta_{\mathrm{c}}^{*} = \left[K + \frac{10 - a}{a}(1 - K) \right] bc \tag{4.43}$$

式中：K 为与燃速有关的修正系数；a 为推进剂中含铝的质量分数(%)。

2)实际推力系数的估算

喷管内的各种损失包括气流扩张损失、化学动力学滞后损失、边界层损失(包括散热损失和摩擦损失)、两相流损失(热动力学滞后损失)等。除此以外，可能还有潜入损失、推力矢量控制带来的推力损失等。在一般情况下，喷管效率利用下式计算：

$$\eta_{\mathrm{cf}} = \frac{C_F}{C_{F_0}} = 1 - \frac{\Delta C_F}{C_{F_0}} = 1 - \left(\frac{\Delta C_{F_{\mathrm{div}}}}{C_{F_0}} + \frac{\Delta C_{F_{\mathrm{kin}}}}{C_{F_0}} + \frac{\Delta C_{F_{\mathrm{bl}}}}{C_{F_0}} + \frac{\Delta C_{F_{\mathrm{tp}}}}{C_{F_0}} + \frac{\Delta C_{F_{\mathrm{sub}}}}{C_{F_0}} + \cdots \right) \tag{4.44}$$

$$= 1 - (\eta_{\mathrm{div}} + \eta_{\mathrm{kin}} + \eta_{\mathrm{bl}} + \eta_{\mathrm{tp}} + \eta_{\mathrm{sub}} + \cdots)$$

采用双基药时，两相流损失可以忽略。这类发动机的扩张比一般较小，喷管短，通常在计算理论比冲时多按冻结流动计算，因此，在喷管效率中，不再考虑化学动力学滞后损失。于是，这类发动机的喷管效率可简单地用下式估算：

$$\eta_{\mathrm{cf}} = \lambda \varphi_1 \varphi_2 \tag{4.45}$$

式中：φ_1 为气流速度损失系数，通常可取 $\varphi_1 = 0.93$；φ_2 为流量损失系数，可按式(4.40)计算。

采用复合药时，一般锥形喷管，气流扩张损失系数为

$$\lambda = \frac{1}{2}(1 + \cos\alpha) \tag{4.46}$$

特型喷管可按下面的公式近似估算：

$$\lambda = \frac{1}{2}\left[1 + \cos\left(\frac{\alpha + \alpha_{\mathrm{e}}}{2} \right) \right] \tag{4.47}$$

(1)气流扩张损失为

$$\eta_{\mathrm{div}} = 1 - \lambda \tag{4.48}$$

(2)化学动力学滞后损失为

$$\eta_{\mathrm{kin}} = \frac{1}{3}\left(1 - \frac{I'_{\mathrm{sp0}}}{I_{\mathrm{sp0}}} \right) \tag{4.49}$$

式中：I'_{sp0} 为理论冻结流比冲；I_{sp0} 为理论平衡流比冲。

压力增大喷管内的流动更接近于平衡流动，在喷管入口 $p > 1.38\mathrm{MPa}$ 时，做修正，即

$$\eta_{\mathrm{kin}} = \frac{1}{3}\left(1 - \frac{I'_{\mathrm{sp0}}}{I_{\mathrm{sp0}}} \right)\left(\frac{1.38}{p} \right) \tag{4.50}$$

(3)边界层损失(包括散热损失和摩擦损失)。边界层损失可由经验式估算：

$$\eta_{\mathrm{bl}} = c_1 \frac{p^{0.8}}{d_{\mathrm{t}}^{0.2}}\left[1 + 2\exp(-c_2 p^{0.8} t/d_{\mathrm{t}}^{0.2}) \right]\left[1 + 0.016(\varepsilon_{\mathrm{A}} - 9) \right] \tag{4.51}$$

式中：p 为喷管入口压力；t 为时间变量；c_1、c_2 为常数。

(4)两相流损失(凝固相的温度滞后和速度滞后引起的损失)。采用复合药和改性双基的发动机，与其他损失相比，两相流损失是最大的。两相流损失可由经验式估算：

$$\eta_{\mathrm{tp}} = c_3 \frac{\xi^{c_4} D_{\mathrm{p}}^{c_5}}{p^{0.5} \varepsilon_{\mathrm{A}}^{0.08} d_{\mathrm{t}}^{c_6}} \tag{4.52}$$

式中:ξ 为凝固相的摩尔数,可由推进剂配方得到;c_1、c_2、c_3、c_4 为经验常数;D_p 为凝固相颗粒尺寸。

凝固相颗粒尺寸可由经验式估算:

$$D_p = 2.385p^{13}\xi^{1/3}[1 - \exp(-0.00157L^*)](1 + 0.01772d_t) \tag{4.53}$$

(5)潜入损失。潜入损失按经验式估算:

$$\eta_{sub} = 0.0442\left(\frac{p\xi}{\varepsilon_b}\right)^{0.8}\frac{s^{0.4}}{d_t^{0.2}} \tag{4.54}$$

式中:ε_b 为收缩比(喷管入口面积与喷喉面积之比);s 为潜入长度与发动机内部长度之比。

在求得喷管的各种损失之后,由式(4.44)可求出 η_{cf},从而求出 C_F。

3)实际比冲 I_{sp} 的估算

燃烧室效率、喷管效率求出后,根据式(4.33)便可以求得比冲效率,由比冲效率定义即可求得实际比冲。

4)热力参数的试验测定

以上所述理论求得的各参数皆为估算值,不够精确,只能用于初步设计阶段。在发动机详细设计阶段,不应再采用这些估算值,应根据其试验测定值来设计和计算。热力参数的试验测定是在一种缩比发动机(弹道评定发动机)上进行的。

根据实测的压力、推力曲线计算发动机的实际特征速度、实际推力系数。

$$\bar{C}^* = \frac{A_t}{m_p}\int_0^{t_a}p\,dt = \frac{A_tI_p}{m_p} \tag{4.55}$$

$$\bar{C}_F = \frac{\int_0^{t_a}F\,dt}{A_t\int_0^{t_a}p\,dt} = \frac{I}{A_tI_p} \tag{4.56}$$

$$\bar{I}_{sp} = \frac{I}{m_pg} = \frac{1}{m_pg}\int_0^{t_a}F\,dt = \frac{\bar{C}^*\bar{C}_F}{g} \tag{4.57}$$

式中:I_p 为压力冲量。

以上得到的是缩比发动机的实际热力参数,需进行必要的修正,还应将它们换算为全尺寸发动机的热力参数。这时,两者差异主要是散热损失、两相流损失和扩张损失。比冲换算关系如图 4.25 所示。

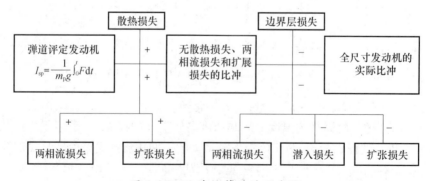

图 4.25　比冲换算关系示意图

2. 发动机设计参数的估算

1) 装药量

根据规定的总冲量 I,计算装药量 m_p。首先计算有效装药量,即

$$m_{\text{peff}} = \frac{I}{I_{\text{sp}}g} \tag{4.58}$$

式中:m_{peff} 为有效装药量。

考虑到推进剂制造上的性能偏差和药柱尺寸偏差,取

$$m_{\text{peff}} = \frac{(1.01 \sim 1.05)I}{I_{\text{sp}}g} \tag{4.59}$$

通常,低温下比冲量最小。因此,当给定最小总冲量时,有

$$m_{\text{peff}} = \frac{(1.01 \sim 1.05)I_{\min}}{I_{\text{sp}(-T)}g} \tag{4.60}$$

对于有剩药的发动机,总装药量应为有效装药量与剩药量之和,即

$$m_p = m_{\text{peff}} + m_f \tag{4.61}$$

2) 喷管喉部面积

根据规定的平均推力和选定的平均压力,计算喷喉面积

$$A_t = \frac{\bar{F}_{+20℃}}{C_{F(+20℃)}\bar{p}_{+20℃}} \tag{4.62}$$

当发动机最大推力、最大工作压力有限定值时

$$A_t = \frac{F_{\max}}{C_{F(+T)}p_{\max}} \tag{4.63}$$

当发动机最小推力、最小工作压力有限定值时

$$A_t = \frac{F_{\min}}{C_{F(-T)}p_{\min}} \tag{4.64}$$

3) 燃烧面积

根据选定的平均工作压力,计算燃烧面积。由平衡压力公式得

$$K_N = \frac{S}{A_t} = \frac{\bar{p}_{+20℃}^{1-n}}{C_{+20℃}^{*}\rho_p a_{+20℃}} \tag{4.65}$$

$$S = K_N A_t \tag{4.66}$$

当推进剂的燃速已知时,可直接由推力公式计算燃烧面积,即

$$S = \frac{\bar{F}_{+20℃}}{\rho_p r_{+20℃}I_{\text{sp}(+20℃)}g} \tag{4.67}$$

当燃烧室最大压力 $p_{\max}$ 有限定值时,应根据限定值计算燃烧面积。考虑到发动机制造偏差和推进剂性能偏差的影响,最大压力的设计值 $p_{\max d}$ 应比限定值低,如取 $p_{\max d} \approx 0.9 p_{\max}$,考虑安全余量,设计值比限定值低。高温下平衡压力应比此最大压力设计值 p_{+T} 再低,以考虑侵蚀燃烧引起的初始压力峰的影响。设初始压力峰的峰值比为 $p_r(p_r > 1)$,则

$$p_{\max d} = p_r p_{+T} = p_r (C_{+T}^{*}\rho_p a_{+T} K_N)^{\frac{1}{1-n+T}}$$

$$K_N = \left(\frac{p_{\max d}}{p_r}\right)^{1-n+T} \bigg/ (C_{+T}^{*}\rho_p a_{+T}) \approx \left(\frac{0.9 p_{\max}}{p_r}\right)^{1-n+T} \bigg/ (C_{+T}^{*}\rho_p a_{+T}) \tag{4.68}$$

或

$$p_{\mathrm{max}d} = p_{\mathrm{r}}p_{+T} = p_{\mathrm{r}}p_{+20℃}\,\mathrm{e}^{\pi_k(T-20℃)} = p_{\mathrm{r}}\mathrm{e}^{\pi_k(T-20℃)}(C_{+20℃}^*\rho_{\mathrm{p}}a_{+20℃}K_{\mathrm{N}})^{\frac{1}{1-n+20℃}}$$

$$K_{\mathrm{N}} \approx \left(\frac{0.9p_{\mathrm{max}}}{p_{\mathrm{r}}}\right)^{1-n+20℃}\exp[-\sigma_{\mathrm{p}}(T-20℃)]/(C_{+20℃}^*\rho_{\mathrm{p}}a_{+20℃}) \qquad (4.69)$$

当燃烧室最小压力 p_{min} 有限定值时，可根据限定值计算燃烧面积。最小压力的设计值 $p_{\mathrm{min}d}$ 应比限定值高，如取 $p_{\mathrm{min}d} \approx 1.1p_{\mathrm{min}}$。于是

$$p_{\mathrm{min}d} = p_{-T} = (C_{-T}^*\rho_{\mathrm{p}}a_{-T}K_{\mathrm{N}})^{\frac{1}{1-n-T}}$$

$$K_{\mathrm{N}} = (P_{\mathrm{min}d}^{1-n})_{-T}/(C_{-T}^*\rho_{\mathrm{p}}a_{-T}) \approx (1.1p_{\mathrm{min}})^{1-n-T}/(C_{-T}^*\rho_{\mathrm{p}}a_{-T}) \qquad (4.70)$$

或

$$p_{\mathrm{min}d} = p_{-T} = p_{+20℃}\,\mathrm{e}^{\pi_k(T-20℃)} = \mathrm{e}^{\pi_k(T-20℃)}(C_{+20℃}^*\rho_{\mathrm{p}}a_{+20℃}K_{\mathrm{N}})^{\frac{1}{1-n+20℃}}$$

$$K_{\mathrm{N}} \approx (1.1p_{\mathrm{min}})^{1-n+20℃}\exp[-\sigma_{\mathrm{p}}(T-20℃)]/(C_{+20℃}^*\rho_{\mathrm{p}}a_{+20℃}) \qquad (4.71)$$

4）装药的总燃层厚

根据工作时间要求，计算总燃层厚（肉厚）：

$$e_1 = rt_{\mathrm{b}} = ap^n t_{\mathrm{b}} \qquad (4.72)$$

$$\bar{e}_1 = \frac{e_1}{D_i/2} \qquad (4.73)$$

式中：$\bar{e}_1$ 为肉厚系数。

5）装填系数和通气参数的临界值

为了设计出高质量比的发动机，应该使发动机的体积装填系数尽量高。然而，装填系数受到通气参数的约束。

通气参数被定义为

$$\begin{cases} J = \dfrac{A_{\mathrm{t}}}{A_{\mathrm{p}}} \\[2mm] æ = \dfrac{S}{A_{\mathrm{p}}} \\[2mm] æ_1 = \dfrac{S}{A_{\mathrm{p}}}\dfrac{S}{A_{\mathrm{t}}}\dfrac{S}{A_{\mathrm{T}}} \end{cases} \qquad (4.74)$$

式中：A_{T} 为药柱的横截面积。

装填系数定义为

$$\begin{cases} \eta_{\mathrm{V}} = \dfrac{V_{\mathrm{P}}}{V_{\mathrm{c}}} \\[2mm] \eta = \dfrac{A_{\mathrm{T}}}{A_{\mathrm{c}}} \end{cases} \qquad (4.75)$$

且

$$\eta_{\mathrm{V}} \approx \frac{A_{\mathrm{T}}L_{\mathrm{p}}}{A_{\mathrm{c}}L_{\mathrm{c}}} \approx \frac{A_{\mathrm{T}}}{A_{\mathrm{c}}} = \eta$$

式中：L_{p} 为药柱长度；L_{c} 为燃烧室长度；A_{c} 为燃烧室内腔横截面积。

通气参数与装填系数之间存在如下关系：

$$J = \frac{A_{\mathrm{t}}}{A_{\mathrm{p}}} = \frac{A_{\mathrm{t}}}{A_{\mathrm{c}} - A_{\mathrm{T}}} = \frac{A_{\mathrm{t}}}{A_{\mathrm{c}}(1-\eta)} = \frac{F}{C_{\mathrm{F}}pA_{\mathrm{c}}(1-\eta)} \qquad (4.76)$$

$$æ = \frac{S}{A_p} = \frac{S}{A_c(1-\eta)} = \frac{F}{I_{sp}\rho_p grA_c(1-\eta)} \tag{4.77}$$

6）根据内弹道性能的要求确定 J^* 和 η^*

峰值比定义为

$$p_r = \frac{p_{max}}{p_{eq}}$$

燃烧面积变化引起的压力波动为

$$p_{rs} = \frac{p_{eq}}{\bar{p}} = \left(\frac{S}{\bar{S}}\right)^{\frac{1}{1-n}}$$

燃烧室最大压力为

$$p_{max} = p_r p_{eq} = p_r p_{rs}\bar{p} \tag{4.78}$$

故

$$\begin{cases} p_{max} = p_{max(+T)} = p_{r(+T)} p_{rs(+T)} \bar{p}_{+T} \\ p_{max(+20℃)} = p_{r(+20℃)} p_{rs(+20℃)} \bar{p}_{+20℃} \\ p_{max(-T)} = p_{r(-T)} p_{rs(-T)} \bar{p}_{-T} \end{cases} \tag{4.79}$$

推力波动以推力的最大值与平均值之比来表征,并考虑到式(4.79),得

$$\begin{cases} \dfrac{F_{max(+T)}}{\bar{F}_{+T}} \approx \dfrac{p_{max(+T)}}{\bar{p}_{+T}} = p_{r(+T)} p_{rs(+T)} \\[2mm] \dfrac{F_{max(+20℃)}}{\bar{F}_{+20℃}} \approx \dfrac{p_{max(+20℃)}}{\bar{p}_{+20℃}} = p_{r(+20)} p_{rs(+20)} \\[2mm] \dfrac{F_{max(-T)}}{\bar{F}_{-T}} \approx \dfrac{p_{max(-T)}}{\bar{p}_{-T}} = p_{r(-T)} p_{rs(-T)} \end{cases} \tag{4.80}$$

其中

$$\begin{cases} p_{rs(+T)} = \left(\dfrac{S}{\bar{S}}\right)^{\frac{1}{1-n+T}} \\[2mm] p_{rs(+20℃)} = \left(\dfrac{S}{\bar{S}}\right)^{\frac{1}{1-n+20℃}} \\[2mm] p_{rs(-T)} = \left(\dfrac{S}{\bar{S}}\right)^{\frac{1}{1-n-T}} \end{cases} \tag{4.81}$$

通常,推进剂燃速压力指数随初温变化不大,则

$$p_{rs(+T)} \approx p_{rs(+20℃)} \approx p_{rs(-T)} = p_{rs}$$

恒面性装药,$p_{rs}=1$。在总体设计期阶段,应考虑到以后装药设计的可能性,对 p_{rs} 预赋一定的值。根据 p_{rs} 求出允许的 p_r,此 p_r 对应的 J(或 $æ$)即为 J^*(或 $æ^*$)。

7）已知 p_r,确定 J^*(或 $æ^*$）

初始压力峰是由侵蚀燃烧引起的,它的 p_r 与 J 或 $æ$ 值之间的关系可由缩比发动机的内弹道性能试验来测定。试验研究表明,对于一定的推进剂和发动机结构,p_r 可表示成如下关系。

对于内燃药柱发动机:

$$p_r = f_1(J, K_N, T) \tag{4.82}$$

对于管形药柱发动机:

$$p_r = f_2(\text{æ}, K_N, \lambda, T) \tag{4.83}$$

式中:λ 为内外通气参数比,$\lambda = \text{æ}_i / \text{æ}_e$。

例如,某双基火药管形药柱发动机,在 $K_N = 405$,$\lambda = 1.32$ 时,p_r 与 æ、æ_1 之间的关系如表 4.6 和图 4.26 所示。相同条件下,温度越高,p_r 越大,这时推力波动最大,因此 J^* 或 æ^* 应由 $p_{r(+T)}$ 来确定,在装药设计时要保证 $J \leqslant J^*$ 或 $\text{æ} \leqslant \text{æ}^*$。$J^*$ 或 æ^* 确定后,即可确定 η^*,即

$$\begin{cases} \eta^* = 1 - \dfrac{F}{C_F p A_c J^*} \\[3mm] \eta^* = 1 - \dfrac{F}{I_{sp} \rho_p g r A_c \text{æ}^*} \end{cases} \tag{4.84}$$

由式(4.84)可知,F 越大,η^* 越小,即 F 大的发动机应该采用 η 低的装药,反之亦然。

表 4.6　某双基药发动机 $p_r - K_N$ 的关系($\text{æ} = 130$,$\lambda = 1.80$)

	K_N	140	180	220	260	300
	+50℃	2.18	1.46	1.42	1.28	—
p_r	+20℃	1.39	1.1	1.06	1.05	—
	−40℃	1.47	1.11	1.01	1.02	1.03

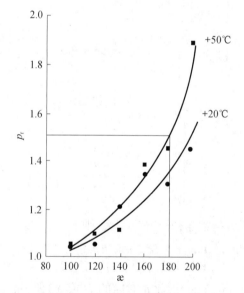

图 4.26　p_r 与 æ 的关系($K_N = 405$,$\lambda = 1.32$)

■— +50℃; ●— +20℃。

4.6.5　内弹道计算

内弹道学研究发动机燃烧室内燃气的生成、流动和排出规律,其核心问题是确定燃烧压强随时间的变化。发动机推力直接决定于燃烧室压强,同时,推进剂燃速随压强变化而

变化,压强越高,燃速越快。此外,燃烧室压强是保证发动机工作稳定和正常的一个必要条件。因此,从发动机设计的角度来说,燃烧室压强是一个重要设计参数。

内弹道计算是固体发动机设计及性能预估的重要内容。内弹道计算可分为三个典型的阶段,即点火过程的压强上升段、平衡阶段和拖尾阶段。其中,燃烧过程压强随时间的变化如图 4.27 所示。

本节仅针对端面燃烧装药发动机(图 4.28),推导其零维内弹道基本方程。基本假设为:装药燃烧服从几何燃烧定律;不考虑侵蚀燃烧的影响;燃气的温度和成分保持不变;燃气可以看作是完全气体。

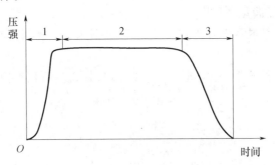

图 4.27　燃烧过程压强随时间的变化

1—压强上升段;2—平衡阶段;3—拖尾阶段。

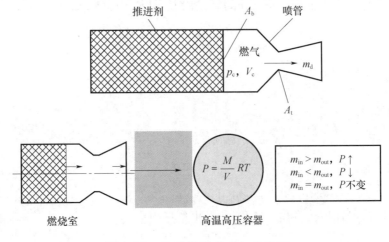

图 4.28　端面燃烧发动机示意图

1. 公式推导

$$\frac{\mathrm{d}(\rho_c V_c)}{\mathrm{d}t} = m_b - m_d = \rho_p A_b r - \frac{1}{C^*} p_c A_t = \rho_p A_b a p_c^n - \frac{1}{C^*} p_c A_t \tag{4.85}$$

$$\frac{\mathrm{d}(\rho_c V_c)}{\mathrm{d}t} = V_c \frac{\mathrm{d}\rho_c}{\mathrm{d}t} + \rho_c \frac{\mathrm{d}p_c}{\mathrm{d}t} = \frac{V_c}{RT_f} \frac{\mathrm{d}p_c}{\mathrm{d}t} + \rho_c A_b r \tag{4.86}$$

综合式(4.85)、式(4.86)得

$$\frac{V_c}{RT_f} \frac{\mathrm{d}p_c}{\mathrm{d}t} = (\rho_p - \rho_c) A_b a p_c^n - \frac{1}{C^*} p_c A_t = \left(1 - \frac{\rho_c}{\rho_p}\right) \rho_p A_b a p_c^n - \frac{1}{C^*} p_c A_t \tag{4.87}$$

令

$$\varepsilon = \frac{\rho_c}{\rho_p}$$

得

$$\frac{V_c}{C^{*2}\Gamma^2}\frac{\mathrm{d}p_c}{\mathrm{d}t} = (1-\varepsilon)\rho_p A_b a p_c^n - \frac{1}{C^*}p_c A_t \tag{4.88}$$

2. 方程讨论

自由容积和燃烧表面面积是随时间变化的,但是可以在发动机工作过程中的某些阶段做一定的假设,从而简化方程。

平衡压强指燃烧室中燃气的生成率与喷管流率达到平衡,相应的燃烧室压强就是平衡压强。

当燃烧室压强已经建立、开始进入稳定工作段时,压强值相对稳定。这时,可以认为

$$\mathrm{d}p_c/\mathrm{d}t = 0$$

则由式(4.88)可知:

$$(1-\varepsilon)\rho_p A_b a p_c^n = \frac{p_c A_t}{C^*} \tag{4.89}$$

$$p_c = \left(\rho_p C^* a \frac{A_b}{A_t}\right)^{\frac{1}{1-n}}(1-\varepsilon)^{\frac{1}{1-n}} \tag{4.90}$$

定义燃面面积对喷喉截面积之比为燃喉比 K,即 $K = A_b/A_t$,则有

$$p_c = (\rho_p C^* aK)^{\frac{1}{1-n}}(1-\varepsilon)^{\frac{1}{1-n}} \tag{4.91}$$

由于

$$(1-\varepsilon)^{\frac{1}{1-n}} = 1 - \frac{1}{1-n}\varepsilon + \cdots \tag{4.92}$$

略去高次项得

$$p_c = (\rho_p C^* aK)^{\frac{1}{1-n}}\left(1 - \frac{1}{1-n}\varepsilon\right) \tag{4.93}$$

略去微量不计得

$$p_c = p_{c,ep} = (\rho_p C^* aK)^{\frac{1}{1-n}} \tag{4.94}$$

根据不同的燃速模型,得到不同形式的平衡压强公式。

(1)由 $r = a p_c^n$,得

$$p_{c,ep} = (\rho_p C^* aK)^{\frac{1}{1-n}} \tag{4.95}$$

(2)由 $r = a + b p_c$,得

$$p_{c,ep} = \frac{a}{\dfrac{1}{\rho_p C^* K} - 1} \tag{4.96}$$

(3)由 $\dfrac{1}{r} = \dfrac{a}{p_c} + \dfrac{b}{p_c^{1/3}}$,得

$$p_{c,ep} = \left(\frac{\rho_p C^* aK - a}{b}\right)^{3/2} \tag{4.97}$$

4.7　固体火箭发动机总体设计实例

本节以第 2 章某型气象火箭的固体发动机为例,应用工程设计方法,完成发动机的总体设计方案,确定出发动机的结构形式和总体设计参数初值。

4.7.1　发动机总体设计要求

根据第 2 章某型气象火箭总体参数的设计初值,确定出火箭发动机的总体设计要求。

(1)发动机装药与推力形式:内孔燃烧装药、单室双推力。

(2)发动机壳体外径最大尺寸:220mm。

(3)发动机总冲:180kN·s。

(4)发动机地面比冲:不小于 2290 N·s/kg。

(5)发动机推力基本要求:第一推力 $F_1 = 20$kN,作用时间 $t_{F_1} = 2$s;第二推力 $F_2 = 10$kN,作用时间 $t_{F_2} = 14$s。

(6)发动机质量比:不小于 0.67。

4.7.2　发动机固体推进剂的选择

作为气象火箭发动机的固体推进剂,要求其能量较高、成本较低、燃速合适且生产工艺成熟。为此,选用某型号三组元复合固体推进剂,其主要性能指标如下。

(1)特征速度: $\begin{cases} 1548.1\text{m/s}, & p_c > 8\text{MPa} \\ 1527.7\text{m/s}, & p_c \leqslant 8\text{MPa} \end{cases}$。

(2)地面比冲:2332 N·s/kg(6.18MPa)。

(3)密度:1.77g/cm³。

(4)比热容比:1.16。

(5)燃速温度敏感系数:0.0021/℃。

(6)燃速指数:0.25。

(7)燃速系数:0.010325mm/s($p_c = 5.5$MPa, $r = 5$mm/s)。

4.7.3　发动机燃烧室壳体材料的选择

根据已有发动机结构设计经验,发动机燃烧室壳体材料选用优质合金钢 30CrMnSiA 中的高强度钢,其主要性能如下。

(1)材料密度:7.85g/cm³。

(2)抗拉强度:1078MPa(热处理后),950MPa(冷作硬化后)。

(3)屈服强度:900MPa(热处理后),800MPa(冷作硬化后)。

(4)延伸率:≥10%。

4.7.4　发动机主要设计参数的选择

发动机的主要设计参数包括发动机直径、燃烧室工作压强、喷管的扩张比及其喉径。根据发动机设计要求,燃烧室壳体外径最大尺寸为 220mm。在发动机设计中应以 220mm

作为燃烧室结构径向尺寸的约束值。

1. 燃烧室工作压强的选择

确定发动机燃烧室工作压强,可以通过求解方程(4.26)得到。但在发动机总体设计之初,用解析法求解方程(4.26)是很困难的。为此,可以根据以往的发动机设计经验来选择发动机燃烧室的工作压强。

根据设计要求,发动机为单室双推力发动机,第一、第二推力的比值为2。发动机产生第一推力时的第一压强要高于产生第二推力时的第二压强。如果第二压强过高,则第一级压强就会更高,致使燃烧室壁厚增大,导致发动机质量比降低。根据发动机第一、第二推力值的设计要求,结合相关设计经验,确定出发动机燃烧室工作压强的设计初值。

第一平均压强:$p_1 = 10\text{MPa}$;第二平均压强:$p_2 = 5.5\text{MPa}$。

2. 喷管扩张比选择

喷管扩张比 ε_A 按工作高度上推力最大的原则选取。发动机为从地面开始工作的单室双推力发动机。取发动机工作设计高度为第二推力起始工作高度——海拔 1.25km。此工作高度上的外界大气压强为 $p_a = 0.087\text{MPa}$。推力最大时有 $p_e = p_a = 0.087\text{MPa}$,则发动机工作的压强比为 $p_e/p_c = p_e/p_2 = 0.087/5.5 = 0.016$,代入扩张比公式(推进剂比热容比 $k = 1.16$):

$$\varepsilon_A = \frac{A_e}{A_t} = \frac{\left(\dfrac{2}{k+1}\right)^{\frac{1}{k-1}}\sqrt{\dfrac{k-1}{k+1}}}{\sqrt{\left(\dfrac{p_e}{p_c}\right)^{\frac{2}{k}} - \left(\dfrac{p_e}{p_c}\right)^{\frac{k+1}{k}}}}$$

可计算出扩张比为

$$\varepsilon_A = 9$$

3. 喷管喉部直径估算

由固体火箭发动机原理可知,喷管的喉部直径可用推力系数公式计算得到。推力系数 C_F 是表征发动机推力的无量纲量,它表示发动机推力 F 与燃烧室压强 p_c 和喷管喉部面积 A_t 的乘积之比,即

$$C_F = \frac{F}{A_t \cdot p_c}$$

在喷管完全膨胀状态下,$p_e = p_a$,推力系数达到最大值,称为最佳推力系数,用 C_F^0 来表示:

$$C_F^0 = \Gamma \cdot \sqrt{\frac{2k}{k-1}\left[1 - \left(\frac{p_e}{p_c}\right)^{\frac{k-1}{k}}\right]}$$

其中

$$\Gamma = \sqrt{k} \cdot \left(\frac{2}{k+1}\right)^{\frac{k+1}{2(k-1)}}$$

将压强比 $p_e/p_c = 0.016$,推进剂比热容比 $k = 1.16$,代入最佳推力系数计算公式,得

$$C_F^0 = 1.608$$

假设火箭点火起飞时,其发动机喷管达到完全膨胀状态,则喷管喉部面积为

$$A_t = \frac{F}{C_F^0 \cdot p_c} = \frac{F_1}{C_F^0 \cdot p_1} = \frac{20000}{1.608 \times 10 \times 10^6} = 1244\,(\text{mm}^2)$$

从而得到喷管喉径的设计初值:

$$d_t = 40\text{mm}$$

4.7.5　发动机装药设计

1. 装药几何、质量参数

为了实现单室双推力的设计要求,发动机装药采用翼柱形三维药柱。通过计算与分析,初步确定的药柱结构为 9 个翼的后翼装药形式。药柱两端包覆,内孔燃烧。发动机装药结构图如图 4.29 所示,装药结构参数如下。

(1)装药药柱外径:207mm。

(2)装药药柱内径:50 ~ 75mm。

(3)装药肉厚:78.5mm。

(4)装药长度:1706mm。

(5)装药翼数:9 个。

(6)装药翼长:730mm。

(7)装药翼顶长:305mm。

(8)装药翼宽:15mm。

(9)装药翼深:88mm。

(10)装药体积:45763cm³。

(11)装药质量:81kg。

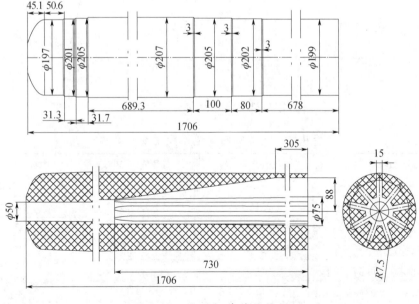

图 4.29　发动机装药结构图

2. 内弹道计算

把通用坐标法计算燃面推移规律的程序嵌入总体优化程序,在得到发动机总体优化参数和装药参数的同时即可得到燃面随时间的变化规律,再用零维内弹道计算方法进行发动机性能预示。在进行内弹道计算过程中,考虑了喉部烧蚀,根据所选喉衬 C/C 复合材料性能及同类型发动机地面试验结果,取其线性烧蚀率为 0.1mm/s。

内弹道计算预示的 20℃下发动机的工作压强和推力随时间的变化曲线如图 4.30、图 4.31 所示,发动机内弹道性能主要参数值如表 4.7 所列。

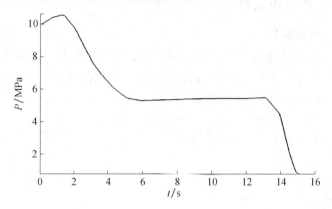

图 4.30　发动机工作压强预示图

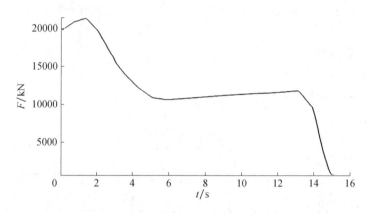

图 4.31　发动机推力预示图

表 4.7　发动机内弹道性能主要参数值

参数项	参数值(+20℃)	参数值(+50℃)	参数值(-40℃)
地面总冲/(kN·s)	189.87	191.47	185.83
地面平均比冲/(N·s/kg)	2344.4	2364.1	2294.5
第一推力平均值/kN	20.8	22.5	17.4
最大推力/kN	21.4	23.2	17.8
第二推力平均值/kN	11.3	12.3	9.4
第一压强平均值/MPa	10.3	11.2	8.73
最大压强/MPa	10.58	11.5	8.9
第二压强平均值/MPa	5.5	5.95	4.61
工作时间/s	15.3	14.1	18.2

4.7.6 发动机结构方案设计

发动机结构主要由点火器、燃烧室和喷管等部件组成。其中,点火器可采用满足发动机点火要求的制式产品。

发动机工作时,燃烧室要承受高温、高压的作用。燃烧室设计是在给定工作压强、发动机外径、装药和质量比要求的条件下进行的。燃烧室方案设计工作中要解决的主要问题是燃烧室强度与质量之间的矛盾。要求设计出的燃烧室既安全可靠,又质量最轻。显然,燃烧室设计结果直接影响发动机的性能。

根据发动机内弹道计算结果,在不考虑侵蚀燃烧效应的情况下,高温(+50℃)条件下发动机的最大工作压强为 11.5MPa。因此,取发动机的最大工作压强为 12MPa 进行燃烧室筒体壁厚设计。

在初步设计中,取燃烧室筒体材料(合金钢30CrMnSiA)屈服安全系数为 1.45,应用第四强度理论的薄壁圆筒壳体壁厚计算公式,计算燃烧室筒体的壁厚 δ,即

$$\delta = \frac{\phi p_{max} D_e}{2.3\xi[\sigma] + \phi p_{max}}$$

取:许用应力 $[\sigma] = 900/1.45 = 621MPa$、焊缝系数 $\xi = 1$(筒体无焊缝)、压强波动系数 $\phi = 1.2$、燃烧室薄壁圆筒直径 $D_e = 220mm$、燃烧室最大工作压强 $p_{max} = 12MPa$,得燃烧室筒体壁厚的设计参考值:

$$\delta = 2.2mm$$

在发动机工作时,燃烧室内的高温燃气对其壳体有较强的热交换作用。发动机工作时间越长,壳体受热越严重。壳体受热后,不仅会在壳体内产生热应力,更为严重的是使壳体材料的强度明显下降,因此,必须采用绝热措施对燃烧室壳体进行热防护。采取的措施是在燃烧室壳体内表面增加一层绝热层,燃烧室绝热层方案是采用工艺成熟、成本较低的绝热层材料——丁腈橡胶。为了保证推进剂的界面黏接,绝热层内表面涂有丁羟配方材料衬层。

发动机喷管采用固定喷管,喷管与燃烧室螺纹连接,喷管喉衬采用 C/C 复合材料。喷管收敛段、扩散段内衬采用碳/碳模压材料,背衬采用酚醛树脂/高硅氧玻璃布模压材料,喷管壳体采用 30CrMnSiA 合金钢材料。喷管收敛段内型面为锥形,扩散段内型面亦为锥形。根据前面确定的发动机总体设计参数,确定出喷管内型面设计参数。

(1)收敛段收敛半角:$\beta = 45°$。

(2)扩张段扩张半角:$\alpha = 17°$。

(3)喉部直径:$d_t = 40mm$。

(4)出口直径:$d_e = 120mm$。

(5)扩张比:$\varepsilon_A = 9$。

(6)喉部前圆弧半径:$R_1 = 25.8mm$。

(7)扩张段圆弧半径:$R_2 = 28.7mm$。

(8)喉部长度:$L_t = 4mm$。

根据上面确定出的主要结构设计参数,结合已有类似发动机的设计经验,完成了气象火箭发动机总体结构方案设计。发动机喷管结构设计方案如图 4.32 所示,发动机总体结构方案如图 4.33 所示。

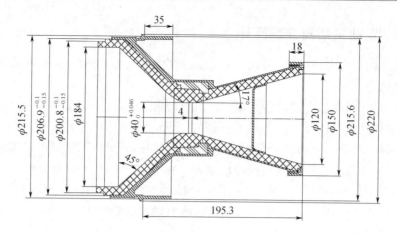

图 4.32　发动机喷管结构设计方案

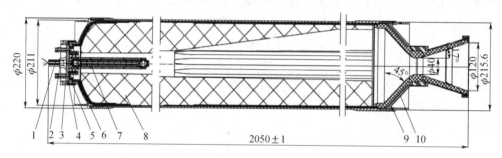

图 4.33　发动机总体结构方案

1—点火器;2—密封垫片;3—前压盖;4—墙面密封圈;5—顶盖;6—径向密封圈;
7—点火发动机;8—装药燃烧室;9—径向密封圈;10—喷管。

4.7.7　发动机总体设计参数

根据发动机方案设计和参数计算结果,确定出发动机的总体参数设计初值(表4.8)。

表 4.8　发动机的总体参数设计初值

参数项	参数设计初值	参数指标要求
发动机地面总冲/(kN·s)	189.87	180
地面平均比冲/(N·s/kg)	2344.4	≥2290
第一推力平均值/kN	20.8	20
第一推力作用时间/s	2	2
第二推力平均值/kN	11.3	10
第二推力作用时间/s	13.3	14
发动机工作时间/s	15.3	16
发动机装药质量/kg	81	—
发动机总质量/kg	119.5	—
发动机质量比	0.678	≥0.67
发动机壳体最大外径/mm	220	220
发动机总长度/mm	2050	—

用表 4.8 所列参数值进行气象火箭弹道参数仿真计算。计算结果表明,表 4.8 所列发动机总体设计参数可以满足火箭对动力装置的设计要求。发动机设计人员可以以表 4.8 所列参数为设计初值,通过与火箭总体的迭代计算、参数分析修正和仿真验证,最终确定出一个满足火箭总体要求且能够工程实现的发动机设计方案。

思考题

1. 固体火箭发动机性能指标和约束条件主要有哪些?
2. 固体发动机结构形式种类有哪些?
3. 推进剂选择的主要原则有哪些?
4. 主要的药柱形式有哪些? 各自的特点是什么?
5. 固体发动机工作压强和喷管扩张比如何选择?

参考文献

[1] 鲍福廷,侯晓. 固体火箭发动机设计[M]. 北京:宇航出版社,2016.

第5章 固体火箭控制系统设计

固体火箭控制系统设计与火箭功能和用途密切相关,不同的功能和技术指标要求对控制系统要求是不同的。本章以小型固体火箭为例介绍控制系统设计方法与流程。

5.1 控制系统基本原理及组成

控制系统是固体火箭的核心组成部分之一。固体火箭飞行控制系统需要完成三部分任务:①指令控制。根据固体火箭上安装的敏感测量装置,或通过无线通道实时接收的导航信息,或采用其他方式获得的导航信息,通过与标准弹道参数或所需要的弹道参数比较,给出制导命令,调整火箭质心位置、速度或姿态参数。制导命令可以是固体火箭自主给出的,也可以是按照飞行时序预设的,或者是地面控制中心给出的。②稳定控制。固体火箭在飞行过程中受到各种干扰的情况下,能够自行纠正、恢复到新的平衡点,这里的扰动包括三种情况:一是由制导所给出的控制指令作用后产生的控制力和控制力矩;二是由飞行环境所产生的干扰力和干扰力矩;三是由固体火箭自身设计安装误差所产生的干扰力和干扰力矩。③时序控制。固体火箭在飞行过程中必须完成一些时序控制动作,如发动机点火、级间分离等,这部分控制指令与具体的飞行任务有关,必须准确、可靠完成。

指令控制和稳定控制与飞行器动力学模型密切相关,飞行器动力学模型包括质心动力学模型和绕质心的转动模型,即通常所说的六自由度模型,这是需要重点考虑的部分,主要解决固体火箭的质心控制和姿态控制问题。飞行器质心运动和姿态运动是耦合在一起的,特别是在大气层内飞行时,质心运动和姿态运动耦合更加严重。因此,实际中一般采用内环、外环两重反馈回路的控制方案来实现,如图 5.1 所示。外环回路一般称为制导回路,主要实现质心控制;内环回路一般称为姿态稳定回路,主要实现姿态稳定控制。

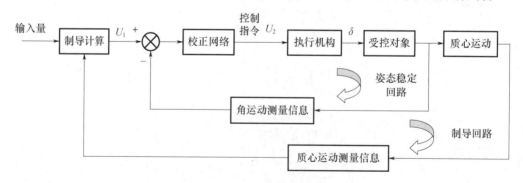

图 5.1 飞行控制系统基本框图

内环反馈回路一般是对火箭绕质心的转动运动进行控制,即控制火箭角运动规律,包括姿态和角速度,其工作原理如下:箭上敏感测量装置实时测量箭体飞行参数信息,如角速率信息或速度信息,与箭上预先储存、计算或接收到的控制指令信息比较、综合,形成偏差信号,箭上计算机对偏差信号进行处理,给出控制信号至执行机构,控制执行机构动作,保证火箭将飞行姿态调整到期望状态上,当偏差信号小到可接受范围以内时,完成控制过程。姿态控制包括两个方面的含义:一是将当前角运动参数在一定时间内控制到给定的要求下;二是姿态稳定控制,即控制飞行姿态信息在标称值附近,不致有大的偏差。

外环反馈回路一般是对火箭的质心进行控制,即对火箭运动轨迹进行控制。外环控制回路与制导体制和制导算法有关,其基本原理如下:根据箭上敏感测量装置实时测量得到的箭体飞行参数信息,如角速度、加速度、相对位置等,通过箭上计算机实时解算后得到速度、位置信息,将此信息与所需的飞行参数比较、综合,形成偏差信号,箭上计算机对偏差信号进行处理形成控制信号,控制执行机构动作,将飞行状态调整到期望状态上,使火箭在某时刻能够准确到达目标点。火箭期望飞行状态如何获得则与制导方式密切相关,本书将不讨论该问题,读者感兴趣可参考相关书籍。

固体火箭飞行控制系统是一系列硬件设备和软件的组合,相互之间配合协调工作,共同实现飞行稳定控制。控制系统主要包括下列组件:

(1)敏感测量装置。用来测量飞行器运动参数或目标参数的传感器,主要是指各种导航设备,如惯性测量系统、卫星接收机、高度计、导引头等,是实现导航和制导计算的基础。

(2)飞控计算机组件。根据各种敏感测量装置得到的信息,通过综合处理,形成符合各级箭上设备的控制指令。主要由嵌入式计算机、箭上总线和相应接口电路组成,完成导航、制导计算及各种逻辑判断。根据需要火箭上可以有多个飞控计算机组件。

(3)控制执行机构。提供飞行过程中所需要的控制力和控制力矩的设备,直接安装在火箭上,某些部分往往和火箭总体布局设计融合在一起。它接收飞控计算机给出的控制信号,经放大后操纵执行机构动作,提供控制力和控制力矩,控制火箭飞行。

(4)电源及配电装置。主要为箭上各种用电设备提供电源支持,由于箭上设备用电需求有差别,需要将箭上电池输出经配电装置转换形成需要的用电品质,再送至相关设备。

(5)遥测系统。用于测量火箭飞行过程中各个部分的各种动态参数,经遥测系统编码后发送至地面,作为分析火箭飞行状态下各种性能的主要依据,如飞行过程中仪器舱温度、振动、发动机温度、压力及各种导航参数,特别是当飞行失败时,遥测信息将作为分析失败原因的主要证据。

(6)安控系统。在火箭发射初始阶段,为防止意外事故发生,避免对人员和财产形成伤害,箭上需安装安控系统,当火箭飞行状态超出预定范围时,安控系统工作,使火箭自毁。

(7)电缆网与总线。电缆网实现箭上电气设备的互联互通,以及与地面测发控系统的连接,完成信息的可靠采集、交换、发送。

(8)计算软件。用于完成箭上各种数值计算、逻辑判断、信号转换等功能。

5.2　控制对象动力学建模

控制对象作为制导控制系统回路中的重要组成部分,其外形、稳定性、操纵性等特点对整个回路的制导算法、控制算法影响巨大,本节将以固体火箭为例,建立箭体运动数学模型,并给出其运动特性,供飞行控制系统设计与分析使用。

固体火箭是一个变质量的动力学系统,在固体燃料产生的推力和气动力及力矩作用下产生空间运动。在固体火箭总体设计、研制和使用过程中,分析对象始终是火箭箭体本身,因此对火箭飞行弹道特性、箭体特性的分析是总体设计和控制系统设计的基础。下面将从固体火箭姿态运动方程开始详细说明用于姿态控制系统设计的动力学模型及其特点。

5.2.1 弹体坐标系中的姿态运动方程

固体火箭姿态运动方程通常在箭体坐标系中描述,其姿态动力学方程可描述为[1]

$$I\frac{\mathrm{d}\boldsymbol{\omega}_{T}}{\mathrm{d}t} + [\boldsymbol{\omega}_{T} \times (I \cdot \boldsymbol{\omega}_{T})] = \boldsymbol{M}_{st} + \boldsymbol{M}_{d} + \boldsymbol{M}_{c} + \boldsymbol{M}'_{rel} + \boldsymbol{M}'_{k} \tag{5.1}$$

式中:$\boldsymbol{\omega}_{T}$ 为箭体相对于惯性坐标系的角速度矢量;$\boldsymbol{M}_{st}$ 为气动稳定力矩;$\boldsymbol{M}_{d}$ 为气动阻尼力矩;$\boldsymbol{M}_{c}$ 为控制力矩;$\boldsymbol{M}'_{rel}$ 为附加相对力矩;$\boldsymbol{M}'_{k}$ 为附加科里奥利(简称科氏)力矩;I 为固体火箭惯量张量。

箭体坐标系一般为中心惯量主轴坐标系,因此惯量张量一般可表示为

$$I = \begin{bmatrix} I_{x1} & 0 & 0 \\ 0 & I_{y1} & 0 \\ 0 & 0 & I_{z1} \end{bmatrix} \tag{5.2}$$

附加相对力矩是当发动机安装存在偏差,使得箭体 X 轴与发动机推力线不重合造成,这类力矩一般在控制系统设计中作为干扰量考虑。在总体设计阶段,姿态运动方程中不考虑附加相对力矩和附加科氏力矩。

1. 气动稳定力矩

气动稳定力矩主要是由质心与压心不重合造成的,固体发动机工作时,推进剂被消耗,质心向箭体头部移动。当压心与质心不重合时,气动力会产生相对于质心的气动力矩。不失一般性,假设压心相对弹体坐标系的位置为 $\boldsymbol{\rho}_{p} = (x_{cp}, y_{cp}, z_{cp})$,则气动稳定力矩 $\boldsymbol{M}_{st}$ 在弹体坐标系中的分量可描述为气动力矩系数形式,即

$$\boldsymbol{M}_{st} = \boldsymbol{R}_{1} \times \boldsymbol{\rho}_{p} = \begin{bmatrix} y_{1}z_{cp} - z_{1}y_{cp} \\ z_{1}x_{cp} - x_{1}z_{cp} \\ x_{1}y_{cp} - y_{1}x_{cp} \end{bmatrix} = \begin{bmatrix} m_{x1st}qS_{m}L_{k} \\ m_{y1st}qS_{m}L_{k} \\ m_{z1st}qS_{m}L_{k} \end{bmatrix} \tag{5.3}$$

式中:L_{k} 为箭体气动力矩参考长度;m_{x1st}、m_{y1st}、m_{z1st} 分别为滚动力矩系数、偏航力矩系数、俯仰力矩系数。

气动力矩系数与气动力系数一样,除了与飞行器外形有关外,还与飞行状态参数,包括飞行马赫数 Ma、飞行攻角 α、飞行侧滑角 β 等有关系。

2. 气动阻尼力矩

当火箭相对大气有转动时,大气将产生阻尼作用,该作用力矩称为阻尼力矩,记为 $\boldsymbol{M}_{d}$。该力矩的方向总是与转动方向相反,对转动角速度起阻尼作用。阻尼力矩为

$$M_{z1d} = m_{z1}^{\bar{\omega}_{z1}}qS_{m}L_{k}\bar{\omega}_{z1} = m_{z1}^{\bar{\omega}_{z1}}qS_{m}L_{k}\frac{L_{k}\omega_{z1}}{v} \tag{5.4}$$

式中：$\bar{\omega}_{z1}$ 为无量纲俯仰角速度；$m_{z1}^{\bar{\omega}_{z1}}$ 为无量纲俯仰阻尼力矩系数导数，$m_{z1}^{\bar{\omega}_{z1}} = \dfrac{m_{z1}^{\omega_{z1}} v}{L_k}$，其中 $m_{z1}^{\omega_{z1}}$ 为俯仰阻尼力矩系数导数。

同样，有偏航阻尼力矩、滚动阻尼力矩为

$$M_{y1d} = m_{y1}^{\bar{\omega}_{y1}} q S_m L_k \bar{\omega}_{y1} = m_{y1}^{\bar{\omega}_{y1}} q S_m L_k \frac{L_k \omega_{y1}}{v} \tag{5.5}$$

$$M_{x1d} = m_{x1}^{\bar{\omega}_{x1}} q S_m L_k \bar{\omega}_{x1} = m_{x1}^{\bar{\omega}_{x1}} q S_m L_k \frac{L_k \omega_{x1}}{v} \tag{5.6}$$

3. 控制力矩

在控制系统作用下，执行机构根据要求进行动作，提供飞行器所需的控制力和控制力矩，以改变飞行器飞行状态。控制力和控制力矩的大小及形式取决于执行机构的类型及布置方式。对于固体火箭来说，执行机构包括燃气舵、空气舵、反作用控制系统等多种形式，也可以是多种形式的组合。下面主要以舵系统为例介绍固体火箭控制执行机构控制力矩的计算方法。

舵系统利用舵面在气流中的偏转来产生控制力和控制力矩，其中主要包括燃气舵系统、空气舵系统，燃气舵主要是通过部分偏转固体火箭发动机喷流的偏转方向产生控制力矩，空气舵则通过改变局部大气作用力的方向产生控制力矩。相对于箭体坐标系的定义，舵面一般有两种布置形式：十字形和×字形，燃气舵一般采用十字形布置，空气舵则两种布置形式都有。

1）十字形布置

十字形布置的燃气舵如图 5.2 所示。

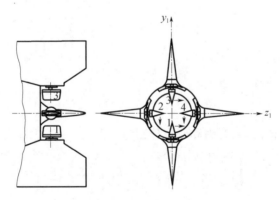

图 5.2　十字形布置的燃气舵

为便于计算控制力和控制力矩，引入等效舵偏角的概念，其含义是与实际舵偏角具有相同控制力的平均舵偏角。对于十字形布置的舵面，等效舵偏角为

$$\begin{cases} \delta_{\varphi} = \dfrac{1}{2}(\delta_2 + \delta_4) \\[2mm] \delta_{\psi} = \dfrac{1}{2}(\delta_1 + \delta_3) \\[2mm] \delta_{\gamma} = \dfrac{1}{4}(\delta_3 - \delta_1 + \delta_4 - \delta_2) \end{cases} \tag{5.7}$$

式中:δ_φ、δ_ψ、δ_γ分别为俯仰、偏航和滚动等效舵偏角。

4个舵面上的气流阻力、升力和侧力分别为

$$\begin{cases} X_{1c} = 4C_{x1j}q_jS_j \\ Y_{1c} = 2C_{y1jc}^\delta q_jS_j\delta_\varphi = R'\delta_\varphi \\ Z_{1c} = -2C_{y1jc}^\delta q_jS_j\delta_\psi = -R'\delta_\psi \end{cases} \quad (5.8)$$

式中:R'为一对舵面的升力梯度。

相应的舵面所提供的滚动、偏航和俯仰控制力矩为

$$\begin{cases} M_{x1c} = -4Y_{1cj}r_c = -2R'r_c\delta_\gamma = M_{x1c}^\delta\delta_\gamma \\ M_{y1c} = -R'(x_c - x_g)\delta_\psi = M_{y1c}^\delta\delta_\psi \\ M_{z1c} = -R'(x_c - x_g)\delta_\varphi = M_{z1c}^\delta\delta_\varphi \end{cases} \quad (5.9)$$

式中:$x_c - x_g$为舵面压心到质心的距离;r_c为舵面压心到弹体纵轴的距离。

2)×形布置

如果舵面采用×形布置,其舵面编号如图5.3所示,则等效舵偏角计算表达式为

$$\begin{cases} \delta_\gamma = \dfrac{1}{4}(\delta_1 + \delta_2 + \delta_3 + \delta_4) \\ \delta_\psi = \dfrac{1}{4}(\delta_2 + \delta_3 - \delta_1 - \delta_4) \\ \delta_\varphi = \dfrac{1}{4}(\delta_3 + \delta_4 - \delta_1 - \delta_2) \end{cases} \quad (5.10)$$

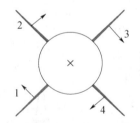

图5.3　×形布置的空气舵

相应舵面上的气流阻力、升力和侧力分别为

$$\begin{cases} X_{1c} = 4C_{x1j}q_jS_j \\ Y_{1c} = 4\cos 45° C_{y1jc}^\delta q_jS_j\delta_\varphi = R'\delta_\varphi \\ Z_{1c} = -4\cos 45° C_{y1jc}^\delta q_jS_j\delta_\psi = -R'\delta_\psi \end{cases} \quad (5.11)$$

显然,×形布置与十字形布置的舵面效果不同,其升力梯度大$\sqrt{2}$倍,提高了控制能力。但必须看到,这是由4个舵面同时偏转的效果,从相对控制能力来说,×形布置反而较十字形布置弱。

X轴方向上的控制力通常与推力或气动阻力合并为有效推力或等效阻力,控制力在速度坐标系中的投影为

$$\begin{cases} F_{cxv} = -R'\delta_\varphi\sin\alpha\cos\beta - R'\delta_\psi\sin\beta \\ F_{cyv} = R'\delta_\varphi\cos\alpha \\ F_{czv} = R'\delta_\varphi\sin\alpha\sin\beta - R'\delta_\psi\cos\beta \end{cases} \quad (5.12)$$

在半速度坐标系中的投影为

$$\begin{bmatrix} F_{cxh} \\ F_{cyh} \\ F_{czh} \end{bmatrix} = \begin{bmatrix} 1 & 0 & 0 \\ 0 & \cos v & -\sin v \\ 0 & \sin v & \cos v \end{bmatrix} \begin{bmatrix} F_{cxv} \\ F_{cyv} \\ F_{czv} \end{bmatrix} \tag{5.13}$$

由于控制力本身比较小,攻角和侧滑角一般情况下也比较小,因此可近似认为 F_{cyv} 在 oy_v 方向,F_{czv} 在 oz_v 方向上,则有

$$\begin{cases} F_{cxh} = 0 \\ F_{cyh} = R' \delta_\varphi \cos v + R' \delta_\psi \sin v \\ F_{czh} = R' \delta_\varphi \sin v - R' \delta_\psi \cos v \end{cases} \tag{5.14}$$

相应的舵面所提供的滚动、偏航和俯仰控制力矩为

$$\begin{cases} M_{x1c} = -4Y_{1cj} r_c = -\sqrt{2} R' r_c \delta_\gamma = M_{x1c}^\delta \delta_\gamma \\ M_{y1c} = -R'(x_c - x_g) \delta_\psi = M_{y1c}^\delta \delta_\psi \\ M_{z1c} = -R'(x_c - x_g) \delta_\varphi = M_{z1c}^\delta \delta_\varphi \end{cases} \tag{5.15}$$

比较×形布置与十字形布置的控制力和控制力矩表达式,除了控制能力较高外,×形布置还有另一个优点,就是当一个舵面发生故障无法偏转时,仍可使用 3 个舵面来完成控制任务,提高了控制的可靠性。但×形布置使得控制通道比较复杂,交联影响大,精度稍低。

固体火箭控制执行机构还有摆动发动机、摆动喷管、冷喷系统、液体发动机控制系统等,相关参考书已有详细论述,这里不做详细介绍。

4. 姿态运动方程

飞行器姿态运动学方程,描述的是欧拉角速率与箭体角速度之间的关系,箭体角速度 3 个分量是正交的,而 3 个欧拉角速率是非正交的,根据欧拉角的定义

$$\begin{cases} \omega_{Tx} = \dot{\gamma}_T - \dot{\varphi}_T \sin \psi_T \\ \omega_{Ty} = \dot{\psi}_T \cos \gamma_T + \dot{\varphi}_T \cos \psi_T \sin \gamma_T \\ \omega_{Tz} = \dot{\varphi}_T \cos \psi_T \cos \gamma_T - \dot{\psi}_T \sin \gamma_T \end{cases} \tag{5.16}$$

在初始姿态角参数下,可以通过积分角速率参数,得到任意时刻的惯性或相对姿态角参数。而相对角速率与绝对角速率之间的关系如下:

$$\boldsymbol{\omega}_T = \boldsymbol{\omega} + \boldsymbol{\omega}_e \tag{5.17}$$

5. 控制方程

在建立飞行器空间运动方程时,考虑到飞行器飞行轨道的控制及飞行姿态的稳定,引入了控制力及控制力矩,而由控制力与控制力矩的计算表达式可以看出,控制力和控制力矩的大小是根据控制指令来确定的。控制方程就是描述飞行状态与控制指令之间关系的。

假设飞行器采用通道独立控制模式,则控制方程一般可描述为

$$\begin{cases} \delta_\varphi = F_\varphi (\varphi_T, \dot{\varphi}_T, \alpha, x, y, z \cdots) \\ \delta_\psi = F_\psi (\psi_T, \dot{\psi}_T, \beta, x, y, z \cdots) \\ \delta_\gamma = F_\gamma (\gamma_T, \dot{\gamma}_T, x, y, z \cdots) \end{cases} \tag{5.18}$$

控制方程的具体形式由控制系统设计确定。

5.2.2 弹道坐标系中的运动模型及其简化

飞行器的空间运动方程较精确地描述了飞行器的运动规律,基于此运动方程可以获取飞行器较真实的飞行状态参数。但是,要求解上述空间运动方程,需要准确的飞行器总体参数、气动参数、控制系统参数、发动机参数等,这些参数在飞行器设计研制初期是难以获得的。因此在固体火箭的初步设计阶段,由于个分系统参数未定,只需要进行弹道的粗略计算,为此可对空间弹道方程做一些简化假设。需要说明的是,下述假设需视具体的工作任务情况而采纳,不能简单地直接应用。

(1)假设地球为一均值圆球,忽略地球扁率及自转的影响,同时假设引力为平行引力场,以及引力只在发射坐标系 y 方向有分量,其他方向分量为零,这个假设在火箭弹道射程较大时可以分段处理。

(2)在初步设计中工程设计人员只关心平均状态下的参数,故通常忽略地球自转的影响,认为 $\omega_e = 0$,显然发射惯性系与发射坐标系始终重合。

(3)忽略由火箭内部介质相对于弹体流动所引起的附加科氏力和全部附加力矩。

(4)飞行器的姿态运动方程反映的是飞行过程中的力矩平衡过程,对于飞行姿态稳定的飞行器,这一动态过程进行得很快,以至于对飞行器的质心运动不会产生显著影响。因此,在研究飞行器质心运动时,可不考虑动态过程,将质心运动方程中与姿态角速度和角加速度有关的项予以忽略,即取 $\omega_1 = 0$,称为瞬时平衡假设。

为描述固体火箭为纵向运动和侧向运动,常将运动方程在弹道坐标系(也称半速度坐标系或航迹坐标系)中描述。根据上述简化条件和假设,弹道坐标系中的质心运动方程可表述如下:

$$
\begin{cases}
m\dfrac{dv}{dt} = F\cos\alpha\cos\beta - X - mg\sin\theta\cos\sigma + F_{cxv1} \\[2mm]
mv\dfrac{d\theta}{dt}\cos\sigma = F(\sin\alpha\cos\upsilon + \cos\alpha\sin\beta\sin\upsilon) + \\[1mm]
\qquad\qquad Y\cos\upsilon - Z\sin\upsilon - mg\cos\theta + R'\delta_\varphi\cos\upsilon + R'\delta_\psi\sin\upsilon \\[2mm]
-mv\dfrac{d\sigma}{dt} = F(\sin\alpha\sin\upsilon - \cos\alpha\sin\beta\cos\upsilon) + \\[1mm]
\qquad\qquad Y\sin\upsilon + Z\cos\upsilon - mg\sin\theta\sin\sigma + R'\delta_\varphi\sin\upsilon - R'\delta_\psi\cos\upsilon \\[2mm]
\dfrac{dx}{dt} = v\cos\theta\cos\sigma \\[2mm]
\dfrac{dy}{dt} = v\sin\theta\cos\sigma \\[2mm]
\dfrac{dz}{dt} = -v\sin\sigma
\end{cases}
\tag{5.19}
$$

式(5.19)中控制力是以舵系为例给出的,对于侧喷流控制执行机构(如液体姿控发动机、冷气喷气装置等),其控制力的具体形式相对简单,可根据实际情况给出,这里不做讨论。

5.2.3　运动方程特点

无论是质心运动方程还是转动运动方程,飞行器动力学方程都具有以下三个特点。

1. 动力学方程是非线性的

从式(5.1)、式(5.19)可以看出,飞行器的动力学方程都是非线性的,里面包含有姿态角的三角函数等一些非线性项。针对非线性系统的控制系统设计是一件非常困难的事情,目前并没有成熟、可靠的设计方法。在工程实践中,都需要将非线性系统进行线性化,将非线性系统转换为线性系统。在飞行器控制系统设计中,非线性系统线性化主要从两个方面着手:一是省略部分对控制律设计影响不大的项,如质心运动方程中的离心惯性力和科氏力、转动运动方程中的惯性交感项等;二是通过泰勒级数方法对非线性系统进行一阶近似,从而将非线性系统近似为线性系统,而线性系统的控制律设计方法非常成熟、可靠。

2. 运动参数是时变的

飞行器运动参数是随时间变化的,无论是状态参数(如速度、姿态),还是质量特性参数(如质量、转动惯量等),在不同时刻,这些参数的差异可能都非常大,如在起飞时刻和发动机关机时刻,飞行器质量、速度、转动惯量等都会发生很大的变化。对于这个问题,在设计控制律时,常采用冻结系数法,所谓冻结系数法是指选择飞行弹道中的若干特征时刻点(如启控时刻、最大速度时刻、最大高度时刻等),计算传递函数,设计控制律参数,然后在该特征点时刻附近,飞行过程中的控制参数都使用该特征点的控制律参数,或者使用多个特征点时刻控制参数的插值。如何选择特征点,或者选择多少个特征点,都与飞行弹道特点与控制效果有关,一般根据仿真结果、半实物仿真结果进行调整。

3. 动力学模型中包含各种误差

第一,导弹动力学建模不可能完全准确,存在模型近似上的误差;第二,在计算传递函数时,许多对控制参数设计影响较小的项都省略了,如离心力、科氏力等,也造成了模型误差;第三,在对非线性模型进行线性化时,对原模型进行了线性近似,造成了模型误差;第四,在计算传递函数时,为降低系统阶次,简化控制律的设计,会省略部分影响较小的项,也造成了误差;第五,利用冻结系数法设计控制律时,实际上是利用某一个特征点的弹道参数代替了一段时间内的弹道参数,在某种意义上也可以说是引入了误差。对于这个问题,在控制律设计时通过保证控制参数的鲁棒性,即保证系统幅值裕量和相位裕量,使控制参数能够适应所有误差。

5.3　箭体传递函数计算与运动特性分析

5.3.1　运动方程的线性化

运动模型的线性化是基于数学中的泰勒级数展开进行的,因此需要对运动模型进一步简化。当火箭处于有控制的条件下,运动模型中一些欧拉角所表现的数值均比较小(大机动情况下需专门讨论),如攻角 α、侧滑角 β、偏航角 ψ、滚动角 γ、倾侧角 v、航迹偏航角 σ 等,可以认为是小量。在一般方程中,上述这些角度的正弦值可取为该角弧度值,余弦则取为1,当上述角度出现两个以上的乘积时,作为高阶项略去。

飞行器动力学方程的线性化是控制系统设计中的一项基础性工作,控制系统的主要作用是消除飞行器实际运动参数与预定运动参数之间的偏差,所以在控制律设计中使用运动参数的偏差量作为状态变量更加方便。同时,运动方程是非线性的,线性化使运动方程变为线性方程,更加方便控制律设计。

固体火箭常设计成轴对称体(或至少是面对称体),其运动轨迹基本上是一个平面运动,特别是在主动段。在控制系统设计中,常将箭体对称面与射面重合的运动称为纵向运动,其运动参数速度 v、攻角 α、速度倾角 θ、俯仰角 φ、Z 轴角速度 ω_{z1}、X 位置 x、Y 位置 y、高程 h、俯仰舵偏角 δ_φ 等称为纵向运动参数,在对称情况下,纵向参数发生变化,产生的侧向力和侧向力矩可以忽略。在纵向运动参数中假设为零的参数,如航迹偏航角 σ、X 轴角速度 ω_{x1}、Y 轴角速度 ω_{y1}、Z 轴位置 z、偏航角 ψ、滚动角 γ、倾侧角 ν、侧滑角 β、偏航舵偏角 δ_ψ、滚动舵偏角 δ_γ 等常称为侧向运动参数,侧向参数变化的运动称为侧向运动,它反映了火箭在 x_1Oz_1 平面上的运动。

在研究扰动运动时,感兴趣的是运动参数对舵偏角的反应以及运动参数对干扰的反应,所以对一些次要因素不加以讨论,这里主要有两点:

(1)不考虑结构参数偏差 Δm、ΔI_{x1}、ΔI_{y1}、ΔI_{z1} 对干扰运动的影响,认为这些参数在扰动运动和未扰动运动中是一样的,是已知的时间函数。

(2)略去高度增量 Δh 对空气动力、空气动力矩和推力的影响,当高度发生变化时,空气动力和推力的变化影响小,可以忽略。

运动方程线性化实际上利用了数学中的全微分分析方法,具体来说,对于式(5.19)中的第一个方程,因为控制力矩与执行机构有关,所以暂不考虑控制力矩,变化的参数有 v、α、β、θ、σ,则

$$m\frac{\mathrm{d}\Delta v}{\mathrm{d}t} = (F^v\cos\alpha\cos\beta - X^v)\Delta v - (F\sin\alpha\cos\beta + X^a)\Delta\alpha - \tag{5.20}$$

$$(F\cos\alpha\sin\beta + X^\beta)\Delta\beta - mg\cos\theta\cos\sigma\Delta\theta + mg\sin\theta\sin\sigma\Delta\sigma$$

其中,参数右边的上标表示该参数对上标的偏导数,如 $F^v = \partial F/\partial v$,根据前面的假设,可以认为侧向未扰动运动参数为一阶小量,即 β、σ 为小量,则 $\sin\beta \approx \beta$,$\cos\beta \approx 1$,$\cos\sigma \approx 1$,$\sin\sigma \approx \sigma$,同时 Δv、$\Delta\alpha$、$\Delta\beta$、$\Delta\theta$、$\Delta\sigma$ 等都为小量。一般情况下 X^β 远小于 X^α,略去式(5.20)中二阶及二阶以上的小量,可得

$$m\frac{\mathrm{d}\Delta v}{\mathrm{d}t} = (F^v\cos\alpha - X^v)\Delta v - (F\sin\alpha + X^\alpha)\Delta\alpha - mg\cos\theta\Delta\theta \tag{5.21}$$

对于式(5.19)中的第二个方程,根据未扰动运动的侧向参数为小量的假设,$\cos\alpha\sin\beta\sin\nu$、$Z\sin\nu$、$R'\delta_\psi\sin\nu$ 等为二阶小量可略去,则该式可简化为

$$mv\frac{\mathrm{d}\theta}{\mathrm{d}t}\cos\sigma = F\sin\alpha\cos\nu + Y\cos\nu - mg\cos\theta + R'\delta_\varphi\cos\nu \tag{5.22}$$

变化参数为 v、α、β、σ、ν,继续求微分可得到

$$mv\frac{\mathrm{d}\Delta\theta}{\mathrm{d}t}\cos\sigma + m\frac{\mathrm{d}\theta}{\mathrm{d}t}\cos\sigma\Delta v - mv\frac{\mathrm{d}\theta}{\mathrm{d}t}\sin\sigma\Delta\sigma = (F^v\sin\alpha\cos\nu + Y^v\cos\nu)\Delta v +$$

$$(F\cos\alpha\cos\nu + Y^\alpha\cos\nu)\Delta\alpha + mg\sin\theta\Delta\theta - (F\sin\alpha\sin\nu + Y\sin\nu + R'\delta_\varphi\sin\nu)\Delta v + R'\Delta\delta_\varphi\cos\nu$$

$$\tag{5.23}$$

同理略去二阶以上的小量，并令 $\cos\upsilon \approx 1$，$\cos\sigma \approx 1$，可得

$$mv\frac{\mathrm{d}\Delta\theta}{\mathrm{d}t} = \left(F^{\upsilon}\sin\alpha + Y^{\upsilon} - m\frac{\mathrm{d}\theta}{\mathrm{d}t}\right)\Delta v + (F\cos\alpha + Y^{\alpha})\Delta\alpha + mg\sin\theta\Delta\theta + R'\Delta\delta_{\varphi} \quad (5.24)$$

对于式(5.19)中的第三个方程，根据假设，υ 为一阶小量，$R'\delta_{\varphi}$ 与 Y 相比也为小量，故可以忽略 $R'\delta_{\varphi}\sin\upsilon$ 的影响，简化为

$$-mv\frac{\mathrm{d}\sigma}{\mathrm{d}t} = F(\sin\alpha\sin\upsilon - \cos\alpha\sin\beta\cos\upsilon) + Y\sin\upsilon + Z\cos\upsilon - mg\sin\theta\sin\sigma - R'\delta_{\psi}\cos\upsilon$$

$$(5.25)$$

线性化为

$$-mv\frac{\mathrm{d}\Delta\sigma}{\mathrm{d}t} = \left[F^{\upsilon}(\sin\alpha\sin\upsilon - \cos\alpha\sin\beta\cos\upsilon) + Y^{\upsilon}\sin\upsilon + Z^{\upsilon}\cos\upsilon + m\frac{\mathrm{d}\sigma}{\mathrm{d}t}\right]\Delta v +$$
$$[F(\cos\alpha\sin\upsilon + \sin\alpha\sin\beta\cos\upsilon) + Y^{\alpha}\sin\upsilon]\Delta\alpha - mg\cos\theta\sin\sigma\Delta\theta - \quad (5.26)$$
$$mg\sin\theta\cos\sigma\Delta\sigma + (-F\cos\alpha\cos\beta\cos\upsilon + Z^{\beta}\cos\upsilon)\Delta\beta - R'\cos\upsilon\delta_{\psi} +$$
$$[F(\sin\alpha\cos\upsilon + \cos\alpha\sin\beta\sin\upsilon) + Y\cos\upsilon - Z\sin\upsilon + R'\sin\upsilon\delta_{\psi}]\Delta\upsilon$$

略去二阶以上小量，并令 $\cos\upsilon \approx 1$，$\cos\sigma \approx 1$，式(5.26)变为

$$-mv\frac{\mathrm{d}\Delta\sigma}{\mathrm{d}t} - m\Delta v\frac{\mathrm{d}\sigma}{\mathrm{d}t} = (-F\cos\alpha\cos\beta + Z^{\beta})\Delta\beta - mg\sin\theta\Delta\sigma + (F\sin\alpha + Y)\Delta\upsilon - R'\Delta\delta_{\psi}$$

$$(5.27)$$

注意到

$$m\Delta v\frac{\mathrm{d}\sigma}{\mathrm{d}t}\Big/mv\frac{\mathrm{d}\Delta\sigma}{\mathrm{d}t} = \Delta v\frac{\mathrm{d}\sigma}{\mathrm{d}t}\Big/v\frac{\mathrm{d}\Delta\sigma}{\mathrm{d}t} = \Delta v/v \quad (5.28)$$

即 $m\Delta v\dfrac{\mathrm{d}\sigma}{\mathrm{d}t}$ 为二阶小量，可以忽略，则

$$-mv\frac{\mathrm{d}\Delta\sigma}{\mathrm{d}t} = (-F\cos\alpha\cos\beta + Z^{\beta})\Delta\beta - mg\sin\theta\Delta\sigma + (F\sin\alpha + Y)\Delta\upsilon - R'\cos\upsilon\delta_{\psi}$$

$$(5.29)$$

式(5.21)、式(5.24)、式(5.29)这三个式子即为质心运动方程线性化后的结果，它们是讨论质心扰动运动的基本方程。

绕质心转动方程是在箭体坐标系中建立的，固体火箭一般为轴对称体或面对称体，箭体坐标系与其惯量主轴相接近，一般认为惯量积 $I_{xy} = I_{yz} = I_{zx} = 0$。根据绕质心转动方程，加上干扰力矩，转动方程可改写为

$$\begin{cases} I_{x1}\dot{\omega}_{x1} = M_{x1} + M_{x1}^{\delta}\delta_{\gamma} + (I_{y1} - I_{z1})\omega_{y1}\omega_{z1} + M_{dx} \\ I_{y1}\dot{\omega}_{y1} = M_{y1} + M_{y1}^{\delta}\delta_{\psi} + (I_{z1} - I_{x1})\omega_{z1}\omega_{x1} + M_{dy} \\ I_{z1}\dot{\omega}_{z1} = M_{z1} + M_{z1}^{\delta}\delta_{\varphi} + (I_{x1} - I_{y1})\omega_{x1}\omega_{y1} + M_{dz} \end{cases} \quad (5.30)$$

式中：M_{x1}、M_{y1}、M_{z1} 分别为火箭所受的滚动、偏航、俯仰力矩。

为求通用性，这里没有区分三个方向的力矩类型，具体的计算将在后面给出。

对于轴对称固体火箭而言，一般有 $I_{y1} \approx I_{z1}$，且 I_{y1} 远远大于 I_{x1}。应该指出，当火箭在大干扰运动或大机动情况下，火箭的实际转动角速度往往并不是很小，特别是火箭绕 X_1 轴的转动惯量远比绕 Y 轴和 Z 轴的小，一般 ω_{x1} 比较大，这样方程 $(I_{z1} - I_{x1})\omega_{z1}\omega_{x1}$ 和 $(I_{x1} - I_{y1})\omega_{x1}\omega_{y1}$ 就不能忽略。当考虑这两项对火箭扰动运动影响时，它们使纵向运动和侧向运

动联系在一起,这种现象称之为惯性交感。如果固体火箭不做大机动飞行,且在控制作用下能够保持姿态稳定,惯性交感项可以忽略。在下面的讨论中,认为固体火箭不做大机动分析,且飞行过程中始终保持姿态稳定。同时,由于干扰力矩 M_{dx}、M_{dy}、M_{dz} 为不确定性干扰量、理想情况下均为 0,在线性化时不考虑该项。

转动方程式(5.30)中第一个方程可简化为

$$I_{x1}\dot{\omega}_{x1} = M_{x1} + M_{x1}^{\varepsilon}\delta_{\gamma} \tag{5.31}$$

力矩项 M_{x1} 与攻角 α、侧滑角 β、速度 v 及各方向角速度都有关系,线性化后有

$$I_{x1}\frac{\mathrm{d}\Delta\omega_{x1}}{\mathrm{d}t} = M_{x1}^{v}\Delta v + M_{x1}^{\alpha}\Delta\alpha + M_{x1}^{\beta}\Delta\beta + M_{x1}^{\omega_x}\Delta\omega_x + M_{x1}^{\omega_y}\Delta\omega_y + M_{x1}^{\omega_z}\Delta\omega_z + M_{x1}^{\delta}\Delta\delta_{\gamma} \tag{5.32}$$

因为侧向运动很小,近似地认为 $M_{x1}^{\omega_z}\Delta\omega_z$、$M_{x1}^{v}\Delta v$、$M_{x1}^{\alpha}\Delta\alpha$ 等于 0,则式(5.32)简化为

$$I_{x1}\frac{\mathrm{d}\Delta\omega_{x1}}{\mathrm{d}t} = M_{x1}^{\beta}\Delta\beta + M_{x1}^{\omega_x}\Delta\omega_x + M_{x1}^{\omega_y}\Delta\omega_y + M_{x1}^{\delta}\Delta\delta_{\gamma} \tag{5.33}$$

同理,转动方程(5.30)中第二个方程可线性化为

$$I_{y1}\frac{\mathrm{d}\Delta\omega_{y1}}{\mathrm{d}t} = M_{y1}^{\beta}\Delta\beta + M_{y1}^{\dot{\beta}}\Delta\dot{\beta} + M_{y1}^{\omega_x}\Delta\omega_x + M_{y1}^{\omega_y}\Delta\omega_y + M_{y1}^{\delta}\Delta\delta_{\psi} \tag{5.34}$$

对于俯仰通道,即转动方程(5.30)中第三个方程可简化为

$$I_{z1}\dot{\omega}_{z1} = M_{z1} + M_{z1}^{\delta}\delta_{\varphi} \tag{5.35}$$

力矩项 M_{x1} 与攻角 α,速度 v,角速度 ω_{x_1}、ω_{z_1} 有关,故

$$I_{z1}\frac{\mathrm{d}\Delta\omega_{z1}}{\mathrm{d}t} = M_{z1}^{v}\Delta v + M_{z1}^{\alpha}\Delta\alpha + M_{z1}^{\dot{\alpha}}\Delta\dot{\alpha} + M_{z1}^{\omega_z}\Delta\omega_z + M_{z1}^{\omega_x}\Delta\omega_x + M_{z1}^{\delta}\Delta\delta_{\varphi} \tag{5.36}$$

根据线性化假设,$M_{z1}^{\omega_x}\Delta\omega_x$、$M_{z1}^{\dot{\alpha}}\Delta\dot{\alpha}$ 在侧向参数很小时可忽略,则

$$I_{z1}\frac{\mathrm{d}\dot{\omega}_{z1}}{\mathrm{d}t} = M_{z1}^{v}\Delta v + M_{z1}^{\alpha}\Delta\alpha + M_{z1}^{\omega_z}\Delta\omega_z + M_{z1}^{\delta}\Delta\delta_{\varphi} \tag{5.37}$$

下面对运动方程进行线性化,因为

$$\frac{\mathrm{d}x}{\mathrm{d}t} = v\cos\theta\cos\sigma \tag{5.38}$$

侧向运动参数 σ 为小量,线性化后有

$$\frac{\mathrm{d}\Delta x}{\mathrm{d}t} = \cos\theta\Delta v - v\sin\theta\Delta\theta \tag{5.39}$$

Y 方向上的线性化结果为

$$\frac{\mathrm{d}\Delta y}{\mathrm{d}t} = \sin\theta\Delta v + v\cos\theta\Delta\theta \tag{5.40}$$

Z 方向上的线性化结果为

$$\frac{\mathrm{d}\Delta z}{\mathrm{d}t} = -v\Delta\sigma \tag{5.41}$$

根据线性化假设,未扰动运动侧向参数是微量,角速度相关方程(5.16)可线性化为

$$\begin{cases} \Delta\omega_{Tx} = \Delta\dot{\gamma}_T - \dot{\varphi}_T\Delta\psi_T \\ \Delta\omega_{Ty} = \Delta\dot{\psi}_T + \dot{\varphi}_T\Delta\gamma_T \\ \Delta\omega_{Tz} = \Delta\dot{\varphi}_T\cos\psi \approx \Delta\dot{\varphi}_T \end{cases} \tag{5.42}$$

假设中不考虑地球自转角速度,忽略下标 T,则

$$\begin{cases} \Delta\omega_{x1} = \Delta\dot{\gamma} - \dot{\varphi}\Delta\psi \\ \Delta\omega_{y1} = \Delta\dot{\psi} + \dot{\varphi}\Delta\gamma \\ \Delta\omega_{z1} = \Delta\dot{\varphi} \end{cases} \tag{5.43}$$

若认为侧向参数 β、ψ、σ、γ、υ 为一阶小量,欧拉角几何方程可线性化为

$$\begin{cases} \Delta\upsilon = \Delta\gamma\cos\alpha - \Delta\psi\sin\alpha \\ \Delta\varphi = \Delta\theta + \Delta\alpha \\ \Delta\sigma = \Delta\psi\cos\alpha + \Delta\gamma\sin\alpha - \Delta\beta \end{cases} \tag{5.44}$$

对于固体火箭而言,飞行攻角一般比较小,可以认为是小量,则

$$\begin{cases} \Delta\upsilon = \Delta\gamma \\ \Delta\theta = \Delta\varphi - \Delta\alpha \\ \Delta\sigma = \Delta\psi - \Delta\beta \end{cases} \tag{5.45}$$

式(5.45)中第二个方程在侧向参数为零时是自然成立的,意义也很清楚,第三个方程在纵向参数为 0 时,意义也很清楚。

至此已把固体火箭运动方程全部线性化了,其中凡是带有增量符号 Δ 的参数都是需要的未知函数,而这些增量的系数与未扰动运动参数有关,都是变系数。根据线性化假设,上述微分方程自然可分为两组:

$$\begin{cases} m\dfrac{\mathrm{d}\Delta\upsilon}{\mathrm{d}t} = (F^\upsilon\cos\alpha - X^\upsilon)\Delta\upsilon - (F\sin\alpha + X^\alpha)\Delta\alpha - mg\cos\theta\Delta\theta \\ mv\dfrac{\mathrm{d}\Delta\theta}{\mathrm{d}t} = \left(F^\upsilon\sin\alpha + Y^\upsilon - m\dfrac{\mathrm{d}\theta}{\mathrm{d}t}\right)\Delta\upsilon + (F\cos\alpha + Y^\alpha)\Delta\alpha + mg\sin\theta\Delta\theta + R'\Delta\delta_\varphi \\ I_{z1}\dfrac{\mathrm{d}\Delta\omega_{z1}}{\mathrm{d}t} = M_{z1}^\upsilon\Delta\upsilon + M_{z1}^\alpha\Delta\alpha + M_{z1}^{\omega_z}\Delta\omega_z + M_{z1}^\delta\Delta\delta_\varphi \\ \Delta\varphi = \Delta\theta + \Delta\alpha \\ \Delta\omega_{z1} = \Delta\dot{\varphi} \\ \Delta\dot{x} = \cos\theta\Delta\upsilon - v\sin\theta\Delta\theta \\ \Delta\dot{y} = \sin\theta\Delta\upsilon + v\cos\theta\Delta\theta \end{cases} \tag{5.46}$$

在这组方程中,未知量是纵向扰动运动参数 $\Delta\upsilon$、$\Delta\alpha$、$\Delta\theta$、$\Delta\varphi$、$\Delta\omega_{z1}$、Δx、Δy、$\Delta\delta_\varphi$,故这组方程称为纵向扰动方程。

$$\begin{cases} -mv\dfrac{\mathrm{d}\Delta\sigma}{\mathrm{d}t} = (-F\cos\alpha\cos\beta + Z^\beta)\Delta\beta - mg\sin\theta\Delta\sigma + (F\sin\alpha + Y)\Delta\upsilon - R'\cos\upsilon\delta_\psi \\ I_{x1}\dfrac{\mathrm{d}\Delta\omega_{x1}}{\mathrm{d}t} = M_{x1}^\beta\Delta\beta + M_{x1}^{\omega_{x1}}\Delta\omega_x + M_{x1}^{\omega_{y1}}\Delta\omega_y + M_{x1}^\delta\Delta\delta_\gamma \\ I_{y1}\dfrac{\mathrm{d}\Delta\omega_{y1}}{\mathrm{d}t} = M_{y1}^\beta\Delta\beta + M_{y1}^{\omega_{x1}}\Delta\omega_x + M_{y1}^{\omega_{y1}}\Delta\omega_y + M_{y1}^\delta\Delta\delta_\psi \\ \Delta\omega_{x1} = \Delta\dot{\gamma} - \dot{\varphi}\Delta\psi \\ \Delta\omega_{y1} = \Delta\dot{\psi} + \dot{\varphi}\Delta\gamma \\ \Delta\sigma = \Delta\psi - \Delta\beta \\ \Delta\upsilon = \Delta\gamma \\ \Delta\dot{z} = -v\Delta\sigma \end{cases} \tag{5.47}$$

这组方程中包括了侧向扰动运动参数 $\Delta\sigma$、$\Delta\psi$、$\Delta\beta$、$\Delta\gamma$、$\Delta\upsilon$、$\Delta\omega_{x1}$、$\Delta\omega_{y1}$、Δz 和等效舵偏角 $\Delta\delta_\gamma$、$\Delta\delta_\psi$，称为侧向扰动方程。

在上述假设下，将扰动运动分解成两组独立的方程组，如果一种干扰作用仅使纵向运动参数变化，而侧向运动参数同未扰动运动一样，这种扰动运动称为纵向扰动运动；反之，如果干扰的作用使纵向运动参数和未扰动时一样，仅有侧向运动参数变化，这种扰动运动称为侧向扰动运动。

必须注意的是，上述线性化方法只有在上述假设条件成立时才是正确的，如果线性化假设条件不满足，如侧向运动参数比较大，那么侧向运动中就包括了 $\Delta\upsilon$，这样纵向扰动运动和侧向扰动运动就要一起考虑了。在飞行器总体设计阶段，把扰动运动分解成纵向扰动运动和侧向扰动运动的做法得到了广泛的应用。

5.3.2 纵向扰动运动模型分析

因为位置增量 Δx、Δy 不包含在其他方程中，不影响其他方程的独立求解，所以实际中可先积分前面几个方程，再单独求解后面的位置增量方程。方程(5.46)中不包含攻角的微分方程，但实际中攻角通常作为一个控制对象，而不是速度倾角，根据式(5.45)中的关系，可将该式改写为

$$\begin{cases} \dfrac{\mathrm{d}\Delta\upsilon}{\mathrm{d}t} = \dfrac{F^\upsilon\cos\alpha - X^\upsilon}{m}\Delta\upsilon - g\cos\theta\Delta\theta - \dfrac{F\sin\alpha + X^\alpha}{m}\Delta\alpha \\[2mm] \dfrac{\mathrm{d}\Delta\theta}{\mathrm{d}t} = \dfrac{F^\upsilon\sin\alpha + Y^\upsilon - m\dot\theta}{m\upsilon}\Delta\upsilon + \dfrac{g\sin\theta}{\upsilon}\Delta\theta + \dfrac{F\cos\alpha + Y^\alpha}{m\upsilon}\Delta\alpha + \dfrac{R'}{m\upsilon}\Delta\delta_\varphi \\[2mm] \dfrac{\mathrm{d}\Delta\alpha}{\mathrm{d}t} = -\dfrac{F^\upsilon\sin\alpha + Y^\upsilon - m\dot\theta}{m\upsilon}\Delta\upsilon - \dfrac{g\sin\theta}{\upsilon}\Delta\theta - \dfrac{F\cos\alpha + Y^\alpha}{m\upsilon}\Delta\alpha + \Delta\omega_{z1} - \dfrac{R'}{m\upsilon}\Delta\delta_\varphi \\[2mm] I_{z1}\dfrac{\mathrm{d}\Delta\omega_{z1}}{\mathrm{d}t} = M_{z1}^\upsilon\Delta\upsilon + M_{z1}^\alpha\Delta\alpha + M_{z1}^{\omega_z}\Delta\omega_z + M_{z1}^\delta\Delta\delta_\varphi \\[2mm] \Delta\omega_{z1} = \Delta\dot\varphi \end{cases} \tag{5.48}$$

为了分析计算方便，参数之前的系数常用符号表示，并对运动参数和运动方程进行编号。俯仰通道运动参数系数编号如表 5.1 所列。

表 5.1 俯仰通道运动参数系数编号

运动参数系数编号 j	1	2	3	4	5
运动参数	$\Delta\upsilon$	$\Delta\theta$	$\Delta\alpha$	$\Delta\omega_{z1}$	$\Delta\delta_\varphi$

对方程组的每一个方程也给以编号，而方程的系数则用两个下标表示，第一个下标表示所在方程的编号，第二个下标表示对应的运动参数的编号，如 a_{12} 表示第一个方程第二个参数 $\Delta\theta$ 所对应的系数，按规定的顺序可得到如下方程：

$$\begin{cases} \dfrac{\mathrm{d}\Delta\upsilon}{\mathrm{d}t} = a_{11}\Delta\upsilon + a_{12}\Delta\theta + a_{13}\Delta\alpha \\[2mm] \dfrac{\mathrm{d}\Delta\theta}{\mathrm{d}t} = a_{21}\Delta\upsilon + a_{22}\Delta\theta + a_{23}\Delta\alpha + a_{25}\Delta\delta_\varphi \\[2mm] \dfrac{\mathrm{d}\Delta\alpha}{\mathrm{d}t} = a_{31}\Delta\upsilon + a_{32}\Delta\theta + a_{33}\Delta\alpha + a_{34}\Delta\omega_{z1} + a_{35}\Delta\delta_\varphi \\[2mm] \dfrac{\mathrm{d}\Delta\omega_{z1}}{\mathrm{d}t} = a_{41}\Delta\upsilon + a_{42}\Delta\theta + a_{43}\Delta\alpha + a_{44}\Delta\omega_{z1} + a_{45}\Delta\delta_\varphi \end{cases} \tag{5.49}$$

式中：$a_{11} = \dfrac{F^v\cos\alpha - X^v}{m}$；$a_{12} = -g\cos\theta$；$a_{13} = \dfrac{-F\sin\alpha - X^\alpha}{m}$；$a_{14} = 0$；$a_{21} = \dfrac{F^v\sin\alpha + Y^v - m\dot\theta}{mv}$；

$a_{22} = \dfrac{g\sin\theta}{v}$；$a_{23} = \dfrac{F\cos\alpha + Y^a}{mv}$；$a_{24} = 0$；$a_{25} = \dfrac{R'}{mv}$；$a_{31} = -a_{21} = -\dfrac{F^v\sin\alpha + Y^v - m\dot\theta}{mv}$；$a_{32} = -a_{22} =$

$-\dfrac{g\sin\theta}{v}$；$a_{33} = -a_{23} = -\dfrac{F\cos\alpha + Y^\alpha}{mv}$；$a_{34} = 1$；$a_{35} = -\dfrac{R'}{mv}$；$a_{41} = \dfrac{M_{z1}^v}{I_{z1}}$；$a_{43} = \dfrac{M_{z1}^\alpha}{I_{z1}}$；$a_{44} = \dfrac{M_{z1}^{\omega_z}}{I_{z1}}$；

$a_{45} = \dfrac{M_{z1}^\delta}{I_{z1}}$。

常称上述系数 a_{ij} 为动力系数,它们取决于未扰动运动参数在当前时刻的值,由于未扰动运动的参数是随时间变化的,因此这些系数也是随时间变化的,上述方程是变系数微分方程组。

变系数微分方程组的求解一般采用固化系数法(或者冻结系数法)求解,固化系数法是指在研究导弹的运动特性时,如果未扰动运动已经给出,则在该弹道上的任意点上的运动参数都是已知值,实际上认为各运动参数增量前面的系数在研究的弹道点附近固化不变,这样变系数线性微分方程组就变成了常系数线性微分方程组。对于固化系数的应用条件是什么,目前并没有严格的证明,所以目前研究运动稳定性的方法是:在弹道上取若干个特征点,采用固化系数法将变系数线性微分方程组变成常系数微分方程组进行研究。

5.3.3　侧向扰动运动模型分析

根据侧向运动方程(5.47),偏航运动和倾斜(滚动)运动相互交连在一起,一般情况下固体火箭俯仰角速度 $\dot\varphi$ 比较小,如在程序转弯段,俯仰角速度一般小于 $2(°)/s$,所以 $\dot\varphi$ 也可以认为是小量,则

$$\begin{cases} \Delta\omega_{x1} = \Delta\dot\gamma - \dot\varphi\Delta\psi \approx \Delta\dot\gamma \\ \Delta\omega_{y1} = \Delta\dot\psi + \dot\varphi\Delta\gamma \approx \Delta\dot\psi \end{cases} \tag{5.50}$$

这样,侧向运动方程可简化为

$$\begin{cases} \dfrac{\mathrm{d}\Delta\beta}{\mathrm{d}t} = \dfrac{-F\cos\alpha\cos\beta + Z^\beta + mg\sin\theta}{mv}\Delta\beta - \dfrac{g\sin\theta}{v}\Delta\psi + \Delta\omega_{y1} + \\ \qquad \dfrac{F\sin\alpha + Y}{mv}\Delta\gamma - \dfrac{R'}{mv}\delta_\psi \\[2mm] \dfrac{\mathrm{d}\Delta\psi}{\mathrm{d}t} = \Delta\omega_{y1} \\[2mm] \dfrac{\mathrm{d}\Delta\omega_{y1}}{\mathrm{d}t} = \dfrac{M_{y1}^\beta}{I_{y1}}\Delta\beta + \dfrac{M_{y1}^{\omega_x}}{I_{y1}}\Delta\omega_{x1} + \dfrac{M_{y1}^{\omega_y}}{I_{y1}}\Delta\omega_{y1} + \dfrac{M_{y1}^\delta}{I_{y1}}\Delta\delta_\psi \\[2mm] \dfrac{\mathrm{d}\Delta\gamma}{\mathrm{d}t} = \Delta\omega_{x1} \\[2mm] \dfrac{\mathrm{d}\Delta\omega_{x1}}{\mathrm{d}t} = \dfrac{M_{x1}^\beta}{I_{x1}}\Delta\beta + \dfrac{M_{x1}^{\omega_{x1}}}{I_{x1}}\Delta\omega_{x1} + \dfrac{M_{x1}^{\omega_{y1}}}{I_{x1}}\Delta\omega_{y1} + \dfrac{M_{x1}^\delta}{I_{x1}}\Delta\delta_\gamma \\[2mm] \Delta\sigma = \Delta\psi - \Delta\beta \\[1mm] \Delta\upsilon = \Delta\gamma \\[1mm] \Delta\dot z = -v\Delta\sigma \end{cases} \tag{5.51}$$

将 $\Delta\beta$、$\Delta\psi$、$\Delta\gamma$、$\Delta\omega_{x1}$、$\Delta\omega_{y1}$ 作为侧向运动参数,侧向运动参数系数编号如表5.2所列。

表5.2　侧向运动参数系数编号

侧向运动参数系数编号 j	1	2	3	4	5	6	7
侧向运动参数	$\Delta\beta$	$\Delta\psi$	$\Delta\omega_{y1}$	$\Delta\gamma$	$\Delta\omega_{x1}$	$\Delta\delta_\psi$	$\Delta\delta_\gamma$

同时忽略各种干扰力和干扰力矩,则式(5.51)可以写为

$$\begin{cases} \dfrac{\mathrm{d}\Delta\beta}{\mathrm{d}t} = -b_{11}\Delta\beta - b_{12}\Delta\psi - b_{13}\Delta\omega_y - b_{14}\Delta\gamma - b_{16}\delta_\psi \\[2mm] \dfrac{\mathrm{d}\Delta\psi}{\mathrm{d}t} = b_{23}\Delta\omega_{y1} \\[2mm] \dfrac{\mathrm{d}\Delta\omega_{y1}}{\mathrm{d}t} = b_{31}\Delta\beta + b_{33}\Delta\omega_{y1} + b_{35}\Delta\omega_{x1} + b_{36}\Delta\delta_\psi \\[2mm] \dfrac{\mathrm{d}\Delta\gamma}{\mathrm{d}t} = b_{45}\Delta\omega_{x1} \\[2mm] \dfrac{\mathrm{d}\Delta\omega_{x1}}{\mathrm{d}t} = b_{51}\Delta\beta + b_{53}\Delta\omega_{y1} + b_{55}\Delta\omega_{x1} + b_{57}\Delta\delta_\gamma \end{cases} \quad (5.52)$$

其中

$$b_{11} = -\frac{-F\cos\alpha\cos\beta + Z^\beta + mg\sin\theta}{mv}, \quad b_{12} = \frac{g\sin\theta}{v}, \quad b_{13} = -1, \quad b_{14} = -\frac{F\sin\alpha + Y}{mv},$$

$$b_{15} = 0, \quad b_{16} = \frac{R'}{mv}, \quad b_{23} = 1, \quad b_{31} = \frac{M_{y1}^\beta}{I_{y1}}, \quad b_{33} = \frac{M_{y1}^{\omega_{y1}}}{I_{y1}}, \quad b_{35} = \frac{M_{y1}^{\omega_{x1}}}{I_{y1}}, \quad b_{36} = \frac{M_{y1}^{\delta_\psi}}{I_{y1}},$$

$$b_{45} = 1, \quad b_{51} = \frac{M_{x1}^\beta}{I_{x1}}\Delta\beta, \quad b_{53} = \frac{M_{x1}^{\omega_{y1}}}{I_{x1}}, \quad b_{55} = \frac{M_{x1}^{\omega_{x1}}}{I_{x1}}, \quad b_{57} = \frac{M_{x1}^\delta}{I_{x1}}$$

对于气动对称外形,若火箭控制系统能够很快地消除倾斜运动,则火箭倾斜运动所产生的侧向力对偏航运动影响不大,这样就可以将侧向运动分成偏航运动和滚动运动。虽然实际当中不能完全做到这一点,在控制系统初步设计时,特别是对于 STT(skid-to-turn)机动飞行,通常把偏航运动和滚动运动分开研究。

偏航运动方程:

$$\begin{cases} \dfrac{\mathrm{d}\Delta\beta}{\mathrm{d}t} = -b_{11}\Delta\beta - b_{13}\Delta\omega_{y1} - b_{16}\delta_\psi \\[2mm] \dfrac{\mathrm{d}\Delta\psi}{\mathrm{d}t} = b_{23}\Delta\omega_{y1} \\[2mm] \dfrac{\mathrm{d}\Delta\omega_{y1}}{\mathrm{d}t} = b_{31}\Delta\beta + b_{33}\Delta\omega_{y1} + b_{36}\Delta\delta_\psi \end{cases} \quad (5.53)$$

滚动运动方程:

$$\begin{cases} \dfrac{\mathrm{d}\Delta\gamma}{\mathrm{d}t} = b_{45}\Delta\omega_{x1} \\[2mm] \dfrac{\mathrm{d}\Delta\omega_{x1}}{\mathrm{d}t} = b_{55}\Delta\omega_{x1} + b_{57}\Delta\delta_\gamma \end{cases} \quad (5.54)$$

5.3.4 箭体运动特性分析

控制系统设计研究的数学对象是箭体传递函数,根据线性系统理论,传递函数可以通过拉普拉斯变换得到。先考虑纵向通道,将方程(5.49)进行拉普拉斯变换,即

$$\begin{bmatrix} s-a_{11} & -a_{12} & -a_{13} & 0 \\ -a_{21} & s-a_{22} & -a_{23} & 0 \\ -a_{31} & -a_{32} & s-a_{33} & -a_{34} \\ -a_{41} & -a_{42} & -a_{43} & s-a_{44} \end{bmatrix} \begin{bmatrix} \Delta v(s) \\ \Delta\theta(s) \\ \Delta\alpha(s) \\ \Delta\omega_{z1}(s) \end{bmatrix} = \begin{bmatrix} 0 \\ a_{25} \\ a_{35} \\ a_{45} \end{bmatrix} \Delta\delta_\varphi(s) \tag{5.55}$$

如果以舵系统作为控制执行机构,则舵偏角 δ_φ 就是控制输入,而状态参数则是控制对象。箭体传递函数是进行控制系统设计的基本前提,根据方程(5.55)可以得到箭体传递函数,计算方法参见相关教材。根据方程(5.49),系数有如下关系: $a_{31}=-a_{21}$, $a_{32}=-a_{22}$, $a_{33}=-a_{23}$, $a_{34}=1$。系统特征方程为

$$\Delta(\lambda)=|A-\lambda I|= \begin{vmatrix} a_{11}-\lambda & a_{12} & a_{13} & 0 \\ a_{21} & a_{22}-\lambda & a_{23} & 0 \\ -a_{21} & -a_{22} & -a_{23}-\lambda & 1 \\ a_{41} & 0 & a_{43} & a_{44}-\lambda \end{vmatrix} \tag{5.56}$$

令 $\Delta(\lambda)=0$,可得

$$\Delta(\lambda)=\lambda^4+a_1\lambda^3+a_2\lambda^2+a_2\lambda+a_4=0 \tag{5.57}$$

式中: $a_1=-a_{44}+a_{23}-a_{22}-a_{11}$, $a_2=a_{11}a_{22}-a_{11}a_{23}-a_{12}a_{21}+a_{13}a_{21}-a_{44}a_{23}+a_{44}a_{11}+a_{44}a_{22}-a_{43}$, $a_3=-a_{11}a_{22}a_{44}+a_{11}a_{23}a_{44}+a_{12}a_{21}a_{44}-a_{13}a_{21}a_{44}+a_{11}a_{43}+a_{43}a_{22}-a_{23}a_{42}-a_{13}a_{41}$, $a_4=-a_{11}a_{43}a_{22}+a_{11}a_{23}a_{42}+a_{12}a_{21}a_{43}-a_{12}a_{23}a_{41}-a_{13}a_{21}a_{42}+a_{13}a_{41}a_{22}$。

显然,四阶代数方程有 4 个根,分析表明,无论 4 个根是实根还是虚根,可根据 4 个根的模值分为两个大根与两个小根,大根对应的是短周期运动,小根对应的是长周期运动。短周期运动主要是描述飞行器姿态参数的变化,如角速度 ω_{z1}、攻角 α;而长周期运动主要描述飞行器质心运动参数的变化,如速度大小 v、速度倾角 θ 等。其实际含义是飞行器姿态参数变化速度很快,而质心运动参数变化往往要缓慢得多,这也是瞬时平衡假设成立的基础。

例如,假设某飞行器某时刻飞行参数如下:

$H=3000\text{m}$, $\rho=0.9083\text{kg/m}^3$, $v=855\text{m/s}$, $m=2600\text{kg}$, $Ma=2.6$, $S=0.608\text{m}^2$, $L_k=10.4\text{m}$, $\theta=15°$, $I_{z1}=2220\text{kg}\cdot\text{m}^2$, $\alpha=1.5°$, $C_x=0.19$, $C_y=0.19$, $C_x^\alpha=0.47/(°)$, $C_y^M=-0.102$, $C_y^\alpha=0.101/(°)$, $C_y^M=-8.71\times10^{-3}$, $m_{z1st}=1\times10^{-3}$, $m_{z1}^\alpha=-8.4\times10^{-3}/(°)$, $m_{z1}^{\omega_{z1}}=-1.17\times10^{-1}\text{s}/(°)$, $m_{z1}^M=4.25\times10^{-3}$。

计算得到微分方程系数为

$a_{11}=-0.0103$, $a_{12}=-9.4661$, $a_{13}=-1.0750$, $a_{14}=0$,
$a_{21}=3.76e-5$, $a_{22}=0.0030$, $a_{23}=0.0289$, $a_{24}=0$,
$a_{31}=-3.76e-5$, $a_{32}=-0.0030$, $a_{33}=-0.0289$, $a_{34}=1$,
$a_{41}=0.0143$, $a_{42}=0$, $a_{43}=-7.8706$, $a_{44}=-1.9133$

特征方程系数:
$$a_1 = 1.9496, \quad a_2 = 7.9406, \quad a_3 = 0.0744, \quad a_4 = 0.0064$$
特征方程的根:
$$\lambda_{1,2} = -0.9702 \pm 2.6421i \tag{5.58}$$
$$\lambda_{3,4} = -0.0046 \pm 0.0281i$$

可以看出,特征根 λ_1、λ_2 的模值远远大于特征根 λ_3、λ_4。假设方程(5.55)中的初始值分别为 $\Delta v_0 = 1$,$\Delta\theta_0 = 0.1°$,$\Delta\alpha_0 = 1°$,$\Delta\omega_{z10} = 0.1(°)/s$,其含义为飞行器在飞行过程中在某时刻受到干扰导致的状态变量偏离预定值的大小,则可以得到各变量的解为

$$\Delta v = \Delta v_1 + \Delta v_2$$
$$\Delta\theta = \Delta\theta_1 + \Delta\theta_2$$
$$\Delta\alpha = \Delta\alpha_1 + \Delta\alpha_2 \tag{5.59}$$
$$\Delta\omega_{z1} = \Delta\dot{\varphi} = \Delta\dot{\varphi}_1 + \Delta\dot{\varphi}_2$$

其中

$$\Delta v_1 = 0.4096\exp(-0.9702t)\sin(2.6421t + 0.8118)$$
$$\Delta v_2 = +1.0046\exp(-0.0046t)\sin(0.0281t + 0.0195)$$
$$\Delta\theta_1 = 0.0104\exp(-0.9702t)\sin(2.6421t + 0.7284)$$
$$\Delta\theta_2 = 0.1518\exp(-0.0046t)\sin(0.0281t - 1.2851)$$
$$\Delta\alpha_1 = 1.4119\exp(-0.9702t)\sin(2.6421t - 1.1948)$$
$$\Delta\alpha_2 = 0.0023\exp(-0.0046t)\sin(0.0281t + 0.0253)$$
$$\Delta\dot{\varphi}_1 = 0.1435\exp(-0.9702t)\sin(2.6421t + 0.0337)$$
$$\Delta\dot{\varphi}_2 = 0.0021\exp(-0.0046t)\sin(0.0281t - 0.4629)$$

速度随时间的变化曲线如图 5.4 所示。

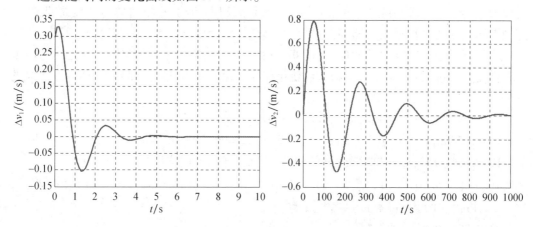

图 5.4　速度随时间的变化曲线

可以看出,在没有外部力和力矩的影响下,对于速度变量,相对于长周期运动,短周期运动部分很快收敛为零,而长周期运动需要花费数百秒才能收敛,也就是说,速度变量主要由长周期运动决定。

攻角随时间的变化曲线如图 5.5 所示。

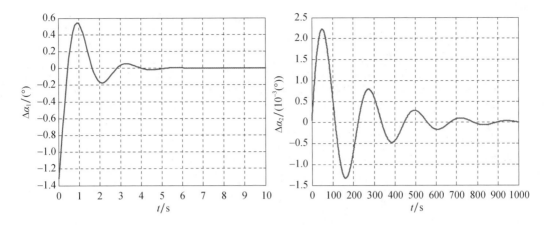

图 5.5　攻角随时间的变化曲线

可以看出,在没有外部力和力矩的影响下,对于攻角变量,长周期运动虽然周期很长,但是幅值很小,可以忽略不计,而短周期运动幅值较大,也就是说,攻角变量主要由短周期运动决定。

同样,速度倾角随时间的变化曲线如图 5.6 所示。

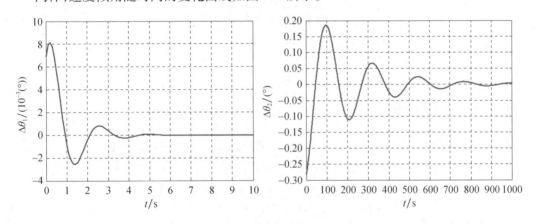

图 5.6　速度倾角随时间的变化曲线

速度倾角变量长周期运动的幅值远大于短周期运动,所以,速度倾角与速度变量类似,主要由长周期运动决定。

同样,角速度随时间的变化曲线如图 5.7 所示。

角速度变量长周期运动的幅值远小于短周期运动,所以,角速度变量与攻角变量类似,主要由短周期运动决定。

5.3.5　传递函数计算

纵向运动方程的运动特点说明,在分析姿态控制特性时,速度变量是长周期运动,变化相对缓慢,在设计控制律时,通常忽略速度变量,即在方程(5.49)中,忽略与速度相关的变量,则特征方程从四阶变为三阶。

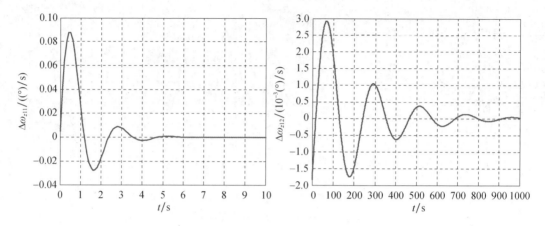

图 5.7　角速度随时间的变化曲线

$$\begin{cases} \dfrac{\mathrm{d}\Delta\theta}{\mathrm{d}t} = a_{22}\Delta\theta + a_{23}\Delta\alpha + a_{25}\Delta\delta_\varphi \\[2mm] \dfrac{\mathrm{d}\Delta\alpha}{\mathrm{d}t} = -a_{22}\Delta\theta - a_{23}\Delta\alpha + \Delta\omega_{z1} - a_{25}\Delta\delta_\varphi \\[2mm] \dfrac{\mathrm{d}\Delta\omega_{z1}}{\mathrm{d}t} = a_{43}\Delta\alpha + a_{44}\Delta\omega_{z1} + a_{45}\Delta\delta_\varphi \\[2mm] \dfrac{\mathrm{d}\Delta\varphi}{\mathrm{d}t} = \Delta\omega_{z1} \end{cases} \qquad (5.60)$$

规定下标为输入量,上标为输出量,则以俯仰舵偏角 $\Delta\delta_\varphi(s)$ 为输入量、以 $\Delta\alpha(s)$ 为输出量的箭体传递函数为

$$G^{\Delta\alpha}_{\Delta\delta_\varphi}(s) = \frac{-a_{25}s^2 + (a_{44}a_{25} + a_{45})s - a_{22}a_{45}}{s^3 + (a_{23} - a_{22} - a_{44})s^2 + [a_{44}(a_{22} - a_{23}) - a_{43}]s + a_{43}a_{22}} \qquad (5.61)$$

以俯仰舵偏角 $\Delta\delta_\varphi(s)$ 为输入量、$\Delta\theta(s)$ 为输出量的箭体传递函数为

$$G^{\Delta\theta}_{\Delta\delta_\varphi}(s) = \frac{a_{25}s^2 + (a_{44}a_{25})s + a_{45}a_{23} - a_{43}a_{25}}{s^3 + (a_{23} - a_{22} - a_{44})s^2 + [a_{44}(a_{22} - a_{23}) - a_{43}]s + a_{43}a_{22}} \qquad (5.62)$$

在实际中有时更加关注俯仰角,根据俯仰运动方程中俯仰角、速度倾角和攻角之间的关系,以俯仰舵偏角 $\Delta\delta_\varphi(s)$ 为输入量、$\Delta\varphi(s)$ 为输出量的箭体传递函数为

$$\begin{aligned} G^{\Delta\varphi}_{\Delta\delta_\varphi}(s) &= \frac{\Delta\varphi(s)}{\Delta\delta_\varphi(s)} = \frac{\Delta\alpha(s)}{\Delta\delta_\varphi(s)} + \frac{\Delta\theta(s)}{\Delta\delta_\varphi(s)} \\[2mm] &= \frac{a_{45}s + a_{45}(a_{23} - a_{22}) - a_{43}a_{25}}{s^3 + (a_{23} - a_{22} - a_{44})s^2 + [a_{44}(a_{22} - a_{23}) - a_{43}]s + a_{43}a_{22}} \end{aligned} \qquad (5.63)$$

上述方程中的分母即是所谓的特征方程。可以看出,忽略速度变量后,纵向平面内的箭体传递函数为三阶系统,更有利于姿态控制系统设计。

根据线性系统理论,系统的稳定性可以根据特征方程进行判断,而并不需要求解微分方程。系统稳定性判据有许多种,如常用的劳斯判据、霍尔维茨准则等,有兴趣的读者可以参阅相关书籍。

当火箭飞行过程中偏航角、滚动角及角速度比较小的时候,可以将偏航运动与滚动运动分开,方程(5.53)给出了偏航通道的线性化微分方程组,同样,根据拉普拉斯变换,可以得到偏航通道传递函数。以偏航舵偏角 $\Delta\delta_\psi$ 为输入量，以 $\Delta\psi$ 为输出量的箭体传递函数为

$$G_{\Delta\delta_\psi}^{\Delta\psi}(s) = \frac{\Delta\psi(s)}{\Delta\delta_\psi(s)} = \frac{b_{36}s + b_{11}b_{36} - b_{31}b_{16}}{s^3 + (b_{11} - b_{33})s^2 - (b_{31} + b_{11}b_{33})s} \tag{5.64}$$

以偏航舵偏角 $\Delta\delta_\psi$ 为输入量，以侧滑角 $\Delta\beta$ 为输出量的箭体传递函数为

$$G_{\Delta\delta_\psi}^{\Delta\beta}(s) = \frac{\Delta\beta(s)}{\Delta\delta_\psi(s)} = \frac{-b_{16}s + b_{16}b_{33} + b_{36}}{s^2 + (b_{11} - b_{33})s - (b_{31} + b_{11}b_{33})} \tag{5.65}$$

同样的方法可以得到以偏航舵偏角 $\Delta\delta_\psi$ 为输入量、以偏航角速度 $\Delta\omega_{y1}$ 为输出量的传递函数。

对于滚动通道，方程(5.54)给出了线性化微分方程组，为二阶微分方程组，其传递函数为

$$G_{\Delta\delta_\gamma}^{\Delta\gamma}(s) = \frac{\Delta\gamma(s)}{\Delta\delta_\gamma(s)} = \frac{b_{57}}{s^2 - b_{55}s} \tag{5.66}$$

$$G_{\Delta\delta_\gamma}^{\Delta\omega_{x1}}(s) = \frac{\Delta\omega_{x1}(s)}{\Delta\delta_\gamma(s)} = \frac{b_{57}}{s - b_{55}} \tag{5.67}$$

箭体传递函数是控制系统设计的基础，也是控制系统设计的数学对象，从上面的分析可以看出，传递函数与飞行器飞行状态参数、质量特性、气动系数、姿态角信息、执行机构等都有密切关系，传递函数计算是控制系统设计的基础工作。

5.4　控制律设计实例

获得传递函数后，即可进行控制律设计，姿态控制系统性能的好坏，首先取决于控制方案设计的合理性和有效性。其设计依据是飞行器总体按技术要求拟定的系统设计要求。系统设计的主要内容包括系统结构图、控制回路参数选择和性能仿真等。除此之外，设计中还要把握以下基本要求，即稳定性、快速性、精度、适应性及可靠性等，具体包括：

（1）系统应在飞行空域内具有一定的稳定裕度，通常要求幅值裕度不小于 6dB，相位裕度不小于 $30° \sim 45°$；

（2）系统应具有良好的动态特性，一般要求相对阻尼不小于 0.4，且通频带比制导系统高 $0.5 \sim 1$ 个数量级；

（3）姿态稳定系统的稳态精度应满足制导系统要求；

（4）系统应满足可靠性、维修性和电磁兼容性等技术要求。

姿态控制系统把飞行器弹体（机体、箭体）作为被控对象，当实施控制时，弹体按要求进行俯仰、偏航或滚动运动。如果飞行器上安装有加速度计或陀螺仪，则可对伺服机构形成附加反馈，以修正飞行器运动。通常，把伺服机构、控制机构、状态反馈装置、控制电路等所组成的飞行器控制系统称为自动驾驶仪。自动驾驶仪的功能是控制和稳定飞行器飞行。一方面，自动驾驶仪按控制指令要求操纵控制执行机构施加控制力和控制力矩；另一方面，自动驾驶仪消除干扰引起的姿态变化，使飞行弹道不受扰动影响，保持姿态不变。

5.4.1 控制律设计方法

获得传递函数后,为使控制系统满足一定的性能指标,需要设计控制律。控制律的作用是根据飞行器实际状态信息与需要状态信息之间的差异,通过调整和放大,给出控制信号至执行机构,执行机构动作,产生相应的控制力和控制力矩。因此,控制律的设计直接关系到控制系统性能的好坏。

控制律设计是目前控制领域研究的重点和热点问题,各种解决具体问题的控制律设计方法层出不穷。在研究导弹、火箭等对象的控制律设计时,工程中使用的主要是两类方法——校正网络方法和比例积分微分(proportional, integral, differential, PID)方法,这两类方法技术成熟,可靠性高,实现简单,得到了广泛的应用,相关原理可参考相关书籍。其中PID方法是目前工程应用最为广泛的方法,许多火箭、导弹控制律设计都采用了这种方法。下面将以小型固体火箭姿态系统设计为例介绍控制律设计的具体过程。

5.4.2 小型固体试验火箭弹道主要特征点分析

某小型固体火箭最大飞行高度800m,最大飞行速度130m/s,采用上滑式倾斜发射,根据总体要求,发射倾角为75°。仿真主要弹道参数如图5.8~图5.10所示。

根据弹道参数,可以看出,最大飞行速度时刻为1.7s,最大动压为飞行速度最大处。试验火箭控制系统设计基本要求:

(1)保持滚动通道稳定,要求滚动角、滚动角速度为零;

(2)要求偏航角、角速度为零;

(3)俯仰通道按照程序飞行,飞行攻角按照预定攻角。

控制律设计中的特征点选择并没有统一要求,基本判别规则是根据该特征点设计的控制律参数能够适应该特征点时刻附近一段时间内飞行器的稳定控制,控制性能指标满足设计要求。在实际应用中,在某些时刻点弹道参数会出现极大值或极小值,或者有明显的转折,这些时刻点需要特别注意。

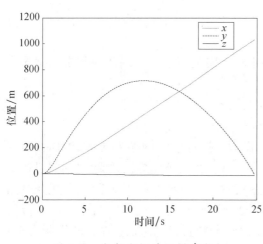

图 5.8 发射坐标系位置参数

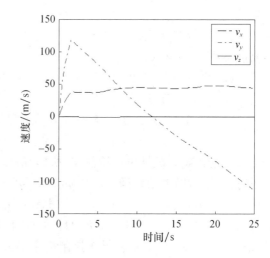

图 5.9 速度参数

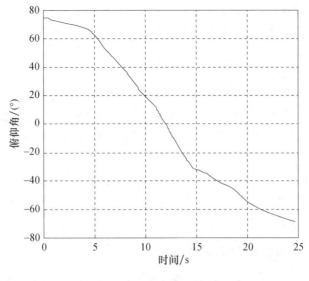

图 5.10　俯仰角参数

1. 起控点

火箭在未加控制时是自由飞行的,因此外界或本身干扰作用可能使火箭本身运动参数变化较大,因此可选控制起始点作为特征点。根据总体发射动力学计算,火箭在发射架上的运动时间约为 0.29s,为避免气动舵偏转与发射车发生干涉,火箭在轨道上滑行不控制。结合总体方案要求及弹道特点,将控制段始点取为发动机点火后 0.4s。

2. 动压最大点

对于大气层内飞行的飞行器,气动舵是主要的控制执行机构,动压的大小直接影响着气动力和气动力矩的大小。对火箭进行六自由度仿真,可得火箭在前 25s 内,动压最大值点出现在 1.7s 左右,见图 5.11,由于飞行高度较低,该型火箭动压最大点即速度最大点。

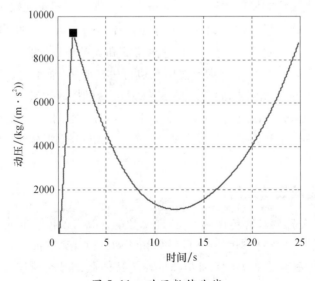

图 5.11　动压数值曲线

3. 飞行高度最高点

火箭飞行高度最大时,在发动机关机后速度最小,动压最小,所以可选择该点作为控制特征点。

4. 其他特征点

根据总体设计要求,火箭在飞行 18 ~ 21s 后,箭载计算机根据时序点燃开伞火工品,之后空气舵舵面偏转角强制归零,控制系统不再工作。一般情况下,根据最大动压与最小动压或者最大速度与最小速度之间的差异,在两个时刻之间选择一个点作为特征点,如 7s、16s 左右。

获得各特征点控制参数之后,应进行全弹道数字仿真和半实物仿真,考察控制效果是否满足总体提出的控制要求。如果不能满足整个飞行弹道的控制要求,则需要增加新的特征点。

5.4.3 姿态控制系统设计框图

根据试验火箭控制要求,只需控制火箭三轴姿态,暂不考虑制导问题。同时,飞行过程中只需进行俯仰机动,滚动和偏航通道不作机动,这种情况下三通道姿态可以实现解耦控制,即偏航、俯仰、滚动三通道可以独立设计姿态控制参数。

先考虑俯仰通道控制,其基本控制框图如图 5.12 所示。

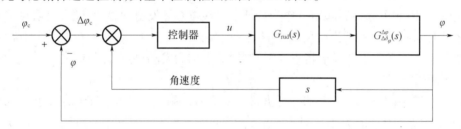

图 5.12　姿态控制基本框图

图中 φ_c 为预先设计的俯仰程序角,φ 为根据箭上惯性测量单元输出计算的俯仰姿态角,$G_{rud}(s)$ 为执行机构舵机传递函数,$G_{\Delta\delta_\varphi}^{\Delta\varphi}(s)$ 为箭体传递函数。在获得火箭俯仰角速度后,箭载计算机计算得到俯仰姿态角 φ,通过比较 φ 和程序角 φ_c 的差异。根据控制律,得到控制指令(俯仰舵偏角),该控制指令输出至执行机构舵机,舵平面发生偏转,产生控制力矩,修正实际的俯仰角,减小俯仰角误差 $\Delta\varphi_c$,从而达到控制效果。

偏航通道和滚动通道控制框图与此类似,也可以采用程序控制的思想。实际上,在无机动情况下,偏航程序角和滚动程序角都为零,角速度也可假设为零,所以其控制框图与俯仰通道完全相同。

5.4.4 传递函数及控制律设计

控制律设计首先需要计算传递函数,传递函数的计算涉及模型的简化和线性化,对此前面已有详细讨论,下面将根据弹道飞行参数和气动参数计算特征点处的传递函数。

综合考虑弹道特点,选择 $t = 2s$ 和 $t = 12s$ 作为特征点,设计控制参数。根据弹道参数和气动参数,试验火箭俯仰通道在 $t = 2s$ 时刻的参数如下:

$$a_{44} = \frac{M_{z1}^{\omega_z}}{I_{z1}} = -0.4118, \quad a_{43} = \frac{M_{z1}^{\alpha}}{I_{z1}} = -93.4121, \quad a_{45} = \frac{M_{z1}^{\delta_{\varphi}}}{I_{z1}} = 0.8398,$$

$$a_{22} = \frac{g\sin\theta}{v} = 0.0777, \quad a_{23} = \frac{P\cos\alpha + Y^{\alpha}}{mv} = 1.4472, \quad a_{25} = \frac{R'}{mv} = -0.00421$$

其传递函数为

$$G_{\Delta\delta_{\varphi}}^{\Delta\varphi}(s)\bigg|_{t=2} = \frac{a_{45}s + a_{45}(a_{23} - a_{22}) - a_{43}a_{25}}{s^3 + (a_{23} - a_{22} - a_{44})s^2 + [a_{44}(a_{22} - a_{23}) - a_{43}]s + a_{43}a_{22}} \quad (5.68)$$

$$= \frac{0.8398s + 0.7569}{s^3 + 1.7813s^2 + 93.976s - 7.258}$$

传递函数的 3 个极点分别为

$$p_1 = -0.9292 + 9.6569i, \quad p_2 = -0.9292 - 9.6569i, \quad p_3 = 0.0771$$

零点为

$$z_1 = -0.9013$$

可以看出,传递函数存在一个正实根,所以系统是不稳定的。注意,此处的不稳定与火箭静稳定性没有关系。实际上,静稳定性主要由系数 a_{44}(稳定力矩)确定,如果 $a_{44} < 0$,则说明火箭俯仰通道是静稳定的;反之,则说明火箭俯仰通道是静不稳定的。该试验火箭在 2s 时 $a_{44} < 0$,则说明该火箭是静稳定的,这与总体设计是一致的。

实际上,此处的正实根 $p_3 = 0.0771$ 是由重力产生的,由于重力的存在,在飞行过程中俯仰角会逐渐减小,即所谓的重力转弯(俯仰角 $\varphi = -90°$ 时为其稳定状态)。另外,这个正实根模值比较小,它描述的实际上是一种长周期运动,对于姿态稳定控制,其影响并不大。

根据弹道参数和气动参数,试验火箭侧向运动方程在 $t = 2s$ 时刻的参数如下:

$$b_{55} = -6.1069, \quad b_{57} = -6.43786, \quad b_{33} = -0.3274, \quad b_{31} = -42.7693$$

$$b_{36} = 0.8279, \quad b_{11} = 0.3609, \quad b_{10} = 0.00421$$

偏航通道传递函数为

$$G_{\Delta\delta_{\psi}}^{\Delta\psi}(s) = \frac{b_{36}s + b_{11}b_{36} - b_{31}b_{16}}{s^3 + (b_{11} - b_{33})s^2 - (b_{31} + b_{11}b_{33})s} = \frac{0.8279s + 0.1188}{s^3 + 0.6883s^2 + 42.8874s} \quad (5.69)$$

滚动通道传递函数为

$$G_{\Delta\delta_{\gamma}}^{\Delta\gamma}(s) = \frac{b_{57}}{s^2 - b_{55}s} = \frac{-6.43786}{s^2 + 6.1069s} \quad (5.70)$$

根据稳定判据,偏航通道和滚动通道都有一个为零的极点,根据判断,其为临界稳定。

控制律参数的设计方法有很多种,对于线性系统而言,工程中应用比较多的是校正网络和 PID 控制,校正网络方法包括串联滞后校正网络、串联超前校正网络以及滞后超前校正网络,有兴趣的读者可以参考相关书籍。PID 控制律设计方法是工程应用非常广泛的一种设计方法,其结构简单,实现方便,技术成熟,但控制参数的获取没有准确的数学公式,更多依赖于设计者的经验。

例如,对于偏航和滚动通道,在 $t = 12s$ 时刻的参数如下:

$$b_{55} = -2.0065, \quad b_{57} = -0.8608, \quad b_{33} = -0.1130, \quad b_{31} = -5.6447,$$

$$b_{36} = 0.1104, \quad b_{11} = 0.1550, \quad b_{16} = -0.00148$$

试计算其偏航通道和滚动通道传递函数。

5.4.5　PID 参数设计基本原理及实例

PID 是比例项(Proportional)、积分项(Integral)和微分项(Differential)的综合,可用下面的数学公式描述:

$$u(t) = K_p e(t) + K_i \int_0^t e(t) + K_d \frac{de(t)}{dt} \tag{5.71}$$

式中:K_p 为比例环节系数;K_i 为积分环节系数;K_d 为微分环节系数。

其传递函数为

$$G_{pid}(s) = \frac{U(s)}{E(s)} = K_p + \frac{K_i}{s} + K_d s \tag{5.72}$$

PID 控制描述了控制信号 $u(t)$ 与被控量 $e(t)$ 的关系,它是被控量的比例、积分和微分的加权和。一般地,PID 参数与控制效果没有严格的对应关系,但每个环节仍然对控制效果有一定的影响。

比例环节:减小上升时间,减小超调量。

积分环节:可消除或减小稳态误差,但会增大超调量。

微分环节:增加阻尼消除振荡,减小超调量,但会增大上升时间。

实际上,控制律的设计就是不断调整 PID 参数,使控制系统的幅值裕量、相位裕量,以及超调量、稳态误差、上升时间等动静态指标满足要求。

结合 PID 控制设计方法,以及试验火箭俯仰通道姿态控制设计需求,其控制框图如图 5.13 所示。

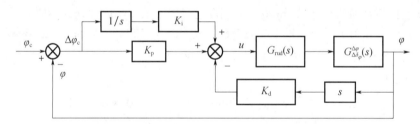

图 5.13　试验火箭俯仰通道闭环控制框图

根据上述控制框图,控制量 u 可表示为

$$u = K_p \Delta\varphi_c + K_i \frac{1}{s} \Delta\varphi_c - K_d s \varphi \tag{5.73}$$

值得注意的是,在上述控制量描述中,微分项并不是针对 $\Delta\varphi_c$ 的,而是直接针对俯仰角速度 $\dot\varphi$,这个角速度一般用陀螺仪测量量代替。因为一般情况下只会预先给出俯仰程序角,而不会给出俯仰程序角速度 $\dot\varphi_c$,因此实际上微分项只需要反馈角速度即可。

在控制律设计时,一般使用 Bode 图考核系统性能,需要计算系统的开环传递函数。将图 5.13 中的单位负反馈去掉,可以得到开环控制框图,如图 5.14 所示。

根据控制量的开环传递函数,俯仰角开环传递函数为

$$G_{0\varphi_c}^{\varphi}(s) = \frac{\varphi}{\varphi_c} = \frac{\left(K_p + \frac{K_i}{s}\right) G_{\Delta\delta_\varphi}^{\Delta\varphi}(s) G_{rud}(s)}{1 + K_d s G_{\Delta\delta_\varphi}^{\Delta\varphi}(s) G_{rud}(s)} \tag{5.74}$$

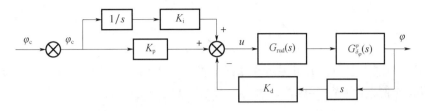

图 5.14 试验火箭俯仰通道开环控制框图

式中：$G_{rud}(s)$ 为执行机构传递函数，在设计初始阶段，可以认为 $G_{rud}(s) = 1$；$G_{\Delta\delta_\varphi}^{\Delta\varphi}(s)$ 为箭体传递函数。

$$G_{0\varphi_c}^{\varphi}(s) = \frac{\varphi}{\varphi_c} = \frac{\left(K_p + \dfrac{K_i}{s}\right)G_{\Delta\delta_\varphi}^{\Delta\varphi}(s)}{1 + K_d s G_{\Delta\delta_\varphi}^{\Delta\varphi}(s)} \quad\quad (5.75)$$

通过调整 K_p、K_i 和 K_d 三个参数，使得实际飞行俯仰角 φ 能准确跟踪设计的程序角 φ_c。下面以 $t = 2s$ 时刻俯仰通道为例，说明 PID 控制参数的设计过程。

设计要求如下：

(1)稳态误差小于 0.05；

(2)上升时间小于 3s；

(3)超调量小于 15%；

(4)相位裕量大于 45°；

(5)幅值裕量大于 10dB。

设计步骤：根据弹体传递函数 $G_{\Delta\delta_\varphi}^{\Delta\varphi}(s)\Big|_{t=2}$，绘制传递函数 Bode 图，见图 5.15。

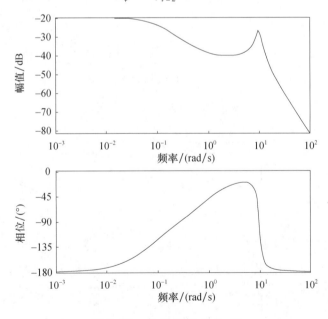

图 5.15 传递函数 Bode 图

从图 5.15 可以看出，幅值裕量 G_m 大于零，但系统是正穿越 −180°线，系统不稳定。系统稳态误差为

$$e_{ss} = \lim_{s \to 0} \frac{1}{1 + G_{\Delta\delta_\varphi}^{\Delta\varphi}(s)} = \frac{1}{1 + \dfrac{0.7569}{-7.158}} \approx 1.1164 \tag{5.76}$$

稳态误差比较大,可见开环系统无法满足控制要求,必须设计合理的 PID 参数。

仅考虑比例项,令 $K_p = 40$,$K_i = 0$,$K_d = 0$,系统开环传递函数为

$$G_{0\varphi_c}^\varphi(s) = K_p G_{\Delta\delta_\varphi}^{\Delta\varphi}(s) = 40 \times \frac{0.8398s + 0.7569}{s^3 + 1.7813s^2 + 93.976s - 7.258} \tag{5.77}$$

闭环传递函数为

$$G_{c\varphi_c}^\varphi(s) = \frac{G_{0\varphi_c}^\varphi(s)}{1 + G_{0\varphi_c}^\varphi(s)} = \frac{33.56s + 30.28}{s^3 + 1.7813s^2 + 127.5s + 23.02} \tag{5.78}$$

系统开环 Bode 图和闭环阶跃响应图如图 5.16 和图 5.17 所示。

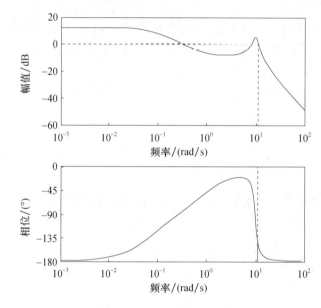

图 5.16　开环 Bode 图(一)

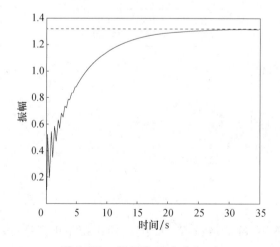

图 5.17　闭环阶跃响应(一)

可以看出,幅值裕量 12.4dB,相位裕量 32.3°,不满足要求;上升时间约 6.7s,不满足要求;稳态误差 0.31,不满足要求;超调量为零,满足要求。总的来说,仅考虑比例项控制参数不能满足要求。

考虑比例项和微分项,令 $K_p = 100$,$K_d = 20$,$K_i = 0$,系统开环传递函数为

$$G_{0\varphi_c}^{\varphi}(s) = \frac{K_p G_{\Delta\delta_\varphi}^{\Delta\varphi}(s)}{1 + K_d s G_{\Delta\delta_\varphi}^{\Delta\varphi}(s)} = \frac{83.89s + 75.69}{s^3 + 18.58s^2 + 109.1s - 7.258} \qquad (5.79)$$

闭环传递函数为

$$G_{c\varphi_c}^{\varphi}(s) = \frac{G_{0\varphi_c}^{\varphi}(s)}{1 + G_{0\varphi_c}^{\varphi}(s)} = \frac{83.89s + 75.69}{s^3 + 18.56s^2 + 193s + 68.43} \qquad (5.80)$$

系统开环 Bode 图和闭环阶跃响应图如图 5.18 和图 5.19 所示。

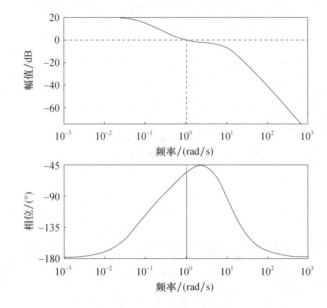

图 5.18　开环 Bode 图(二)

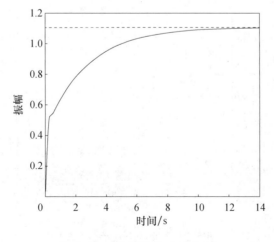

图 5.19　闭环阶跃响应(二)

可以看出,幅值裕量 20.4dB,相位裕量 125°,满足要求;上升时间约 5.1s,不满足要求;稳态误差 0.11,满足要求;超调量为 11%,满足要求。总的来说,除上升时间外,其他指标都满足要求。

综合考虑比例项、微分项和积分项,令 $K_p = 100$,$K_d = 20$,$K_i = 30$,系统开环传递函数为

$$G_{0\varphi_c}^{\varphi}(s) = \frac{(K_p s + K_i) G_{\Delta\delta_{\varphi}}^{\Delta\varphi}(s)}{s + K_d s^2 G_{\Delta\delta_{\varphi}}^{\Delta\varphi}(s)} = \frac{83.89s^2 + 100.9s + 22.71}{s^4 + 18.58s^3 + 109.1s^2 - 7.258s} \quad (5.81)$$

闭环传递函数为

$$G_{c\varphi_c}^{\varphi}(s) = \frac{83.89s^2 + 100.9s + 22.71}{s^4 + 18.58s^3 + 193.1s^2 + 93.63s + 22.71} \quad (5.82)$$

系统开环 Bode 图和闭环阶跃响应图如图 5.20 和图 5.21 所示。

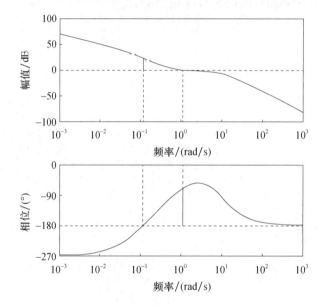

图 5.20　开环 Bode 图(三)

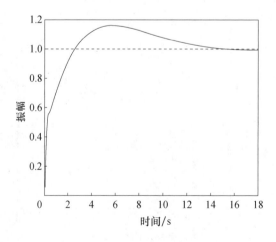

图 5.21　闭环阶跃响应(三)

可以看出,幅值裕量22.5dB,相位裕量112°,满足要求;上升时间约2.7s,满足要求;稳态误差为0,满足要求;超调量为16%,不满足要求。总的来说,增加微分环节,跟踪速度变快,但是超调量变大。

调整PID参数,令$K_p = 100$,$K_d = 10$,$K_i = 30$,系统开环传递函数为

$$G_{0\varphi_c}^{\varphi}(s) = \frac{(K_p s + K_i)G_{\Delta\delta_\varphi}^{\Delta\varphi}(s)}{s + K_d s^2 G_{\Delta\delta_\varphi}^{\Delta\varphi}(s)} = \frac{83.89s^2 + 100.9s + 22.71}{s^4 + 10.18s^3 + 101.5s^2 - 7.258s} \tag{5.83}$$

闭环传递函数为

$$G_{c\varphi_c}^{\varphi}(s) = \frac{83.89s^2 + 100.9s + 22.71}{s^4 + 10.18s^3 + 185.5s^2 + 93.63s + 22.71} \tag{5.84}$$

系统修改后开环Bode图和修改后闭环阶跃响应图如图5.22和图5.23所示。

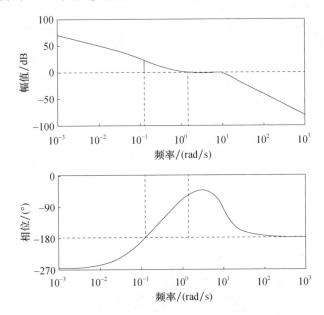

图5.22 修改后开环Bode图

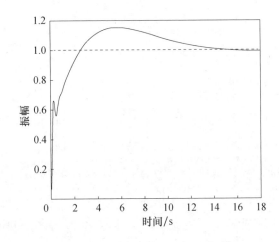

图5.23 修改后闭环阶跃响应

可以看出,幅值裕量 22.7dB,相位裕量 125°,满足要求;上升时间约 2.6s,满足要求;稳态误差小于 0.01,满足要求;超调量为 15% ,满足要求。在上述 PID 参数下,控制效果能够满足控制要求,至此完成了控制参数设计。

当然,上述 PID 参数不是唯一的,实际上有无穷多种 PID 参数组合满足控制要求,只要能够满足性能要求即可。

控制参数设计完成之后,还需要进行六自由度数字仿真及半实物仿真,验证控制参数设计的合理性。

5.4.6 控制系统性能仿真

1. 无干扰分析

通过对上述设计的三通道控制律进行六自由度仿真(含舵机模型),可得试验火箭攻角跟踪曲线、俯仰角跟踪曲线以及偏航角与滚动角仿真结果图,见图 5.24 ~ 图 5.27。

由图 5.24 ~ 图 5.27 可知,在无扰动条件下,控制效果相比跟踪指令,误差较小,基本满足要求。

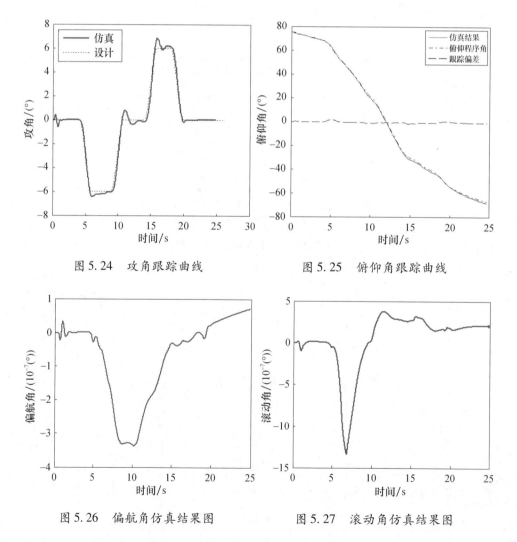

图 5.24 攻角跟踪曲线   图 5.25 俯仰角跟踪曲线

图 5.26 偏航角仿真结果图   图 5.27 滚动角仿真结果图

2. 拉偏分析

对设计好的控制律进行拉偏分析,以检验控制律是否能够在干扰情况下实现火箭姿态控制。令俯仰力矩系数分别增加 +50% 和 -50%,其俯仰通道控制效果如图 5.28 和图 5.29所示。

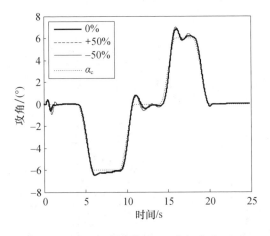

图 5.28　攻角在俯仰力矩系数变化下的
仿真结果图

图 5.29　俯仰角在俯仰力矩系数变化下的
仿真结果图

令力矩系数无偏差,在 10 ~ 15s 间施加 15m/s 阵风影响,其俯仰通道控制效果如图 5.30和图 5.31 所示。

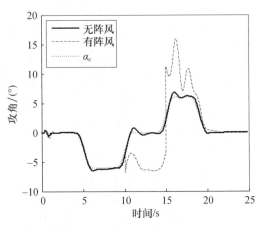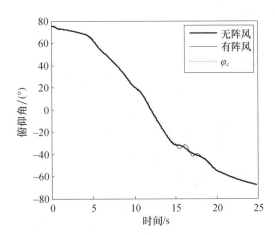

图 5.30　攻角在阵风影响下的
仿真结果图

图 5.31　俯仰角在阵风影响下的
仿真结果图

由图 5.28 ~ 图 5.31 可知,气动数据的不确定性对俯仰通道控制器控制效果影响较小,对另外两个通道稳定性存在一定的影响。而在阵风影响下,俯仰角虽然跟踪误差较小,但由此带来了攻角相对较大的跟踪误差,并且在只跟踪俯仰角的前提下,难以消除。

思考题

1. 简述固体火箭控制系统需完成的 3 个任务。
2. 控制系统主要包括那些组件?
3. 简述箭体传递函数计算过程。
4. 简述 PID 控制的基本原理。
5. 如何选择小型固体火箭弹道主要特征点?

参考文献

[1] 赵汉元. 大气飞行器姿态动力学[M]. 长沙:国防科技大学出版社,1987.

第6章 固体火箭结构设计

6.1 结构设计概述

6.1.1 基本任务

固体火箭的结构是指能承受和传递载荷并且保持一定刚度和尺寸稳定性的机械系统的总称,主要包括箭体结构和相关机构。箭体结构包括箭身和翼面结构,箭身由若干舱段组成,舱段又可分成部件和零件,翼面是指固定翼面或可动的空气舵面等。火箭为了完成特定动作或实现某种功能,需要相应的机构或装置,这类机构或装置也属于火箭结构的范畴,如折叠翼的折叠展开机构、载荷抛撒机构等。

除了舱段壳体外,固体火箭发动机壳体由于承受和传递箭体载荷,所以也是箭体结构的一部分。除此之外,通常装配有箭上设备(如计算机或程序控制器、惯性组件、配电器、电源等)、有效载荷(如探测仪器、搭载的试验设备)。无控火箭为了飞行姿态稳定,箭体安装有稳定翼,有控火箭则安装有空气舵或其他姿态控制装置。因此,进行火箭结构设计时将箭体"化整为零",划分成多个舱段或结构部件,如载荷舱、设备舱、发动机、尾段、翼面或舵面等,这既有利于舱段或结构部件的加工、安装、调试,也有利于火箭贮存和运输安全。因为发动机属于危险等级很高的火工品,需要单独生产加工、测试及试验,某些情况也需要单独贮存和运输。

火箭结构设计工作的基本任务有如下几个方面:

(1)按照总体设计技术要求,给出满足总体气动外形、质量特性、舱段布局及连接要求的结构方案。

(2)满足贮存、运输及飞行过程中的载荷作用对结构强度和刚度要求,包括振动载荷对箭体结构要求。在高速飞行过程中,箭体承受气动加热产生的热载荷,需满足热载荷条件下对箭体壳体、翼面的强度、刚度要求,以及满足舱内设备正常工作温度要求。

(3)要解决火箭结构加工制造方面的问题,结构设计方案、制造技术指标要求,应符合现有加工设备、生产工艺、检测及试验条件,材料选择应综合考虑材料性能、价格成本及工艺性各种因素,给出最合理方案。

(4)结构试验与装配测试也是结构设计的主要任务,结构试验主要有舱段级、部件级的强度试验、稳定性试验,重要结构(如设备舱)的振动试验、级间分离试验、全箭振动试验等。装配测试主要包括舱段内部仪器设备装配及精度测量(如惯性制导设备),翼面或舵机装配及精度测量,各舱段对接后箭体尺寸精度测量,箭体质量、质心、转动惯量测量等。

6.1.2 技术要求

1. 空气动力要求

空气动力要求是一种"前提性"的基本要求。它要求设计出的结构必须具有良好的气动特性,以便于保证火箭具有良好的气功升力和阻力特性,并具有良好的操纵性和稳定性。空气动力要求的内容主要包括两个方面:一方面是外形准确度要求;另一方面是外形质量(光洁度)要求。

1)外形准确度要求

要求尽量减小实际外形相对理论外形的误差,主要体现在:

(1)箭体外形准确度要求,箭身的直径、长度偏差要求和外形椭圆度要求,头部外形对理论外形曲线的误差要求,对不同舱段的同轴度要求和舱段端面垂直度要求等。

(2)翼面外形准确度要求、翼面相对箭身安装角要求。例如,上下反角和安装扭转角要求、各翼面间安装角偏差要求、翼面实际外形相对理论外形的偏差要求等。

(3)水平测量点布置及其位置偏差要求。

2)外形的表面质量要求

主要内容包括舱段的表面粗糙度、对接阶差、表面波纹度和局部凹陷等方面的要求,以及对表面突出物的外形要求等。

2. 强度、刚度与可靠性要求

这是火箭结构设计的基本要求之一。对飞行器结构来说,保证可靠性最主要的是保证结构在整个使用寿命周期内,具有足够的强度和刚度来承受各种载荷,使结构既不破坏或失效,也不产生不允许的变形。

具体地说,除了要求结构在静力、动力、热三个方面的设计载荷作用下不破坏,不产生超过设计要求的变形和残余变形以外,还要求结构满足各项结构动力学性能要求(如固有频率与主振型、结构阻尼、颤振边界等),并达到总体设计规定的可靠度要求。

3. 质量特性要求

火箭质量特性必须满足总体设计规定的指标。这是结构设计的基本要求之一,也是结构设计的主要要求之一。火箭质量特性主要包括质量、质心位置、转动惯量、惯性积等与火箭质量有关的参数的特性。具体要求如下:

(1)质量大小的要求。所设计的结构质量尽量轻,不超过总体规定的数值范围。

(2)质心位置要求。应在箭体坐标系中满足质心位置及其偏差要求。

(3)转动惯量要求。所设计的结构在相应的坐标系中应满足转动惯量大小及其偏差要求。有的火箭还有惯性积大小的要求。

为减轻结构的质量,下面几项原则可以用来指导设计。

(1)综合优化总体布局参数,合理选择结构受力形式与传力路线。

(2)等强度原则。

① 按载荷分布规律来改变结构和元件的剖面尺寸。如图6.1所示的单梁式翼面,其翼剖面的高度和大梁的剖面尺寸沿翼展变化,它们的变化规律大体上与翼面的弯矩变化规律相符。

② 受力元件剖面上的材料尽量分布在应力最大的区域。如承弯元件的剖面材料尽

可能远离中性轴(如翼梁用工字形剖面);承扭元件应利用闭合剖面,并使剖面材料沿周缘分布。

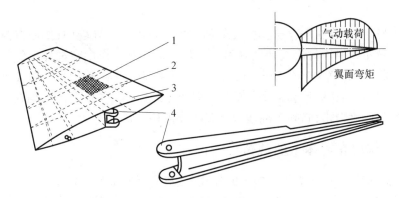

图 6.1 单梁式翼面

1—屏格蒙皮;2—翼肋;3—桁条;4—翼梁。

③ 去掉不参加受力的材料。如图 6.2 所示,去掉零部件中不参加受力的部分,以减轻其质量。

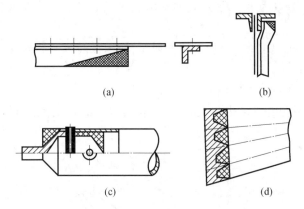

图 6.2 在结构中去掉不参加受力的部分

(a)桁条末端示意图;(b)翼梁支柱末端示意图;

(c)锁颈套筒构成示意图;(d)翼身对接处蒙皮加强示意图。

(3)提高空间利用率。应提高火箭内部空间的充满程度,以减小壳体外廓尺寸,来达到减轻结构质量的目的。

(4)合理选择结构材料。例如,选用比强度高、比刚度高的材料就可以减少结构剖面尺寸,减轻质量。

(5)采用先进的结构。例如,合理地采用整体结构、复合材料结构等,都比常规的传统结构质量轻。使结构简单、零件(包括连接件)少也是减少质量的途径。

(6)进行精确的结构分析和强度计算,进行以质量为目标函数的结构优化设计。

4. 工艺性要求

火箭结构工艺性是结构设计的基本要求之一。良好的结构工艺性是结构制造中采用最合理、最经济的工艺方法的基础,它是提高火箭制造质量、缩短制造周期、降低制造成本,从而取得显著的技术及经济效果的重要手段,必须从设计一开始就予以重视。

6.2　箭体载荷分析计算

火箭的外载荷是指在贮存、运输、发射和空中飞行等工作环境中,作用在箭体上各种外力的总称,这里暂时不讨论气动加热引起的热载荷问题。作用在箭体上的外载荷会在箭体结构内部任一截面上产生轴向力、剪力、弯矩,称为箭体结构内力。箭体外载荷及内力计算结果是进行结构设计和强度分析的主要依据之一。为了使箭体结构在整个使用过程中满足强度、刚度要求,必须正确地进行载荷分析和计算[1]。

6.2.1　作用在箭体上的载荷

如图 6.3 所示,作用在箭体结构上的外载荷,基本分为如下 6 类。

(1)空气动力,在箭体坐标系 $O_1x_1y_1z_1$ 中,气动力沿箭体轴向分量为轴向气动力 X_A,垂直箭体分量为法向气动力 Y_N(沿 y_1 轴),沿 z_1 轴垂直箭体分量为侧向气动力 Z_N,气动力还形成绕箭体质心的俯仰力矩 M_z 和偏航力矩 M_y。

(2)发动机推力 P。

(3)控制力 F_c(分量为 F_{cy}、F_{cz}),它通常由舵面气动力或燃气舵或发动机推力矢量装置产生。

(4)地面使用(如运输、吊装)和上架发射时,作用在箭体上的支反力。

(5)箭体重力 G。

(6)加速度飞行条件下,箭体质量产生的惯性力。

前 4 类载荷作用在箭体结构的表面,称为表面力。重力、惯性力的大小正比于箭体质量,也称为质量力。

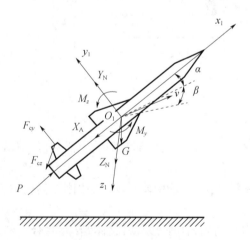

图 6.3　箭体所受外力和力矩

P—发动机推力;G—重力;X_A—轴向气动力;Y_N—法向气动力;Z_N—侧向气动力;M_z、M_y—俯仰、偏航力矩;
F_{cy}、F_{cz}—控制力;O_1—飞行器质心;α—攻角;β—侧滑角。

气动力和力矩由下列各式计算:

$$X_A = \frac{1}{2}\rho v^2 C_A(\alpha) S_{ref} \tag{6.1}$$

$$Y_{\mathrm{N}} = \frac{1}{2}\rho v^2 C_{\mathrm{N}}(\alpha) S_{\mathrm{ref}} \tag{6.2}$$

$$Z_{\mathrm{N}} = \frac{1}{2}\rho v^2 C_{\mathrm{N}}(\beta) S_{\mathrm{ref}} \tag{6.3}$$

$$M_z = \frac{1}{2}\rho v^2 C_{\mathrm{M}}(\alpha) S_{\mathrm{ref}} L_{\mathrm{ref}} \tag{6.4}$$

$$M_y = \frac{1}{2}\rho v^2 C_{\mathrm{M}}(\beta) S_{\mathrm{ref}} L_{\mathrm{ref}} \tag{6.5}$$

式中：ρ、v、C_A、C_N、C_M、S_{ref}、L_{ref} 分别为大气密度、箭体质心相对大气速度（空速）、轴向力系数、法向力系数、俯仰力矩系数、参考面积和参考长度。

按对结构影响性质的不同，箭体的载荷还可分为静载荷和动载荷。静载荷通常是指其作用时间或变化时间要比结构的固有弹性振荡周期长得多的载荷。一般认为，箭体按预定轨迹飞行时，空气动力、发动机推力、惯性力等都可视作静载荷。动载荷是指随时间瞬态变化的载荷，如噪声、振动和冲击载荷，它们是由飞行时的气流扰动、阵风、发动机点火和关机的推力突变以及级间分离等环境引起的。

6.2.2　过载系数

在载荷分析中常引入过载系数（简称过载）的概念。过载系数定义为箭体所承受的全部表面力的合力 $\sum \boldsymbol{F}_i$ 与重力（mg_0）之比值。过载系数也是矢量，用 $\boldsymbol{n}$ 表示，即

$$\boldsymbol{n} = \frac{\sum \boldsymbol{F}_i}{mg_0} \tag{6.6}$$

式中：m 为箭体瞬时质量；g_0 为标准重力加速度值。

在实际应用中总是把过载矢量 $\boldsymbol{n}$ 投影在箭体坐标系 $Ox_1y_1z_1$ 上，分量为 nx_1、ny_1、nz_1，称为纵向过载、横向过载和侧向过载。对于箭体质心，有质心轴向过载系数 n_{x10}、法向过载系数 n_{y10}、侧向过载系数 n_{z10}。箭体质心过载系数按下列公式计算：

$$n_{x10} = (P - X_{\mathrm{A}})/mg_0 \tag{6.7}$$
$$n_{y10} = (Y_{\mathrm{N}} + F_{cy})/mg_0 \tag{6.8}$$
$$n_{z10} = (Z_{\mathrm{N}} + F_{cz})/mg_0 \tag{6.9}$$

火箭飞行时不仅有质心的平移运动，还有绕质心的旋转运动，这就导致箭体任意截面 i 处的过载与质心处的过载是不同的。如图 6.4 所示，在箭体坐标系中，位置在 x_{1i} 处的截面的过载系数为

$$n_{x1}(x_{1i}) = n_{x10} - x_{1i}(\omega_z^2 + \omega_y^2)/g_0 \tag{6.10}$$
$$n_{y1}(x_{1i}) = n_{y10} + x_{1i}\varepsilon_z/g_0 \tag{6.11}$$
$$n_{z1}(x_{1i}) = n_{z10} - x_{1i}\varepsilon_y/g_0 \tag{6.12}$$

式中：$n_{x1}(x_{1i})$ 为箭体 x_{1i} 截面处轴向过载；$n_{y1}(x_{1i})$ 为箭体 x_{1i} 截面处法向过载；$n_{z1}(x_{1i})$ 为箭体 x_{1i} 截面处侧向过载；ω_y、ω_z 为箭体绕 y、z 轴旋转的角速度；ε_y、ε_z 为箭体绕 y、z 轴旋转的角加速度。

绕质心的俯仰角速加速度 ε_z、偏斜角加速度 ε_y 由下式计算：

$$\varepsilon_y = (M_y + M_{cy})/I_y \tag{6.13}$$
$$\varepsilon_z = (M_z + M_{cz})/I_z \tag{6.14}$$

式中: M_{cy}、M_{cz} 为控制力矩; I_y、I_z 为箭体绕质心的转动惯量。

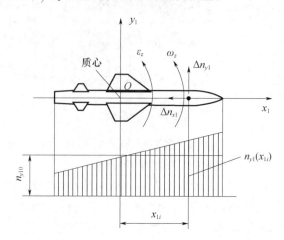

图 6.4　箭体绕质心转动时的过载分布

6.2.3　地面操作期间的载荷情况

地面载荷指的是箭体在贮存、维护、运输和装卸时所受到的载荷。为了防止箭体在地面产生不应有的破坏或不允许的残余变形,应该对地面工作和维护条件严加限制,尤其是对较笨重的、刚度较差的大型运载飞行器。

箭体地面操作期间的实际受载与支座支持方式、部位及有无减振措施等有关。下面是地面操作典型工况条件下箭体承受的过载。

1. 铁路运输

铁路运输时,由刹车、振动等引起的过载一般不大。如紧急刹车时,一般轴向过载系数 $n_{x1}=0.25$,由车轮与铁轨接头的撞击引起的横向过载系数 $n_{y1}=1.6$。

2. 公路运输

导弹利用拖车在公路或场区进行运输是十分普遍的。由紧急刹车引起的轴向过载系数为

$$n_{x1}=\frac{v_0^2}{2g\Delta x} \tag{6.15}$$

式中: v_0 为刹车开始时汽车的速度; Δx 为刹车距离。

3. 吊运情况

一般吊运系统多采用柔性缆绳,吊车运转时所产生的侧向加速度较小,故只需要考虑垂直于地面向上提升产生的加速度,这时可考虑最大值 $n_{y1}=2$。

6.2.4　箭体内力计算

箭体内力计算是指对作用在箭体上的气动力、发动机推力、惯性力、重力以及诸力之间平衡关系的计算,一般是要求计算出箭体各截面上的轴向力、剪力、弯矩沿箭体分布情况。由于外载荷既是位置又是时间的函数,精确计算箭体内力是个非常复杂的问题,通常都采用下面一些假设和处理方法,既可使计算简化又能满足工程上要求的精度。

1. 静力假设

假设所有的载荷均为静载荷,不考虑载荷的动力冲击效应。

2. 刚体假设

箭体结构作为刚体处理,不考虑结构变形对外载荷重新分配的影响。

如图 6.5 所示,以箭体顶点为原点,沿轴线建立坐标,其中 x_{cg} 为箭体质心距头部顶点的距离。选取箭体距离头部顶点 x 处截面,计算该截面上的轴向力 T、剪力 Q、弯矩 M,O_1 为该计算时刻的箭体质心位置,仅以 $O_1x_1y_1$ 平面为例介绍计算方法。根据平衡法则,截面上 T、Q、M 由下列各式得到:

$$T(x) = g\int_0^x \mu(x)n_x(x)\mathrm{d}x + \int \overline{X}_A(x)\mathrm{d}x - \Delta(x-x_t)P \tag{6.16}$$

$$Q(x) = g\int_0^x \mu(x)n_y(x)\mathrm{d}x - \int_0^x \overline{Y}_A(x)\mathrm{d}x \tag{6.17}$$

$$M(x) = -g\int_0^x \mu(\xi)n_y(\xi)(x-\xi)\mathrm{d}\xi + \int_0^x (x-\xi)\overline{Y}_A(\xi)\mathrm{d}\xi \tag{6.18}$$

式中:$\mu(x)$ 为箭体单位长度质量,即线质量密度;$\overline{X}_A(x)$、$\overline{Y}_A(x)$ 表示单位长度上箭体表面轴向气动力和法向气动力;计算箭体内力时认为发动机推力点在前封头上,x_t 为发动机前封头到箭体头部顶点距离;$\Delta(x)$ 为单位阶跃函数,且有

$$\Delta(x) = \begin{cases} 1, & x \geqslant 0 \\ 0, & x < 0 \end{cases} \tag{6.19}$$

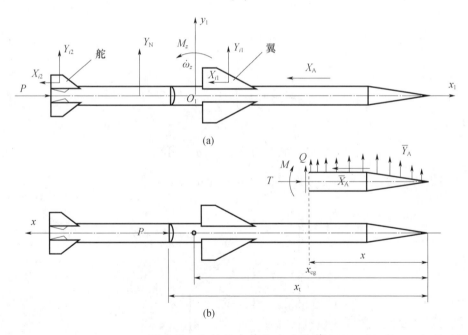

图 6.5　飞行状态箭体内力计算

式(6.16)~式(6.18)为积分形式计算公式,工程实施中往往是沿箭体轴线分成若干小区间 $[x_0,x_1,\cdots,x_i,x_{i+1},\cdots,x_n]$,将连续质量分布变成若干集中质量点 $m_1,m_2,\cdots,m_n$,连续气动力或力矩变成作用在集中质量点上的集中力或力矩,积分计算可变成求和计算式。另外,尾舵、弹翼有时是在一个或几个离散点上与箭体的连接,因此,可将尾舵、弹翼当成

一个或几个附加集中质量点,气动力或力矩也相应地作用在附加集中质量点上,在求和计算式中加入这些附加集中质量点、力或力矩,可以得到类似式(6.16)~式(6.18)的求和公式:

$$T(x_i) = g_0 \sum_{j=1}^{i} m_j n_x(x_j) + \sum_{j=1}^{i} \mathrm{d}X_{A,j} + \sum_{i=1}^{K} \Delta(x - x_{\mathrm{con},k})\left[g_0 n_x(x_{\mathrm{con},k})m_{\mathrm{con},k} + X_{\mathrm{con},k}\right] \quad (6.20)$$

$$Q(x_i) = g_0 \sum_{j=1}^{i} m_j n_y(x_j) - \sum_{j=1}^{i} \mathrm{d}Y_A + \sum_{k=1}^{K} \Delta(x - x_{\mathrm{con},k})\left[g_0 n_y(x_{\mathrm{con},k})m_{\mathrm{con},k} - Y_{\mathrm{con},k}\right] \quad (6.21)$$

$$M(x_i) = - g_0 \sum_{j=1}^{i} m_j n_y(x_j)(x_i - x_j) + \sum_{j=1}^{i} (x_i - x_j)\mathrm{d}Y_{A,j} + \sum_{k=1}^{K} \Delta(x - x_{\mathrm{con},k})M_{z,\mathrm{con},k} \quad (6.22)$$

式中:$\mathrm{d}X_{A,j}$、$\mathrm{d}Y_{A,j}$表示区间$[x_{j-1}, x_j]$上的轴向气动力、法向气动力;$m_{\mathrm{con},j}$、$X_{\mathrm{con},j}$、$Y_{\mathrm{con},j}$、$M_{z,\mathrm{con},j}$表示位置在$x_{\mathrm{con},j}$处的集中质量、集中轴向力、集中法向力、集中俯仰力矩。

6.2.5　翼面内力计算

将翼面看成固支于弹身的悬臂梁,梁在分布的气动力q_y和质量力q_w作用下产生弯曲、剪切和扭转。由于q_w的作用方向始终与q_y的方向相反,它们的代数和为

$$q = q_y - q_w \quad (6.23)$$

在数值上q_w也比q_y小,为安全起见,计算中也可以略去分布质量力。q的作用点一般不通过弹翼的刚性轴(图6.6)。根据内力与外力的平衡,可求出剖面I—I的内力,其表达式如下。

剪力:

$$Q(Z) = \int_0^Z q \mathrm{d}Z \quad (6.24)$$

弯矩:

$$M(Z) = \int_0^Z Q(Z)\mathrm{d}Z \quad (6.25)$$

扭矩:

$$M_t(Z) = \int_0^Z (q_y e - q_w d)\mathrm{d}Z \quad (6.26)$$

式中:e为剖面压力中心到刚心之距离;d为剖面上的质心到刚心之距离。

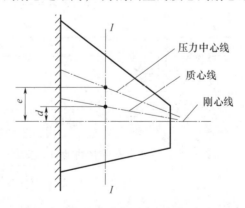

图6.6　翼面的质心、刚心与压力中心

类似箭体内力计算,可用"求和法"代替直接积分。

6.2.6　动载荷系数

如前所述,箭体在贮存、运输、发射和空中飞行过程中受到各类动载荷作用。实践表明,在动载荷作用下,箭体上某些构件所承受的载荷比按静力学方法计算出来的大,这些较大的部分是由结构振动引起的,结构振动产生的加速度及质量力会使箭体内力计算变得非常复杂,需通过动力学分析途径进行计算。工程上往往采用动载荷系数(动荷系数)的概念,将动载荷对结构的作用效果等效成静载荷来处理。

如果动载荷最大值 P_0 按静力施加于结构引起的挠度为 δ_0,而动载荷引起的最大挠度为 δ_{max},动荷系数 K_d 定义为

$$K_d = \delta_{max}/\delta_0 \tag{6.27}$$

则动载荷可以等效为静载荷 $P = K_d P_0$,按静力学方法进行结构分析,使问题简化。动荷系数 K_d 一般小于 2.0。

6.2.7　使用载荷、设计载荷、安全系数

1. 使用载荷

使用载荷是指正常使用状态下,箭体或其部件上承受的最大载荷,又称限制载荷,用 P_{lim} 表示,与它相对应的过载系数称为使用过载系数 n_{lim}。

在使用载荷作用下,箭体及其部件不允许产生任何妨碍正常工作的结构变形,而且在卸载后不应遗留有害的残余变形。因此,结构设计应保证在使用载荷作用下,箭体主要结构元件的应力 σ_{lim} 不超过材料的比例极限 σ_p。

2. 设计载荷

载荷乘以安全系数 $f(f > 1.0)$ 称为设计载荷,又称极限载荷,用 P_{des} 表示。

$$P_{des} = P_{lim} f \tag{6.28}$$

只有按设计载荷设计飞行器结构,才能保证结构在预定的使用条件下工作可靠。设计载荷是结构能够承受的极限载荷,若载荷大于(或等于)设计载荷,结构将破坏或丧失承载能力。

3. 安全系数

安全系数 f 是设计载荷与使用载荷之比值,是为了考虑实际应用中可能出现大于使用载荷的情况及材料和设计中的不确定性因素而规定的设计系数。安全系数决定了结构的可靠性和质量效率。安全系数过大,会增大结构质量,影响飞行器性能;安全系数过小,又可能使结构在工作时出现破坏而不安全、不可靠。安全系数的确定应保证结构具有足够的强度、刚度和稳定性,又不使结构质量过大。

下面介绍确定安全系数的一般原则。影响安全系数 f 的各因素可用下式表示:

$$f = f_1 f_2 f_3 f_4 \cdots f_i \cdots \tag{6.29}$$

f_1 为所选材料的强度极限与比例极限之比(σ_b/σ_p)。系数 f_1 的作用是使结构在使用载荷作用下不发生永久变形,它是决定安全系数的主要因素。目前广泛使用的航空材料是铝合金和钢,它们的强度极限约为比例极限的 1.5 倍,因此,铝合金和钢材料结构的 f_1 常取为 1.5。

f_2 为考虑材料的疲劳与永久变形。火箭是一次使用的,疲劳损坏的可能性很小,另外

也允许一部分非重要元件有少量永久变形,对火箭或导弹而言,f_2可以稍小于1。

f_3为考虑误差影响的系数。为了考虑使用载荷计算误差、材料性能的偏差、元件加工的装配误差及测量误差等各种因素,f_3的数值应大于1。

f_4为考虑地面操作人员安全的因素。f_4的作用在于保证操作人员的安全。对于需要在地面操作,对操作安全又有威胁的结构,如工作的高压容器、高压气瓶等,为保证地面工作人员的安全,f_4应大于1。

进行火箭设计,当没有标准化的安全系数供查用时,可以参考已有类似飞行器的安全系数,或有分析地选用。对不同的部件,可根据不同的情况,选用不同的安全系数。

6.2.8 强度分析

箭体结构既要保证飞行中安全可靠,又要保证质量轻。因此,预测结构在各种载荷和工作环境下反应的强度分析是箭体结构设计中的关键一环。材料和结构的强度指材料和结构在载荷、振动、温度等工作环境下抵抗破坏和保持正常工作的能力。材料的强度一般用它的力学性能(如比例极限、强度极限、断裂韧性等)表示。结构的强度与载荷形式、工作环境以及它的几何尺寸、所用材料、工艺质量、破坏形式有关。结构遭到破坏或丧失工作能力的主要形式有拉裂、剪断、挤坏、失稳以及磨损等。

在传统设计方法中,强度分析按计算的目的可分为设计计算和校核计算两种。

1. 设计计算

设计计算是在方案阶段进行的强度计算,目的是按承受载荷的要求计算出主要受力元件的基本剖面尺寸。设计计算的方法应该是很简单的,具有足够精确度即可。计算公式常采用弹性力学、结构力学和材料力学理论公式或经验、半经验公式。

2. 校核计算

校核计算是在结构细节设计后进行的强度计算。其目的是得出整个结构及其每个元件的强度数据,为是否需要进一步修改和优化设计提供依据。因此,校核计算的精确性是很重要的,计算方法常采用有限元法、非线性分析等,以便尽可能得到精确的计算结果。

用静载荷进行结构分析得到的强度数据称为结构的静强度。对静强度的要求有以下三个方面。

(1)结构应具有足够的强度,在设计载荷作用下不发生破坏,即

$$\sigma_{\text{des,max}} \leqslant \sigma_{\text{f}} \tag{6.30}$$

式中:$\sigma_{\text{des,max}}$为设计载荷下元件内的最大应力;σ_{f}为材料的强度极限,如拉伸强度极限 σ_{b}、剪切强度极限 τ_{b} 等。

这里要注意根据结构应力状态的不同,选择合理的强度判别原则,如最大主应力原则、最大剪应力原则以及等效应力原则等。

(2)结构应具有足够的刚度,在设计载荷作用下不产生不允许的变形,即

$$\delta_{\text{des,max}} \leqslant \delta_{\text{lim}} \tag{6.31}$$

式中:$\delta_{\text{des,max}}$为设计载荷下结构或元件指定部位的变形,如伸长、缩短、转角或相对位移等;δ_{lim}为结构或元件指定部位的允许的变形。

(3)结构应具有足够的稳定性,在设计载荷的作用下,受压或受剪元件不发生总体的或局部的屈曲(失稳),即

$$\sigma_{\mathrm{bcomp,max}} \leqslant \sigma_{\mathrm{cr}} \tag{6.32}$$

式中：$\sigma_{\mathrm{bcomp,max}}$ 为设计载荷下结构或元件内最大的压应力（或剪应力）；σ_{cr} 为结构或元件失稳的临界应力。

在一个结构或元件中，强度、刚度和稳定性问题不一定同时出现，其中可能有一个或两个问题是严重的。

用动载荷进行结构分析得到的强度数据称为结构的动强度。在动强度中，除了动应力、动位移以及动力稳定性应满足要求外，速度和加速度响应也应满足一定的要求。

强度分析是很复杂的，目前应用较多的是有限元法。有限元法能够适用结构复杂的几何外形和任意的边界条件，其计算格式易于程序化和计算机执行。目前有较多的成熟的商业软件，如 MSC. NASTRAN、ANSYS、ABAQUS 等，在箭体结构设计中得到了广泛认可和应用，成为现代结构设计的重要组成部分。

6.3　箭体结构常用形式

下面介绍火箭主要舱段或部件的典型结构形式和加工主要工艺方案。

6.3.1　头罩

如图 6.7 所示，火箭头部通常呈尖锥形（图 6.7(a)）或尖拱形（图 6.7(b)），如果尖部为球形，则是钝球头截锥形（图 6.7(c)），有的则是多锥组合形（图 6.7(d)）。一般情况下头部结构是薄壳体，所以称头罩。头罩一方面维持箭体气动外形，同时保护安装于箭体头部的各种仪器设备。有的头罩设计成可拆装式的，头部仪器设备安装后，再套上头罩；有的头罩还是可分离的，在飞行过程特定时刻，将头罩分离抛撒。

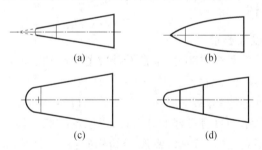

图 6.7　头部外形

（a）尖锥形；（b）尖拱形；（c）钝球头截锥形；（d）多锥组合形。

头罩处于箭体最前端，在大气层内高速飞行时，主要承受外压载荷，气动加热也是最严酷的，头罩结构应满足强度和受外压稳定性要求，以及满足防热要求。对于特殊科学探测或试验，头罩是用透波材料制成的，雷达波可穿过，以使头罩内的探测雷达正常工作。

为了制造工艺和装配需要，较大尺寸的头罩结构一般由端头帽、主罩、连接框组成，如图 6.8 所示。主罩是主承力结构，既要满足轴压和侧压作用下的强度、刚度要求，也要满足气动加热条件下的防热要求，使头罩内部温度维持在一定范围，保证内部设备正常工作。连接框是连接头罩与箭体的传力结构，较大尺寸的头罩一般头采用螺栓与箭体其他舱段对接，各种连接方式参见第 6.4 节内容。

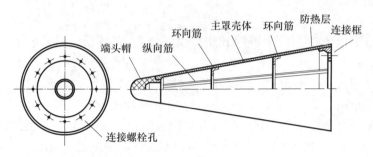

图 6.8　大型头罩结构示意图

对于中小尺寸的头罩,主罩一般采用光壳结构,即无须设计纵向、环向加强筋,对于小型头罩,也无须连接框,采用套接或螺纹连接方式与其余舱段连接,如图 6.9 所示。

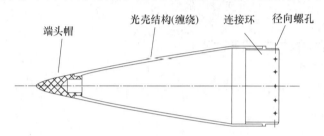

图 6.9　小型头罩结构示意图

端头帽材料通常为纤维增强复合材料,如玻璃纤维/环氧、高硅氧/酚醛、碳纤维/酚醛等,具有良好的防热性能,一般是采用短纤维与树脂基混合的模压件,将毛坯车削加工成最终产品。复合材料端头帽在高温环境下,导热率低,抗烧蚀性能良好,不易分层和剥离。

6.3.2　箭身结构

1. 箭身的功用和设计要求

箭身是火箭结构的主要组成部分,常常设计成若干个功能舱段,如载荷舱、仪器舱、发动机舱、级间连接过渡段等。箭身主要功用是用来装载有效载荷、推进剂和各种仪器设备,连接翼面、发动机等其他部件,形成一个完整的飞行器,同时承受各类载荷。

结构设计应使箭身结构具有良好的开敞性,以便于维修和检测。此外,由于箭身占飞行器结构质量的比重很大,必须特别注意减轻结构质量,设计合理的结构形式,充分利用箭身的空间。

2. 箭身结构主要形式

箭身的结构形式很大程度取决于所承受的载荷类型和大小。作用在箭身上面的外载荷已在前节介绍,箭身不仅承受很大的横向剪力载荷、弯矩载荷,而且要承受很大的轴向载荷。箭身内部装载物的质量力、各空气动力面传来的空气动力和质量力、发动机和助推器传来的推力,以及起吊、运输、支承处的作用力等,常以集中力的形式作用于箭身。

箭身的基本结构形式有薄壁结构、整体结构和构架式结构。薄壁结构一般也都是由纵向元件(如梁、桁条)、横向元件(如隔框)和蒙皮组成。它可分为硬壳式和半硬壳式结构。半硬壳式结构又分为桁条式和桁梁式、梁式结构。大型火箭的级间段也可以用构架式结构。箭身结构形式分类如图 6.10 所示。

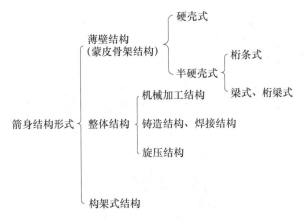

图 6.10　箭身结构形式分类

对于大型箭体的舱段,框架蒙皮式是一类典型结构方案,如图 6.11 所示。其特点是:整个舱段由较薄蒙皮、纵向加强件和环向加强件组成,两端有端框,实现与其他舱段连接,中间有若干环形加强框,纵向有若干桁条或大梁,结构件之间一般采用铆接方式连接。

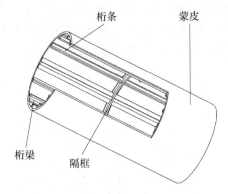

图 6.11　框架蒙皮式结构舱段

如果舱段中的壳体、环向加强框、纵向加强桁或梁一次加工成形,壳体与加强件不需要铆接或焊接,称为整体式结构。例如,对金属舱段可以通过铸造工艺、化铣工艺、内旋压工艺,将壳体及加强件一次加工成形,对于复合材料舱段可以采用 RTM 工艺,制造出含壳体及加强件的整体式舱段。整体式结构具有气动外形好、强度刚度大、内部空间大、装配工作量小等优点。

对于中小型舱段,常采用硬壳式结构,它由厚度较厚壳体和环形加强框组成,壳体相当于厚度加厚的蒙皮,能承受轴向载荷、横向剪切及弯矩载荷,从而取代框架蒙皮式结构中的大梁或桁条纵向加强件。环向加强框与壳体可以铆接,也可以焊接(如搅拌摩擦焊等)。硬壳式结构气动外形好,生产工艺相对简化,舱段内部空间较大,但壳体不宜开大舱口。

图 6.12 所示是机械加工式硬壳式结构,整个舱段由一件原始毛坯材料制成,舱体内部加强元件、设备安装座等,通过机械加工成形。图 6.13 所示为铸造式整体结构,为保证外形尺寸精度,常对外表面和两端连接处进行机械加工。这种结构适合各种中等直径的舱段。

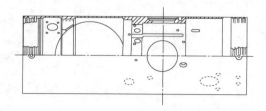

图 6.12 机械加工式硬壳式结构舱段

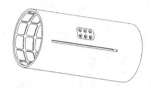

图 6.13 铸造式整体结构舵机舱

图 6.14 所示为内旋压舱体构造示意图,为某型火箭的惯导舱,仅由带若干内环框的壳体和若干设备支架组成,设备支架单独加工,再安装固定在舱体内。内旋压成形方法是将管形毛坯装入空心圆筒形模腔内,滚轮从毛坯内表面施加压力,在旋压径向力、轴向力及切向力作用下,迫使管坯厚度减薄,长度延伸,从而旋出具有各种阶梯状或曲线状的内型面,即旋出带有端框和多个内部环形框的壳体。内旋压舱构造简单,受力形式好,是一种比较理想的结构形式,对一些结构不太复杂的舱体非常适合。

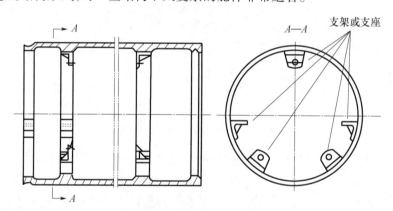

图 6.14 内旋压舱体典型构造示意图

图 6.15 所示为一复合材料舱段,通过 RTM 工艺整体成形,也属于整体式结构。

图 6.15 复合材料舱段

图 6.16 所示为构架式结构,或称杆系结构,是由端框和数根杆形材料焊接而成的开敞式刚性构架。构架外表面没有蒙皮,这种结构主要用作多级火箭级间载荷的传递,发动机工作产生的高温气体可顺畅排出体外。

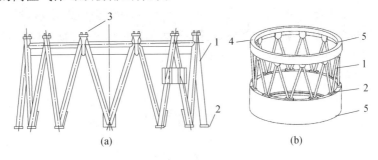

(a)　　　　　　　　　　(b)

图 6.16　构架式结构

1—管;2—底板;3—垫座;4—定位销;5—端框。

6.3.3　舱内设备安装

火箭空中飞行,需要相应的导航及控制设备,控制其弹道和飞行姿态,箭上设备有计算机、惯性组合、电源、配电器、遥测、安控等,即使是无控火箭,往往也带有时序控制器、电源、传感器等,控制其按一定时序执行一系列动作。箭上设备、传感器等,安装固定在舱体内的支座或支架上,设备之间通过导线、电缆、管路相互连接。一般情况下,将箭上仪器设备安装于同一个舱段,即仪器舱,这样既有利于设备安装、调试、环境保障,又可以避免因设备分散导致需采用长线缆进行长距离信号传输的问题,但对于大型火箭,为了功能和布局的需要,在级间段、尾段等位置也需安装箭上设备[1]。

为确保箭上设备正常工作,设备舱需提供温度湿度、振动、气密等环境保证,重要设备如惯性组件,还需保证安装位置精度,常采用刚度较大的水平梁作为惯性组件的安装平台。

设备在舱内的固定形式是灵活多样的,主要考虑设备特性、环境条件、安装精度、舱段结构和空间等因素。对于尺寸较大的舱体,由于内部空间大,仪器舱内设备安装方式有底板式、水平梁式、侧壁安装式等,如图 6.17 所示。

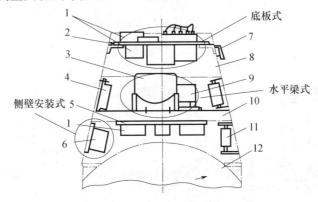

图 6.17　仪器舱内设备安装方式示意图

1—遥测系统;2—上圆盘;3—稳定平台;4—控制系统;5—下圆盘;6—安控系统;
7—天线;8—舱体;9—计算机;10—水平梁;11—外测系统;12—发动机。

对于中小型直径的舱体,设备可装于支架、底板,再与舱体连接,支架或底板与舱体的连接方式可分为轴向固定式、径向固定式、轴向径向组合固定式、滑轨式、绑带式等。对于小尺寸设备,无须安装底板,可通过螺钉直接固定在舱体上。图 6.18 所示为整体式焊接支架,它由法兰盘、框板、角形和 T 形大梁、直角板等元件焊接而成,仪器安装在直角板、法兰盘和框板上,整个支架安装了仪器后,通过法兰盘上的 6 个孔,轴向连接固定在舱体的前端框上。其他安装方式如图 6.19 ~ 图 6.25 所示。

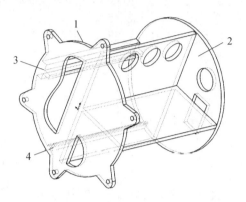

图 6.18　整体式焊接支架示意图

1—法兰盘;2—框板;3—角形和 T 形大梁;4—直角板。

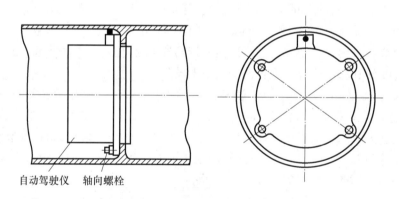

自动驾驶仪　　轴向螺栓

图 6.19　驾驶仪的轴向固定

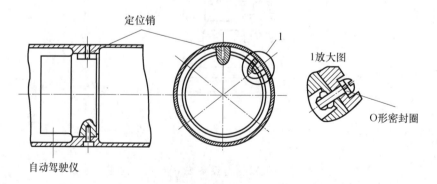

定位销

1

1 放大图

O 形密封圈

自动驾驶仪

图 6.20　驾驶仪的径向固定

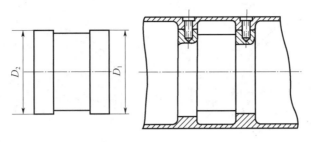

图 6.21　双排径向螺钉固定

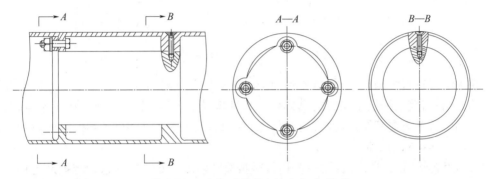

图 6.22　设备的轴向、径向组合固定

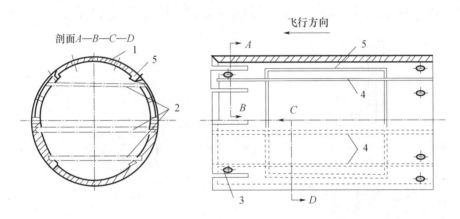

图 6.23　滑轨式设备支架

1—舱体;2—仪表板;3,4—槽;5—凸台。

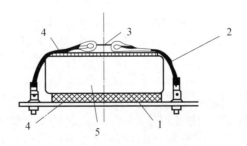

图 6.24　绑带式支架

1—支架;2—钢带;3—松紧螺钉;4—橡胶垫;5—设备。

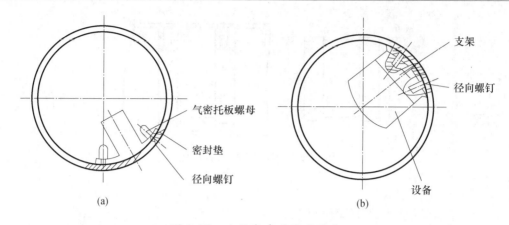

气密托板螺母

密封垫

径向螺钉

(a)

支架

径向螺钉

设备

(b)

图 6.25　小设备在舱段的固定

在火箭飞行过程中,箭上设备受到的振动激励是多方向的,在 x、y、z 三个方向上都存在振动,这就需要根据设备安装的具体位置和环境,在振动严重的方向采取减振措施,必要时选用具有多方向减振性能的减振器。有些设备自身装有专用减振器,有些设备需在安装时通过转接支架减振。

舱内设备常用的减振装置为橡胶垫板减振装置(图 6.26(a))。这种减振装置构造简单,成本低,占空间不大,是一种高频减振器,对于隔离高频振动极为有效,常用于电子元件和需要避免高频共振的设备及元件上。此外,阻尼减振设计也是重要的减振措施(图 6.26(b))。

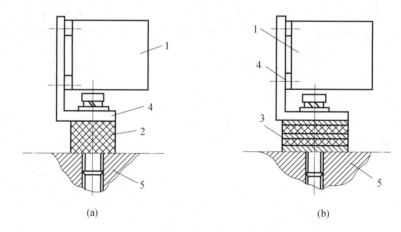

图 6.26　垫板减振安装示意图
(a)橡胶垫板减振;(b)阻尼垫板减振。
1—仪器;2—橡胶垫板;3—阻尼垫板;4—支架;5—舱体。

6.3.4　口盖

为满足对箭上设备的安装、使用、维护等要求,特别是大中型火箭的箭身上,往往要开各种形状和尺寸的舱口。在大中型舱口的开口部位,蒙皮、桁条甚至隔框均有可能被切断,结构上应采取补偿措施,如采用受力式口盖来补偿因开口所引起的削弱。根据是否参与舱体总体受力,舱体口盖可分为受力式和非受力式两种[1]。

1. 受力式口盖

参加舱体总体受力和传力的口盖称为受力式口盖。这种口盖应保证两个条件:口盖本身具有足够的强度;口盖与舱体的连接应保证可靠地将舱口部位的载荷通过舱盖传递出去。

图 6.27 所示为舱体及口盖结构示意图,图 6.28 所示为大口盖与舱体的连接方式示意图,舱体开口处边缘以及口盖的边缘都需加强,连接时采用承载能力较强的螺钉或螺栓。中小型口盖一般只对舱体开口边缘用口框加强,口盖边缘一般无须加强,采用螺钉将口盖与口框连接。

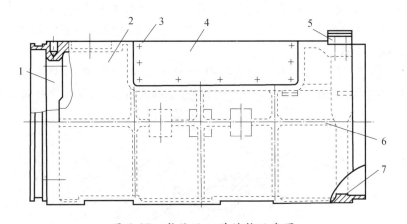

图 6.27　舱体及口盖结构示意图

1—前端框;2—蒙皮;3—口盖螺钉;4—口盖;5—吊挂;6—加强筋;7—后端框。

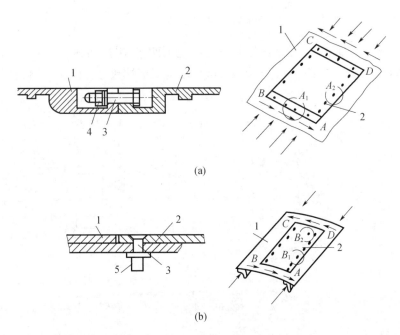

(a)

(b)

图 6.28　大口盖与舱体的连接方式示意图

(a)接头 A;(b)接头 B。

1—舱体;2—口盖;3—螺钉;4—螺母;5—托板螺母。

2. 非受力式口盖

不参加舱体总体受力、传力的口盖称为非受力式口盖。非受力式口盖尺寸较小,强度削弱不大,通常舱体开口和口盖只需设计带有钣弯件的边框,就足以弥补强度的削弱。

6.3.5 翼和舵

火箭的翼或舵是箭体结构的重要部件,用于产生火箭稳定飞行所需的气动力或者操控力。翼或舵的类型很多,从翼面形状来看,有平板式、弧形式、栅格式等,从装配方式来看,有固定式、拆卸式和折叠式,从舵的活动部分来看,有全动舵和副翼。翼或舵作为重要的气动部件,其外形尺寸需要根据总体气动布局及气动性能来考虑,但也要兼顾结构设计、加工制造和安装的问题,对于超声速火箭,更要注意翼或舵的气动加热问题[1]。

1. 翼面结构形式

常见的翼或舵的结构形式有实心式结构、加筋式结构、夹层式、骨架蒙皮式结构等。

图 6.29 所示为实心式翼结构,由整块材料加工而成,这种结构形式翼面光滑,气动外形好,加工简便,但重量较重,只适合于尺寸小的薄翼。

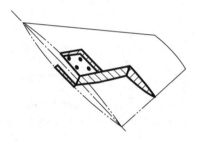

图 6.29 实心式翼结构

图 6.30 所示为加筋式结构翼面,翼面分成上下两半,采用机械铣或化学铣等工艺加工筋条,然后将上下半翼铆接成完整翼面,这种结构工艺性较好,外形尺寸较精确,强度刚度较高。

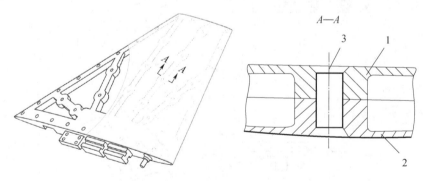

图 6.30 加筋式结构翼面
1—上壁板;2—下壁板;3—铆钉。

图 6.31 所示为骨架蒙皮式结构翼面,骨架结构主要由梁、桁条和翼肋部件组成,纵向横向件之间相互搭接,通过角片铆接成整体,然后将蒙皮与骨架铆接。骨架蒙皮式结构适合大型翼,工艺复杂,外形尺寸误差控制难度大。

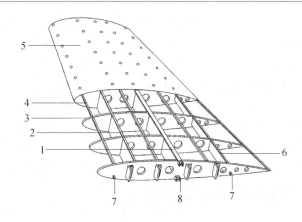

图 6.31　骨架蒙皮式结构翼面

1—翼梁;2—前墙;3—翼肋;4—桁条;5—蒙皮;6—后墙;7—辅助接头;8—主接头。

2. 翼面防热

当火箭飞行速度大于马赫数 3 时,气动加热变得很严重,翼或舵部位的气动加热尤为突出,因此需要采取热防护措施,避免翼或舵产生大变形,甚至丧失承载能力而破坏。首先需通过理论计算或风洞试验等手段,确定翼或舵的气动加热环境条件,即各部位热流及随时间变化情况,然后针对性地采取热防护方案,选取防热材料,进行防热结构设计、热响应计算、强度刚度校核。

翼或舵的前缘热流密度最大,是热防护重点区域,如图 6.32 所示,采用钛合金、不锈钢等耐高温合金材料,或采用低导热率的高硅氧/酚醛等耐烧蚀复合材料,加工成翼前缘,然后与翼或舵的本体装配。

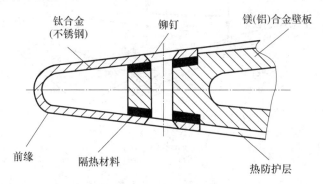

图 6.32　翼面防热方案

翼面其他部位的热流密度相对较低,根据需要采取相应的防热措施,如采用钛合金、不锈钢制作蒙皮,外表面喷涂防热涂层或粘贴防热片等。对高超声速情况,可采用高硅氧/酚醛等材料和三维编制工艺,加工成防热外套,再与翼或舵承力结构粘接固定,形成双层结构,起到外层防热、内层承力的作用。对于超薄翼面或舵面,根据工作温度情况,可采用镍基合金、铌合金等高温合金,或者陶瓷基 C/SiC 复合材料,加工制造成实心翼面或舵面。它具有气动外形好、高温下可长时间工作等优点,但材料造价较高。

3. 翼面安装方案

固定翼的安装方式很多,主要有翼座式、榫头式、耳片式等,它按传力形式可分为集中传力、分散传力类型,或介于二者之间的类型。图 6.33 所示为翼座式安装方案,这是分散传力式接头。翼根几乎全部插入与之相连的舱段上的耳片槽内,用 5 个螺钉固定。该接头结构简单,工艺性好,但槽口宽度受翼根厚度的限制,槽口深度受气动阻力的限制,故承载能力有限。此种接头只在小型火箭上应用。

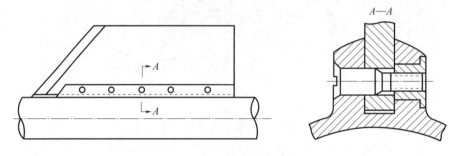

图 6.33　翼座式安装

图 6.34 所示为耳片式安装方案,属于集中传力接头。耳片分别装入箭体上前后接头,并用销轴固定,前接头 2 在箭体轴线方向留有一定间隙,以适应接头与耳片的位置公差。翼外载荷主要是垂直于翼面的法向力 Y,平行翼面的轴向力 X 相对较小,Y 对翼面根部 a 轴形成力矩 M_x,对垂直于箭体轴线的 b 轴形成力矩 M_z。图 6.34 也展示了弹翼及耳片受力情况,耳片 1 与箭体接头 1 通过销轴连接,给翼提供支反力 Q_1 和力矩 M,耳片 2 与箭体接头 2 通过销轴连接,给翼提供支反力 Q_2。此方案适合于气动载荷不太大的翼安装。

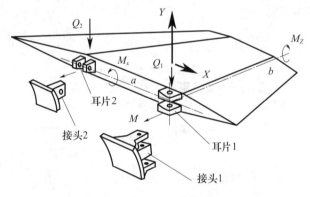

图 6.34　耳片式安装

图 6.35 所示为多榫头式安装方案,属于介于集中和分散传力之间的类型。5 个榫头插入箭体榫头孔,用斜向螺钉将前后两榫头固定,防止榫头松脱。另外,分别在翼根前后缘处通过辅助接头 1 与箭体连接,起增加连接刚度的作用,榫头安装方案适合于尺寸较大的翼面。

全动舵的安装方式主要有直连式和套接式两种。对于小尺寸舵面,由于法向力对舵根部形成的力矩较小,所以可以直接与舵机轴连接固定,如图 6.36 所示。图 6.37 所示为套接方式,舵片轴通过滚动轴承安装在箭体的轴座上,轴座提供支反力和力矩,舵机轴通过套筒与舵片轴连接,只提供舵偏转运动的扭矩。

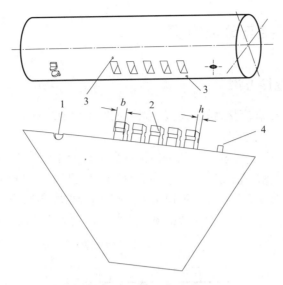

图 6.35 榫头式安装

1—前辅助接头;2—主接头;3—斜螺钉孔;4—后辅助接头。

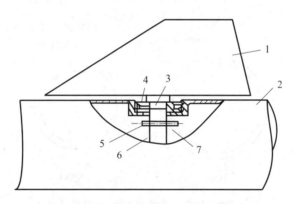

图 6.36 全动舵的安装方式(直连式)

1—舵面;2—弹身;3—舵面接头;4—滚动轴承;5—锥形螺栓;6—转轴;7—螺帽、垫圈。

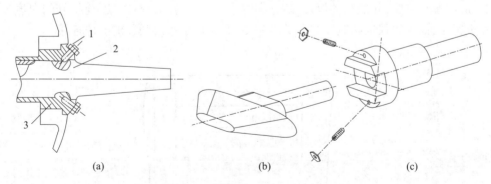

(a)   (b)   (c)

图 6.37 全动舵的安装方式(套接式)

(a)舵面与转轴组装;(b)舵面;(c)转轴。

1—斜螺钉螺帽;2—舵面;3—转轴。

6.4　舱段连接与分离方案

6.4.1　舱段连接方案

舱段连接方式主要有套接、螺纹连接、端面对接等,其他方式还有夹紧带连接、楔形环连接等[1]。

图 6.38 所示为套接方式,舱段 2 的一段圆柱段壳体套于舱体 1 的端框之外,端框一周攻有螺纹孔,或者内侧装有托板螺母,套接后在外侧用螺钉固定。螺钉可以是单排,或者双排,为防止螺钉松动,螺纹涂防松胶。该连接方式刚度较高,并能保证两舱段周向基准一致,也能保证连接后的直线度。由于套接段既不能太紧又不能太松,因此不适合于大直径舱段。

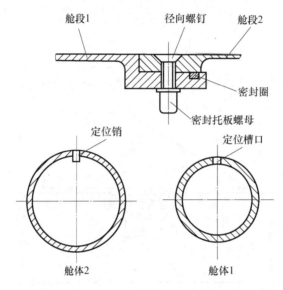

图 6.38　舱段套接(径向螺钉固定方式)

图 6.39 所示为螺纹连接方式,两舱段的连接处分别加工有内螺纹和外螺纹,舱段连接时,应将螺纹旋紧,并加制动螺钉,防止螺纹松动。该方式装拆简便,连接处的厚度方向尺寸也很小,但难以保证两舱段周向基准一致,只适用于中小弹径的舱段连接。

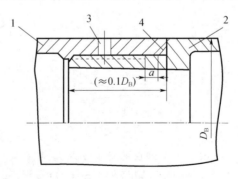

图 6.39　舱段螺纹连接
1,2—舱段;3—紧固螺钉;4—密封圈。

图 6.40 所示为端面对接方式,两舱段端部的对接面相靠,并通过连接螺栓拉紧,为防止舱段横向错动或周向扭转,在一舱段的对接面装有定位销(图 6.41),另一舱段端面相应位置有定位孔。对于舱段连接处横向剪力很大的情况,舱段一端还可设计一定高度的环形凸台(定位环),另一舱段端面设计成内环,凸台卡进内环,保证两舱段横向不错动。

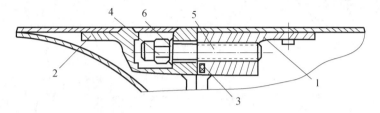

图 6.40　舱段端面对接(定位销,水平螺栓)
1,2—连接框;3—密封圈;4—螺母;5—螺栓;6—垫片。

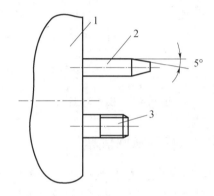

图 6.41　框上销钉和螺栓伸出的长度
1—舱体端面;2—定位销钉;3—轴向连接螺栓。

对接螺栓可与舱段轴线平行,也可斜置一定角度,如图 6.42 所示。为保证气动外形,连接螺栓处需要有操作盖封口,或者用包带覆盖。

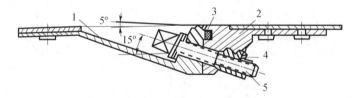

图 6.42　舱段端面对接(凸台,斜置螺栓)
1,2—连接框;3—密封圈;4—螺母;5—螺栓。

端面对接方式连接刚度较大,承载性能好,装配精度较高,但结构加工量较大,适用于大直径舱段情况。

图 6.43 所示为楔形环连接方式,两舱段的套接段各有一凹槽,舱段套接后,便形成矩形截面的环形楔槽,且有一个操作口。两根宽度变化的楔环 A 和楔环 B,通过操作口装入楔槽,相互挤压紧,再加入一段长度的垫块,顶住楔环 A 和楔环 B,使之不能松动,最后用口盖盖住操作口。该方式的优点是舱段连接处的厚度尺寸较小,但连接件的加工精度要求较高,适合于薄壳型中小弹径舱段连接。

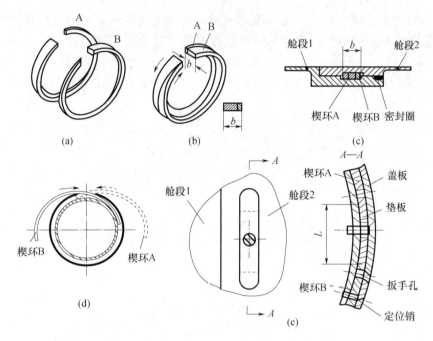

图 6.43　楔形环连接

6.4.2　舱段连接螺栓(螺钉)强度估算

本节简要介绍舱段采用轴向螺栓连接时,连接螺栓的工作拉力、预紧力、总拉力,以及强度估算等问题。舱段轴向螺栓连接如图 6.44 所示,螺栓沿周向均布,数量为 n,同时在舱段对接面安装有定位销,舱体连接处存在弯矩 M、剪力 Q、轴向力 T 载荷的作用[1]。

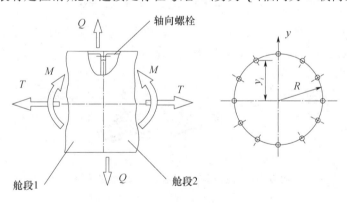

图 6.44　舱段轴向螺栓连接及受力

1. 连接螺栓工作拉力

为了计算连接螺栓受力,做如下假设:

(1)轴向螺栓只承受拉力载荷,横向剪力 Q 由定位销承载。

(2)轴向力 T 拉力使 n 个轴向螺栓均匀受拉,单个螺栓拉力为 $P_{\mathrm{T}} = \dfrac{T}{n}$。如果轴向力 T 为压力,则由对接面承载,轴向螺栓不受力。

（3）如图 6.44 所示，在弯矩 M 的作用下，在舱体产生拉压应力 σ_M，大小与 y 坐标成正比，这将导致舱体下半部分的螺栓受拉，其大小与所在位置坐标 y_i 成正比，同时 M 导致上半部分的舱体端面受压。弯矩 M 对轴向螺栓产生的最大拉力 $P_M = \dfrac{4M}{nD}$，其中 D 为弹径。

根据以上假设，在轴向力和弯矩作用下，设安全系数为 f，单个螺栓最大拉力 P（称为工作拉力）为

$$P = f(P_T + P_M) = \frac{Tf}{n} + \frac{4Mf}{nD} \tag{6.33}$$

2. 连接螺栓预紧力和总拉力

如果采用轴向螺栓进行舱段连接，当螺栓受拉后长度就会伸长，为了使对接面不出现缝隙，必须给每个轴向连接螺栓施加预紧力 P_y。螺栓在预紧力和工作拉力作用下，所受总拉力 P_0 由工作拉力 P、残余预紧力 P_y' 两部分组成，即

$$P_y' = KP \tag{6.34}$$

$$P_0 = P + P_y' = P + KP \tag{6.35}$$

式中：K 为残余预紧力系数，对普通连接要求 $K = 0.2 \sim 0.6$。

螺栓所需施加的预紧力由下式确定

$$P_y = KP + (1 - \lambda)P \tag{6.36}$$

式中：λ 与被连接件的刚性有关，对于金属件，$\lambda = 0.2 \sim 0.3$。

舱段对接时，一般用力矩扳手定量施加螺栓的预紧力，工程上扳手力矩 $M_y(\mathrm{N \cdot m})$ 与预紧力 P_y 关系采用简化计算公式

$$M_y = K_f P_y d \tag{6.37}$$

式中：d 为螺纹外径（m）；K_f 为扳手力矩当量系数，取值如表 6.1 所列。

表 6.1　确定扳手力矩的当量系数平均值

连接件表面状态	K_f	
	无润滑	有润滑
无镀锌	0.20	0.16
镀锌	0.22	0.18
镀镉	0.13	0.1
氧化	0.24	0.2

3. 连接螺栓强度

当螺栓总拉力确定后，可以根据螺栓的螺纹规格，从机械设计手册上查到其抗拉承载能力，从而可计算出安全系数。或者按下列公式估算[2]：

$$\sigma = \frac{1.3P_0}{\dfrac{\pi}{4}d_1^2} \leqslant [\sigma] \tag{6.38}$$

$$[\sigma] = \frac{\sigma_s}{n} \tag{6.39}$$

式中：d_1 为螺纹小径；σ_s 为螺纹屈服强度；n 为螺栓连接的安全系数，一般不小于 4。

4. 定位销强度

对接面上的剪切力 Q 由定位销和接触面的摩擦力平衡,初步计算时略去接触面的摩擦力,则定位销的最大剪切力和强度条件为

$$\tau_{\max} = \frac{fQ}{mA} < \tau_{b} \tag{6.40}$$

式中:m 为销钉数量;f 为安全系数;A 为销钉横截面积;τ_{b} 为销钉材料抗剪强度极限。

6.4.3 分离方案

多级火箭在飞行过程中,为减少冗余质量,需要通过级间分离将工作完的发动机及连接舱段分离掉,让前级发动机点火继续工作;有时为了实现特定功能,需要将一个或多个部件从箭体分离掉。例如,对于火箭搭载的回收式载荷,当火箭升空到一定高度,需将有效载荷与箭体分离,然后利用降落伞将有效载荷回收。

火箭分离过程可大致分为如下种类:适配器分离、助推器分离、级间分离、头罩(整流罩)分离。火箭飞行中具体有何种分离过程与其功能需求相关,有些火箭没有分离过程。

火箭分离方式和过程千差万别,有纵向分离、侧向分离、斜向分离、旋转分离等。每种分离过程需要有相应的分离装置。分离装置各式各样,但一般都有连接解锁机构和分离力提供源。常用的连接解锁机构有爆炸螺栓、火工作动器、聚能切割索、连接包带等,分离力的提供源有压缩弹簧、火工作动器、冷气喷流、反推或侧推发动机等,有时利用上面级发动机点火工作后的燃气流,甚至利用飞行时的气动力提供分离力。火箭分离系统的设计涉及分离方案选择、分离机构设计,还需进行分离过程仿真、地面试验或飞行试验验证。

1. 横向分离

在分离过程中,被分离部分是沿箭体横向往外运动的,它通常在并联火箭上使用。如图 6.45 所示,两个助推器 2 捆绑于箭体本体 1 下方两侧,助推器工作完后,沿箭体本体的横向被分离掉。

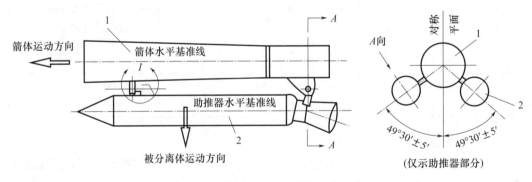

图 6.45 助推器横向分离
1—箭体本体;2—助推器。

2. 纵向分离

在分离过程中,被分离部分沿箭体纵向运动,它在串联火箭上使用。图 6.46 所示为箭体轴向连接与分离机构示意图,助推器与箭体前级在对接面处沿周向布置多个爆炸螺栓,爆炸螺栓解锁后,可实现助推器纵向分离。

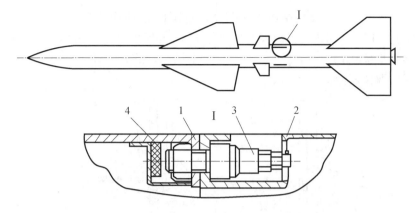

图 6.46　箭体轴向连接与分离机构

1—箭体;2—助推器;3—爆炸螺栓;4—减振垫。

3. 热分离

热分离是指下面级发动机推力尚未消失,上面级发动机开始点火工作,且当推力达到一定值时,连接解锁装置解锁,利用上面级发动机高速喷出的燃气将下面级分离掉。

4. 冷分离

下面级发动机推力已消失,且上面级发动机尚未点火工作,连接分离机构解锁,在分离装置提供的分离冲量作用下,或者依靠气动阻力差,实现两级分离。

5. 连接解锁机构

1)爆炸螺栓

与普通螺栓类似,爆炸螺栓将两个分离体通过螺母连接一起,起到连接作用,如图 6.47 所示。爆炸螺栓内部装有火工炸药及点火器,当收到分离指令后,爆炸螺栓起爆,螺杆在内装炸药作用下与本体分离,这样使两个分离体解锁,起到解锁作用。

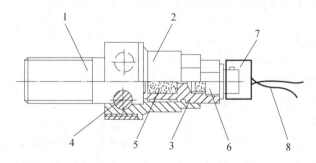

图 6.47　剪切销式爆炸螺栓

1—螺杆;2—爆炸螺栓本体;3—管座;4—剪切销;5—炸药;6—点火器;7—插头;8—电缆。

爆炸螺栓种类很多,有开槽式、剪切销式、钢球式等,起爆方式主要有电点火和非电传爆式两种。爆炸螺栓结构简单,工作可靠,分离装置设计中应用广泛,不足之处是冲击较大。

2)聚能切割索

聚能切割索是一种内装炸药的细长金属软管,使用时将它沿分离面安装在 U 形截面的压环内,如图 6.48 所示。分离时,通过炸药定向爆炸,切断壳体蒙皮,使连接部位分开。

实现解锁。这种分离装置无须结构预先在分离面处对接,因而结构质量较小,连接刚度易保证,分离同步性好,可靠性高,但爆破时产生的冲击很大,爆炸气体对周围环境污染严重。对该类型聚能切割索进行改进,采用封闭型切割索装置,可实现无爆炸气体逸出,避免对切割处周围仪器设备产生污染。

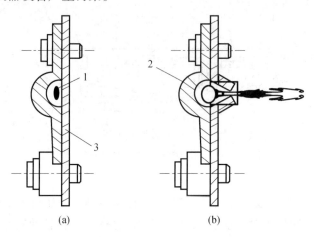

图 6.48　聚能切割索
1—聚能炸药索;2—压环;3—分离壳体。

3)包带/夹块式连接分离机构

包带/夹块式连接分离方案中,若干 V 形夹块将载荷(如卫星)底座与支撑座夹住,用两段或多段柔性包带以及爆炸螺栓形成完整的环形带,将夹块包紧,这样 V 形块便提供了对被连接体的轴向、横向位移限制。爆炸螺栓点火后,包带及 V 形夹块松散开,对被连接体的约束解锁,在分离冲量(一般是压缩弹簧)的作用下,便可使其从支撑座释放出来。包带连接装置解锁时产生的冲击很小,可以提供大的连接力,广泛应用于星/箭连接与分离。

6. 分离冲量机构

分离过程中,连接的两体首先解锁,解除机械连接和电缆连接,然后利用分离冲量机构提供分离力,使分离体相对运动,在短时间内达到一定的相对运动距离和相对速度。

常用的分离冲量机构有压缩弹簧、火工作动器、分离发动机等。压缩弹簧结构简单,分离冲击小,但分离力有限,常用于星箭分离;火工作动器分离力大,但行程短,分离冲击较大,可用于小型火箭和导弹的级间分离、子母弹分离等;分离发动机有正推发动机、反推发动机、侧推发动机等,分离力大,可用于级间分离、大型整流罩分离等。

6.5　箭体结构常用材料

材料选择是箭体结构设计的重要内容,也是箭体加工制造的前提条件,材料选择既要满足力学性能、防热性能、电磁性能等要求,又要考虑材料是否容易获得、成本价格、零部件加工的工艺条件、加工成本等因素。材料按性质可分为金属材料、非金属材料和复合材料,按功能可分为结构材料和功能材料。结构材料是指用来承受外载荷、保证箭体结构的强度和刚度的材料,它们一般是高强度的金属材料或复合材料,功能材料主要是指具有特殊的热、电磁、光学、声学性能等的材料,如防热隔热材料、透波电磁波材料、雷达隐身材料、透光材料、红外隐身材料等。

6.5.1　金属材料

金属材料强度高,工艺性好,特别是铝合金、镁合金等轻质合金材料,作为结构材料在箭体设计与制造中大量应用。金属材料可分为黑色金属和有色金属两大类。

1. 黑色金属材料

在箭体结构中,用得较多的材料是优质碳素结构钢、合金结构钢、不锈钢和高温合金等。

1)优质碳素结构钢

在这一类钢中应用较多的牌号主要是 20 号、45 号等,20 号主要用于充气开关壳体、高压气导管、发动机机架等,45 号则主要用作紧固件等。

2)合金结构钢

常用的合金结构钢有:①高强度合金钢。常用牌号有 40Cr、35CrMo、30CrMnSiA、30CrMnSI2A、37CrNi3A 等,其中 30CrMnSiA 钢在导弹结构钢中用量大、用途广。它用于气瓶、发动机架、大梁、对接接头、螺栓、支座等重要承力结构件及紧固件。②超高强度钢。因其比强度高,能减小结构质量,多用于固体火箭发动机、助推器壳体和高压气瓶。用得较多的是 40SiMnCrMoV 钢(406、406A、D406A)、45NiCrMoV 钢(D6AC)等。

3)不锈钢

不锈钢应用最广泛的是奥氏体型不锈钢 1Cr18Ni9Ti,一般用来制作在高温气动加热、高温燃气流和腐蚀性介质中工作的结构件、焊接件和燃气管路。可在 400～500℃以下长期工作,瞬时还能承受更高的工作温度。在温度高的部位,如冲压发动机的燃烧室、火焰筒等部位,常采用 0Cr21Ni6Mn9N 等耐热不锈钢。马氏体型不锈钢用得多的是 2Cr13、2Cr13Ni2。2Cr13 用于制作动力系统膜片组合件切刀、喷嘴等零件;2Cr13Ni2 多用在雷达、高度表的结构件上,如雷达的转轴等。

4)高温合金

耐热不锈钢的工作温度在 700℃以下,当工作温度超过 700℃时,就必须选用高温合金。用得较多的有镍基高温合金 GH39、GH44 和铁－镍基高温合金 GH140 等。

2. 有色金属材料

有色金属材料品种繁多,具有许多优良的机械、物理和化学性能,是箭体结构的主要材料。

1)铝合金

铝合金是应用较早、使用最广泛的有色金属材料,其特点是比重低,工艺性能良好,有良好的导热和导电性,在所有轻质金属中成本最低,表面可自然形成氧化膜,具抗腐蚀性。其工作温度一般不超过 200～300℃。铝合金的种类多,根据生产工艺的不同,可分为变形铝合金、铸造铝合金和新发展起来的铝锂合金。

(1)变形铝合金。此类合金有良好的塑性变形能力,工艺性好,适宜于锻造、轧制、挤压、压延、拉伸、切削等工艺。根据性能和用途,又可将其分为硬铝、防锈铝、超硬铝、锻铝和特殊铝 5 类。

硬铝:硬铝又称杜拉铝,由于此类铝合金时效后有较高的硬度和强度,故称为硬铝。硬铝中应用最多的是 2A12(LY12)铝合金,常用来制造飞行器结构的骨架、蒙皮、整体舱段、安装支架等承力结构件。

防锈铝:防锈铝的特点是抗腐蚀性好,易于加工成形,焊接性好,并具有良好的低温性能。它们不能热处理强化。其应用较多的有 5A06(LF6)、5A03(LF3)、3A21(LF21)等,其中 5A06 应用最多,主要用于制作推进剂贮箱和焊接结构舱体的蒙皮、端框、支架等焊接件,以及在腐蚀性介质中工作的导管等。

锻铝:锻铝的特点是有优良的热塑性,主要用于生产锻件。其应用较多的有 2A50(LD5)、2A14(LD10)等。2A50(LD5)主要用于舱体对接框、支架、摇臂、接头等中等强度的锻件和模锻件。2A14(LD10)力学性能优于 2A50(LD5),它广泛用于舱体端框、高负荷的接头零件或支架,还可制成板材用作舱体的蒙皮、贮箱壳体等,在锻铝中应用最广,是飞行器结构中优选材料之一。

超硬铝:超硬铝在变形铝合金中室温强度是最高的。常用牌号有 7A04(LC4)、7A09(LC9)。超硬铝淬火后均采用人工时效而不采用自然时效。缺点是耐高温性能差,对应力腐蚀和应力集中比较敏感,易产生微裂纹。它们一般用在受力较大的结构件,如蒙皮、整体壁板、大梁、隔框、支臂、折叠翼的折叠翼和转轴等重要结构件。

(2)铸造铝合金。铸造铝合金的力学性能不如变形铝合金好,但其铸造性能好。它可以分为铝硅基、铝铜基、铝镁基和铝锌基 4 类。

铝硅系铸造铝合金使用面最广,因为它有极好的流动性、高抗腐蚀能力和良好的焊接性,可以浇铸复杂外形的零件。不足之处是切削加工不易,刀具易磨损。代表性牌号有 ZL101、ZL101A、ZL102、ZL104、ZL105、ZL114A,其中最常用的是 ZL104 和 ZL101A。箭体结构中没有特殊要求的一般铝铸件都使用这类材料,主要用于铸造薄壁形状复杂的中等强度铸件。

2)铝锂合金

铝锂合金是一种新型铝合金材料,比传统的铝合金密度更低,强度刚度更高,并且具有较高的断裂韧性和抗腐蚀性能。国际上在铝锂合金的研究和应用方面做了大量工作,现已研制出的铝锂合金有 2090、2091、8090、8091 和 9052 等多种产品,力学性能一般达到:$\sigma_b \geqslant 500\text{MPa}$,$E \geqslant 78\text{GPa}$,延伸率 $\delta \geqslant 8\%$,密度 $\rho \leqslant 2.55$。由于合金 E 值高,其用于制造形状复杂的蒙皮、隔框,特别适合制作箭体上承受轴压载荷的仪器舱、级间段和尾段,以及需要按刚度设计的结构件。

3)镁合金

镁合金的主要优点是:①密度小,比铝合金低 1/3,虽然其强度和弹性模量没有铝合金高,但仍有较高的比强度和比刚度;②比铝合金有较大的承受冲击载荷的能力,减振性能好;③有良好的导热性和导电性;④具有优良的可切削加工性和铸造、锻造性能。

镁合金的缺点是屈服强度和弹性模量低,耐腐蚀性能差。它在空气中形成的氧化膜很脆,不致密,不能起到保护作用。在潮湿大气、淡水、海水及绝大多数酸和盐溶液中均易受腐蚀。因此镁合金零件在加工、使用、保存期间要注意保护,表面应进行化学氧化处理,并涂漆。此外,尽管镁合金的冲击韧性和疲劳强度好,但对应力集中比较敏感。以上这些问题只要在使用镁合金中给予足够的注意是可以得到妥善解决的。一般来说,镁合金长期工作温度不超过150℃。

4）钛合金

钛合金突出的优点是它的比强度高，有良好的耐热性和超低温性能，同时又具有高的耐腐蚀性，钛合金的强度与中等强度合金钢相当，但密度只有 $4.5\mathrm{g/cm^3}$，比强度是不锈钢的 3 倍、铝合金的 1.3 倍。例如，中强度钛合金 TC4，常温下弹性模量 E 约为 109MPa，σ_b 为 967MPa；高温 500℃ 时，σ_b 为 583MPa；低温 −55℃ 时，σ_b 为 1059MPa。

钛合金具有良好的抗疲劳性能，具有很低的热导率，适合制造隔热构件。钛合金钢线胀系数小，适合做要求尺寸稳定性好的构件，因此钛合金是比较好的航天工程结构材料，在火箭导弹上得到广泛应用。

钛合金的缺点主要是弹性模量较低，耐磨性较差，制造工艺较铝、镁、钢等复杂，并且其材料成本较高，加工时变形较大。

6.5.2 复合材料

复合材料是由两种或两种以上的性状不同的材料经选择、设计、成形而得到的一种宏观多相新材料。其组分可包括金属、非金属等各种材料，按作用又可分为基体材料和增强材料两部分。

现代飞行器结构要求有较高的比强度和比刚度，而复合材料正符合这种要求。一般地，若将其应用于飞行器结构，可使结构质量减轻 30% 左右。复合材料在飞行器结构上应用多少，已成为衡量飞行器结构先进性的重要标志之一。

按基体材料分类，复合材料可分为聚合物基复合材料，金属基、陶瓷基复合材料，碳/碳复合材料。

1. 聚合物基复合材料（PMC）

PMC 是以有机聚合物为基体、纤维为增强材料的复合材料，其中应用最广的是玻璃/环氧（玻璃钢）、碳/环氧、芳纶/环氧等热固性树脂基复合材料。目前，树脂基体构成的先进复合材料作为结构材料在火箭导弹上普遍应用。复合材料与几种传统材料的力学性能比较如表6.2所列。

表6.2 复合材料与几种传统材料的力学性能比较

材料名称	密度 $/(\mathrm{g/cm^3})$	抗拉强度 $/\mathrm{GPa}$	拉伸模量 $/(10^2\mathrm{GPa})$	比强度 σ_b/ρ	比刚度 E/ρ
钢（45 号）	7.8	0.70	2.04	0.09	0.26
铝（LF6）	2.6	0.32	0.70	0.12	0.27
钛（TC4）	4.5	0.90	1.14	0.20	0.25
玻璃纤维环氧树脂	3.0	1.24	0.48	0.62	0.34
T300/4211 高强碳纤维增强环氧树脂	1.6	1.42	1.26	0.91	0.81
高模量碳纤维增强环氧树脂	1.6	1.05	2.35	0.66	1.47
芳纶纤维增强环氧树脂	1.4	1.37	0.78	0.98	0.56
硼纤维增强环氧树脂	2.1	1.38	2.1	0.56	1.0

注：复合材料的力学性能均指单向板。

2. 金属基复合材料(MMC)

MMC 是一种或数种增强材料,物理地或化学地与一种金属基体结合组成的复合材料。其增强材料可以是各种高强的连续纤维或晶须、颗粒,如碳、硼、碳化硅、氧化铝等。其金属基体材料主要有铝、钛、镁、高温合金、难熔金属等。目前受重视的 MMC 主要有:连续纤维增强的 MMC,如硼/铝、硼/钛、碳化硅/铝、石墨/铝、石墨/镁等;晶须和短纤维增强的 MMC,如碳化硅/铝、氧化铝/铝;颗粒增强的 MMC,如碳化硅/铝、硼/铝、硼/镁;细丝增强的 MMC,如钨/超级合金。

MMC 的主要优点:具有优异的高温性能;较高的韧性和抗冲击性能;导电、导热性好,不会产生静电放电灾难事故;连接强度相对较高;耐辐射性好,在太空条件下聚合物基复合材料会"逸气"或释放水蒸气和其他化合物,这些物质会聚集在仪器上并降低其效能,MMC 则不会产生这些现象。

MMC 尚处于发展和试验阶段,可用于翼前缘、发动机构件等高温条件,以及航天飞机、卫星结构等需在太空条件下长期工作的机构,还可代替铍合金用在惯导平台上。

3. 陶瓷基复合材料(CMC)

CMC 目前基本上仍处于开发阶段,基体材料主要有碳化硅、氮化硅和硼化物等。CMC 具有高模量、很高的耐热和耐蚀性,以及优于陶瓷的韧性,使用温度可达 1400～1700℃,可用于固体发动机扩散段、喷嘴,甚至全陶瓷发动机等。

4. 碳/碳复合材料(C/C)

C/C 复合材料是以碳(石墨)纤维为增强剂,以化学沉积碳、树脂碳等作为基体制成的材料。C/C 复合材料的主要特点是具有优良的耐烧蚀、抗热震和耐高温性能。它强度高、质量轻,经防氧化处理后可在 1650～2750℃的高温下保持其性能,主要用作导弹弹头烧蚀材料、发动机喉衬及其他要求耐高温高速气流烧蚀、冲刷的防热结构件。

6.6　小型飞航式火箭结构设计实例

小型飞航式火箭采用倾斜导轨发射,降落伞回收,外形如图 6.49 所示。箭体直径为 $\phi200mm$(两个滑环直径为 $\phi209mm$),长度为 1970mm,总质量为 65kg。

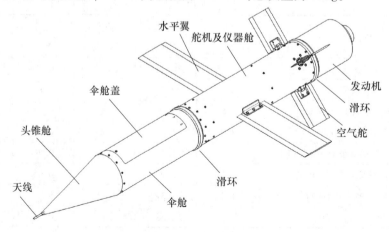

图 6.49　小型飞航式火箭外形

6.6.1 结构布局

（1）试验火箭设计有 2 片水平固定翼,以提供飞行所需的升力,弹翼需安装在火箭质心稍后位置,采用在箭体外部安装固定方案。

（2）为了实现试验火箭 3 通道控制,设计有 4 片空气舵,保证箭体飞行的稳定性和提供所需的控制力,并由 4 套舵机分别驱动,因此,需要在箭体尾部周向安装 4 套空气舵及舵机,图 6.50 所示为舵机外形。

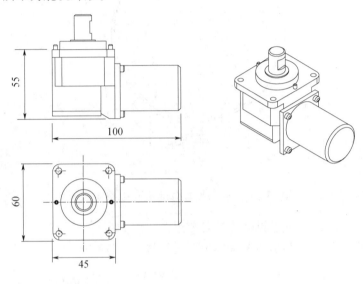

图 6.50　舵机外形

（3）弹上控制系统所含设备有电池、控制计算机（DSP）、舵机控制器、遥测电台、角速度计、加速度计等。由于弹径较小,不便在舱段内直接安装固定弹上设备,故需要设计一个活动式设备支架,先将弹上仪器设备安装固定于支架,再将其直接轴向放入舱段,最后固定牢固。此方案便于设备的安装、调试、检测。

（4）弹上需要一个约 380mm×105mm×150mm 的空间,用于放置回收伞,回收伞系统包括引导伞、主伞、伞绳、伞包、切割器等部件。首先通过一个火工弹射装置,将引导伞抛撒出去,引导伞张开后,从伞包中将主伞拉出,实现主伞开伞。另外,箭体上需要设计一个挂钩,用于连接固定主伞绳,从而实现整个箭体回收。

为此,箭体结构设计一独立舱段——伞舱,用于安放回收伞系统,既保证安装调试方便,又保证安全可靠工作。考虑到箭体尾部有 4 个空气舵,为避免回收伞从箭体拉出时与空气舵缠绕,将伞舱尽量布置在箭体前部。

（5）发动机。发动机作为动力装置,其喷管通常从尾舱段穿过,出口端面位于尾段底部,并在尾段上安装空气舵。由于 4 个舵机尺寸较大,无法安放于尾段内,所以,将舵机及空气舵安装在舵机舱,发动机置于箭体最后段,发动机的前端直接与舵机舱的后端连接。

（6）滑块。采用导轨倾斜发射时,箭体上需要设计滑块,用于保证发射时箭体沿发射导轨定向运动。试验火箭设计有前滑块和后滑块,分别置于箭体质心的前后。图 6.51 所示为导轨截面与滑块的配合关系。导轨设计有定向槽,滑块嵌入定向槽内,火箭在起竖和沿导轨运动时,可防止箭体脱落。箭体在前后滑块所在位置附近,设计有两个滑环,滑环与导轨斜面接触,发射过程中在导轨斜面上滑动,从而避免整体箭体与导轨接触。

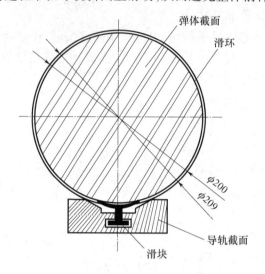

图 6.51　导轨截面与滑块的配合关系

(7)天线。试验火箭的遥测设备需安装遥测天线,如图 6.52 所示,天线置于箭体头部,连接线穿过伞舱,与舵机舱内的遥测电台相连接。

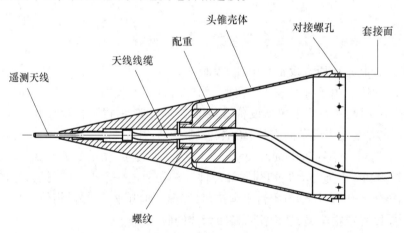

图 6.52　头锥舱、配重及天线

6.6.2　箭体结构形式

1. 头锥舱及配重

如图 6.52 所示,头锥壳体为整体式结构,因要求头锥质量较重,所以采用 Q235A 钢,车削加工而成。为了调整箭体质心位置,头锥舱内部设计有一配重块,材料为 Q235A 钢材,通过螺纹连接固定于头锥舱内部。头锥壳体内有不同直径的内孔,用于插入天线,装配时用胶将天线与头锥壳体内孔粘接牢固。

头锥壳体后端加工有 16 个 M5 径向螺钉孔,通过套接 + 径向螺钉的方式,实现头舱锥舱与伞舱的前端面连接。

2. 伞舱

图 6.53 所示为伞舱组合体结构外形,包括伞盖、伞箱、伞绳挂钩机构、弹盖火工品等。图 6.54 所示为伞舱组合体结构零部件组成。

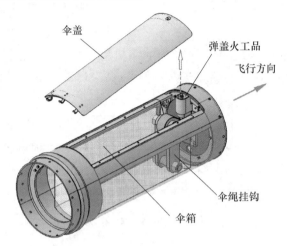

图 6.53 伞舱组合体结构外形

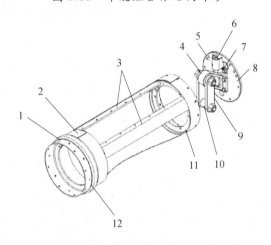

图 6.54 伞舱组合体结构零部件组成

1—后端环;2—蒙皮;3—纵向筋;4—挂钩座;5—保护盖;6—弹盖火工品;7—弹盖火工品座;
8—底板;9—连接片;10—伞绳连接销;11—前端环;12—前滑环。

伞舱主结构由前端环、后端环、两根纵筋、蒙皮组成,材料均为 Q235A 钢。两根纵筋通过螺钉安装于前端环、后端环之间,蒙皮与前端环、后端环及纵筋焊接牢固,前端环、后端环上加工有 M5 螺钉孔,通过套接 + 径向螺钉方式,与前端的头锥舱和后端的舵机舱连接。

件 4 ~ 件 10 为伞绳挂钩机构,包括伞绳挂钩、弹盖火工品等零件,安装于圆形底板 8 上,通过螺钉将该底板安装于前端环 11 上。连接片 9 可以绕挂钩座 4 的销轴转动,当回收伞张开后,挂钩可从伞舱内翻转到舱外,从而避免伞绳被割裂。

图 6.55 所示为伞舱内回收伞安装方式示意图,主伞包裹在伞袋内,Z 字形折叠于伞

箱中,主伞绳与挂钩机构连接,引导伞一端通过连接绳与主伞相连,另一端系于伞盖上。伞盖扣于伞舱开口处,前端通过螺钉与弹盖火工品相连,后端通过3个挂钩,卡在伞舱壁上。开伞时刻,弹盖火工品工作,将伞盖向外掀起,伞盖带动引导伞弹出,引导伞充气张开后,拉出主伞。经过一定时间延迟后,主伞衣充气并张开,带着整个箭体下落和回收。

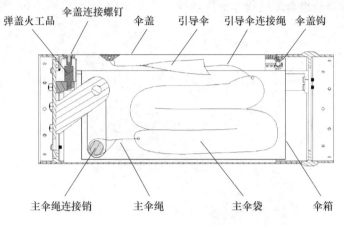

图 6.55　回收伞安装方式

3. 舵机舱

舵机舱结构如图 6.56 所示,主要由舱段壳体、水平翼、舵机与空气舵安装支架、设备安装支架 4 部分组成。

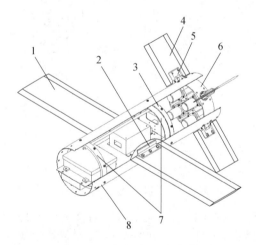

图 6.56　舵机舱结构组成

1—水平翼;2—翼座;3—设备支架底环;4—舵片;5—舵片座;6—舵机支撑环;7—设备支架环;8—舱段壳体。

舱段壳体材料为 Q235A 钢,两侧的翼座焊于壳体上,水平翼为 LY12 铝合金材料,翼片插入翼座后,再用螺栓与之固定。舱段壳体内有一设备支架底环 3,通过径向螺钉与壳体 8 固定,该支架底环用于设备支架环 7 的限位及固定。

图 6.57 所示为舵机及空气舵安装方式示意图。舵机支撑环 5 材料为 Q235A 钢,事先通过焊接方式固定于舱段壳体内(图 6.56),4 个舵机通过螺钉 6 固定于支撑环上。舵片 1 材料为 LY12 铝合金,舵片插入舵片座 2(材料为 Q235A),并用螺钉固定好,然后将舵片

座 2 套在舵机轴 4 上,楔形销 3 卡进舵片座销孔及舵机轴槽口,通过这种方式将舵片与舵机连接固定。

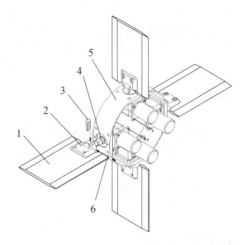

图 6.57 舵机及空气舵安装方式

1—舵片;2—舵片座;3—楔形销;4—舵机轴;5—舵机支撑环;6—舵机固定螺钉。

4. 箭上设备安装

如图 6.58 所示,设备支架主要由设备支架前环 1、后环 7、设备安装底板 2、上下两根连接杆 3 组成。弹上设备安装固定于设备支架后,整体装入舵机舱内,设备支架环前环 1 与壳体通过螺钉孔 4 用径向螺钉固定,设备支架后环 7 与设备支架底环 5 通过轴向螺钉固定,而设备支架底环 5 事先装入舱内,通过螺钉孔 6 用径向螺钉与壳体固定。

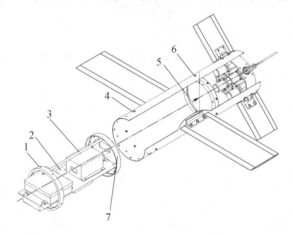

图 6.58 箭上设备安装

1—设备支架前环;2—设备安装底板;3—连接杆;4—螺钉孔;5—设备支架底环;6—螺钉孔;7—设备支架后环。

5. 舱段连接

箭体舱段连接方式如图 6.59 所示,均采用套接 + 径向螺钉连接方式,头锥舱与伞舱前端、发动机与舵机舱后端采用单排径向螺钉,而在箭体中部的伞舱后端与舵机舱前端连接处,由于箭体弯矩载荷较大,故采用双排径向螺钉固定。飞行前箭体总装对接时,所有连接螺钉均涂螺纹胶,防止飞行过程中螺钉松动。

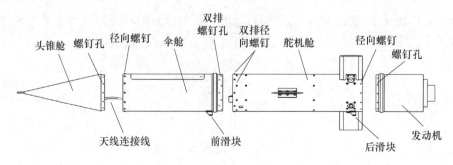

图 6.59　箭体舱段连接方式

思考题

1. 固体火箭结构设计的基本任务是什么？
2. 试描述过载系数的定义及表达式。
3. 简述强度分析的主要内容。
4. 箭身结构的主要形式有哪些？
5. 舱段之间的连接方式主要有哪些？各自的技术特点是什么？
6. 箭体结构材料的选择主要考虑哪些因素？

参考文献

［1］余旭东,徐超,郑晓亚. 飞行器结构设计[M]. 西安:西北工业大学出版社,2010.
［2］闻邦椿. 机械设计手册:第 2 卷[M]. 北京:机械工业出版社,2010.